Arturo Gómez Gilaberte
Eva Parramón Ponz
Carmen Sánchez-Seco Peña

TECNOLOGÍA INDUSTRIAL

1º BACHILLERATO

PROYECTO inventa

EDITORIAL DONOSTIARRA
Pokopandegi, nº 4 - Pabellón Igaralde - Barrio Igara
Apartado 671 - Teléfonos 943 215 737 - 943 213 011 - Fax 943 219 521
20018 - SAN SEBASTIÁN
info@editorialdonostiarra.com - www.editorialdonostiarra.com

Arturo Gómez Gilaberte
Eva Parramón Ponz
Carmen Sánchez-Seco Peña

Maquetación: Alberto Arranz

Corrección: David Aguilar España

Edita: Editorial Donostiarra
Pokopandegi, 4, 20018 - San Sebastián (España)

Imprime: Gráficas CEMS, S.L.
Polígono Industrial San Miguel
31132 VILLATUERTA (Navarra)

ISBN: 978-84-7063-563-2

Depósito legal: SS-509-2017

Impreso en España - Printed in Spain

CD virtual

Contiene todos los archivos necesarios para realizar las prácticas del libro.

Para acceder al espacio del alumno, hay que seguir los pasos siguientes:

1. Entrar en *www.editorialdonostiarra.com*.
2. Acceder a la pestaña **Zona privada**.
3. Introducir en el espacio **Acceso directo a recursos online** el código que se muestra a continuación:

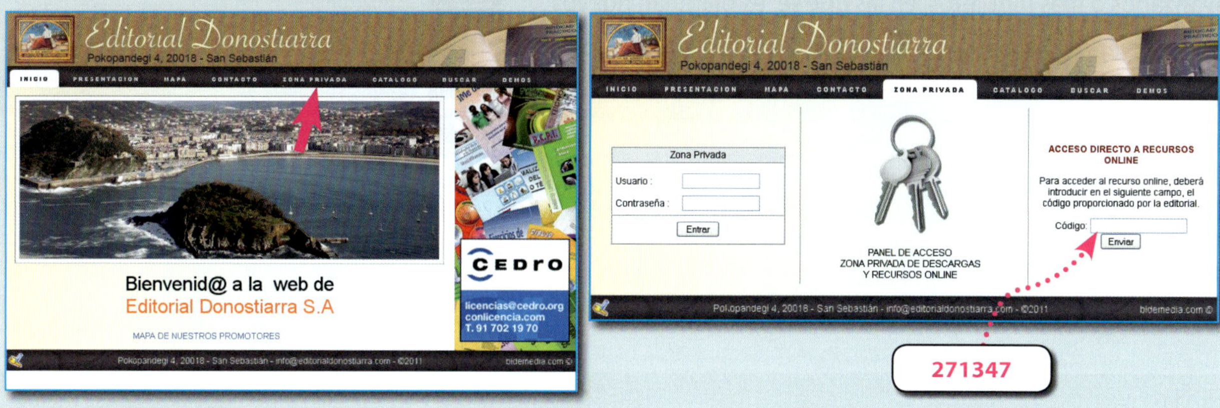

PRESENTACIÓN

El Proyecto Inventa para Bachillerato se adapta a los **nuevos contenidos de la LOMCE**. Dada la amplitud del temario, se busca **adaptar** el contenido al **número de horas lectivas**. Se cubren todos los contenidos esenciales, profundizando sobre todo en la resolución de problemas y en el uso del ordenador. La variedad de recursos permite al profesor elegir en cada momento lo que más se adecue a sus gustos o necesidades.

Cada unidad se divide en bloques claramente diferenciados por colores.

"Conoce"

En esta sección, marcada con el color azul, se recogen los distintos aspectos teóricos del tema, siempre de una manera clara y concisa.

Los conceptos y definiciones más importantes se muestran en un recuadro rosa para que sean fácilmente identificables por el alumno.

Al final de cada página, o cada doble página, se incluye un recuadro de ejercicios para reforzar los conocimientos aprendidos en el apartado. Dichos ejercicios están clasificados, según el grado de dificultad, con una, dos o tres estrellas. Cuando son problemas, se incluye también su solución numérica.

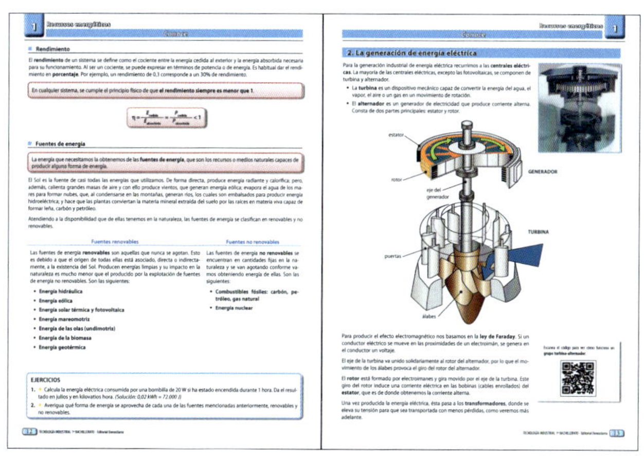

"Practica paso a paso"

En esta sección, identificada con el color rosa, se ofrecen prácticas que ayudarán al alumno a asimilar conocimientos al tiempo que se familiariza con las herramientas informáticas. Facilitan la labor del profesor, ya que se trata de prácticas guiadas que los alumnos pueden hacer de forma autónoma.

Algunas prácticas incluyen desafíos para los alumnos más avanzados o más inquietos, en las que se les plantean nuevos retos.

"Taller"

Partiendo de la opinión de que sólo se aprende aquello que se practica, se proponen en esta sección, marcada con el color verde, diversas ideas para realizar prácticas en el taller y pequeños proyectos.

"Ejercicios resueltos"

Sección fundamental, con problemas solucionados paso a paso, que servirán de modelo para comprender la unidad y poder resolver todos los problemas propuestos en la unidad.

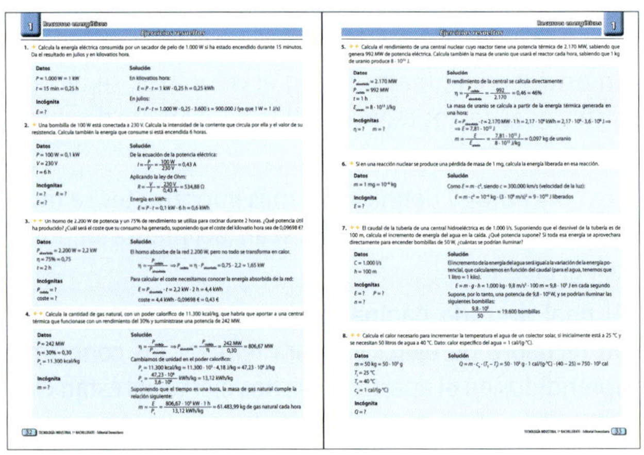

"Repasa"

Resumen de la unidad, con los conceptos fundamentales del tema.

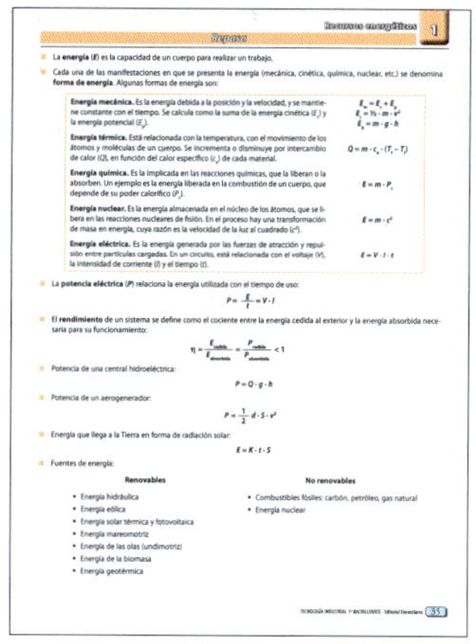

"Refuerza"

Las actividades del libro han sido diseñadas para facilitar al alumno la asimilación de los conceptos principales. También estas actividades están clasificadas, según el grado de dificultad, con una, dos o tres estrellas.

Se incluyen cuatro tipos:

- **Actividades de refuerzo**, para asimilar y asentar los conocimientos básicos y recalcar las ideas principales.
- **Actividades prácticas**, relacionadas con el uso del ordenador.
- **Problemas**, con indicación del nivel de dificultad y con su solución numérica. Siempre se basan en los contenidos del tema y los ejercicios resueltos.
- **Actividades de ampliación**, para los alumnos más avanzados o con los que se desee profundizar en el nivel de conocimientos.

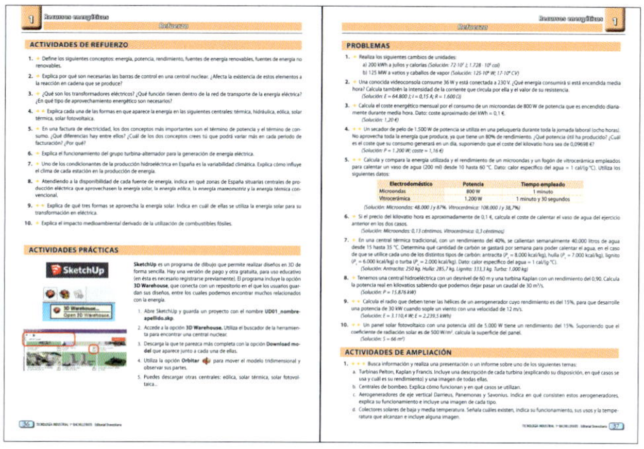

Índice

AUTORIZACIÓN PARA MENORES

MODELO PARA FOTOCOPIAR, RELLENAR Y ENTREGAR AL PROFESOR

Incluimos la siguiente autorización para que los alumnos menores de edad puedan crear cuentas en Internet.

D./Dña. ____ (padre, madre o tutor/a),

1. **AUTORIZO** al alumno/a ____,
   del centro ____,
   clase/grupo __________, a **crear las cuentas de usuario** necesarias para que pueda realizar las prácticas de la asignatura Tecnología Industrial - 1º Bachillerato, recogidas en el libro, **bajo la supervisión del profesor**. Los sitios web donde es necesario crear dichas cuentas de usuario pueden consultarse en el libro.

2. **CONOZCO** que es responsabilidad del alumno la utilización de las distintas cuentas con fines educativos y la custodia de las contraseñas.

En ________________________, a ____ de __________ del 20___

Firma: __________________________

El alumno puede consultar sus derechos en la **Ley Orgánica 15/1999, de 13 de diciembre, de protección de datos de carácter personal**, en la cual se recoge el derecho a la protección de datos personales, al honor, a la intimidad personal y familiar y a la propia imagen.

1 Recursos energéticos

"En el transcurso de una sola generación, corremos el peligro de cambiar la composición de la atmósfera terrestre de una manera mucho más desastrosa que cualquier erupción volcánica de la historia, y puede que los efectos persistan durante siglos."

Al Gore, político y ecologista estadounidense, premio Nobel de la Paz 2007

Conoce

1. **Formas y fuentes de energía**
2. **La generación de energía eléctrica**
3. **Energía térmica. Centrales térmicas convencionales**
4. **Energía térmica. Centrales nucleares**
5. **Energía hidráulica. Centrales hidroeléctricas**
6. **Energía eólica. Centrales eólicas**
7. **Energía solar**
8. **Energía del mar**
9. **Energía geotérmica**
10. **Energía de la biomasa**
11. **Transporte y distribución de la energía**
12. **Impacto ambiental. Tratamiento de los residuos**
13. **Rendimiento energético. Coste de la energía**
14. **Ahorro energético. Certificado energético de viviendas**

Practica paso a paso

- **Práctica 1. Viviendas bioclimáticas. Infografía con Piktochart**
- **Práctica 2. Descripción de una central de ciclo combinado. Mural de Padlet**
- **Práctica 3. La energía. Presentación colaborativa con Drive**
- **Práctica 4. Cálculo de costes de consumo energético. Hoja de cálculo**

Taller

- **Práctica 1. Maqueta de una vivienda autosuficiente**
- **Práctica 2. Coche solar**

Ejercicios resueltos

Repasa

Refuerza

1. Formas y fuentes de energía

Concepto de energía. Formas de energía

La **energía** (***E***) es la capacidad de un cuerpo para realizar un trabajo.

Se trata de una propiedad asociada a los objetos y sustancias y se manifiesta en las transformaciones que ocurren en la naturaleza.

La unidad de medida de la energía en el Sistema Internacional es el **julio** (**J**).

Cada una de las manifestaciones en que se presenta la energía (mecánica, cinética, química, nuclear, etc.) se denomina **forma de energía**.

Algunas formas de energía que trataremos en esta unidad son las siguientes:

Energía mecánica

La **energía mecánica** es la energía debida a la posición y la velocidad, y se mantiene constante con el tiempo. Se calcula como la suma de la energía cinética (E_c) y la energía potencial (E_p).

$$E_m = E_c + E_p$$
$$E_c = ½ \cdot m \cdot v^2$$
$$E_p = m \cdot g \cdot h$$

Energía térmica

La **energía térmica** está relacionada con la temperatura, con el movimiento de los átomos y moléculas de un cuerpo. Se incrementa o disminuye por intercambio de calor (Q), en función del calor específico (c_e) de cada material.

$$Q = m \cdot c_e \cdot (T_f - T_i)$$

Energía química

La **energía química** es la implicada en las reacciones químicas, que la liberan o la absorben. Un ejemplo es la energía liberada en la combustión de un cuerpo, que depende de su poder calorífico (P_c).

$$E = m \cdot P_c$$

Energía nuclear

La **energía nuclear** es la energía almacenada en el núcleo de los átomos, que se libera en las reacciones nucleares de fisión. En el proceso hay una transformación de masa en energía, cuya razón es la velocidad de la luz al cuadrado (c^2).

$$E = m \cdot c^2$$

Energía eléctrica

La **energía eléctrica** es la energía generada por las fuerzas de atracción y repulsión entre partículas cargadas. En un circuito, está relacionada con el voltaje (V), la intensidad de corriente (I) y el tiempo (t).

$$E = V \cdot I \cdot t$$

Importancia de la energía eléctrica

La energía eléctrica tiene gran relevancia porque se utiliza para transportar energía hasta los puntos de consumo, donde puede transformarse en luz, calor o movimiento.

Debido a que el julio es una unidad muy pequeña, para cuantificar la energía eléctrica se utiliza el **kilovatio hora** (**kWh**). Un kilovatio hora equivale a 3.600.000 julios.

$$1 \text{ kWh} = 1.000 \text{ W} \cdot 3.600 \text{ s} = 3,6 \cdot 10^6 \text{ J (ya que } 1 \text{ W} = 1 \text{ J/s)}$$

Unidades de energía

1 cal = 4,18 J

1 kWh = $3,6 \cdot 10^6$ J   1 W = 1 J/s

Unidades de potencia y múltiplos habituales

1 CV = 735 W

1 kW = 10^3 W

1 MW = 10^6 W

Potencia eléctrica

La **potencia eléctrica** (***P***) relaciona la energía utilizada con el tiempo de uso. Se mide en **vatios** (**W**) o múltiplos de esta unidad, como el kilovatio (kW) o el megavatio (MW). También se usa el **caballo de vapor** (**CV**), que equivale a 735 W.

Se calcula como:

$$P = \frac{E}{t} = V \cdot I$$

E = P·t

donde V es el voltaje (voltios) e I es la intensidad de corriente (amperios).

En general, todos los electrodomésticos de nuestras casas llevan indicada la potencia que consumen.

Rendimiento

El **rendimiento** de un sistema se define como el cociente entre la energía cedida al exterior y la energía absorbida necesaria para su funcionamiento. Al ser un cociente, se puede expresar en términos de potencia o de energía. Es habitual dar el rendimiento en **porcentaje**. Por ejemplo, un rendimiento de 0,3 corresponde a un 30% de rendimiento.

En cualquier sistema, se cumple el principio físico de que **el rendimiento siempre es menor que 1**.

$$\eta = \frac{E_{cedida}}{E_{absorbida}} = \frac{P_{cedida}}{P_{absorbida}} < 1$$

Fuentes de energía

La energía que necesitamos la obtenemos de las **fuentes de energía**, que son los recursos o medios naturales capaces de producir alguna forma de energía.

El Sol es la fuente de casi todas las energías que utilizamos. De forma directa, produce energía radiante y calorífica; pero, además, calienta grandes masas de aire y con ello produce vientos, que generan energía eólica; evapora el agua de los mares para formar nubes, que, al condensarse en las montañas, generan ríos, los cuales son embalsados para producir energía hidroeléctrica; y hace que las plantas conviertan la materia mineral extraída del suelo por las raíces en materia viva capaz de formar leña, carbón y petróleo.

Atendiendo a la disponibilidad que de ellas tenemos en la naturaleza, las fuentes de energía se clasifican en renovables y no renovables.

Fuentes renovables

Las fuentes de energía **renovables** son aquellas que nunca se agotan. Esto es debido a que el origen de todas ellas está asociado, directa o indirectamente, a la existencia del Sol. Producen energías limpias y su impacto en la naturaleza es mucho menor que el producido por la explotación de fuentes de energía no renovables. Son las siguientes:

- **Energía hidráulica**
- **Energía eólica**
- **Energía solar térmica y fotovoltaica**
- **Energía mareomotriz**
- **Energía de las olas (undimotriz)**
- **Energía de la biomasa**
- **Energía geotérmica**

Fuentes no renovables

Las fuentes de energía **no renovables** se encuentran en cantidades fijas en la naturaleza y se van agotando conforme vamos obteniendo energía de ellas. Son las siguientes:

- **Combustibles fósiles: carbón, petróleo, gas natural**
- **Energía nuclear**

EJERCICIOS

1. ✦ Calcula la energía eléctrica consumida por una bombilla de 20 W si ha estado encendida durante 1 hora. Da el resultado en julios y en kilovatios hora. *(Solución: 0,02 kWh = 72.000 J)*
2. ✦ Averigua qué forma de energía se aprovecha de cada una de las fuentes mencionadas anteriormente, renovables y no renovables.

2. La generación de energía eléctrica

Para la generación industrial de energía eléctrica recurrimos a las **centrales eléctricas**. La mayoría de las centrales eléctricas, excepto las fotovoltaicas, se componen de turbina y alternador.

- La **turbina** es un dispositivo mecánico capaz de convertir la energía del agua, el vapor, el aire o un gas en un movimiento de rotación.
- El **alternador** es un generador de electricidad que produce corriente alterna. Consta de dos partes principales: estator y rotor.

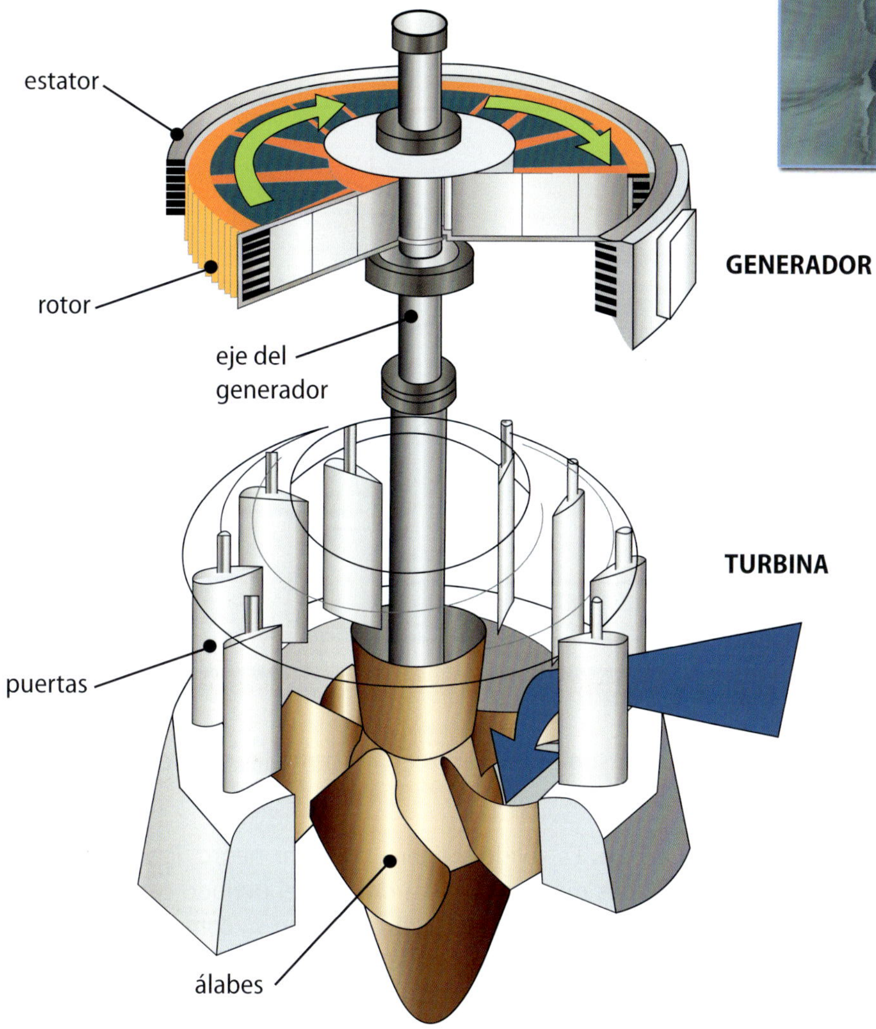

Para producir el efecto electromagnético nos basamos en la **ley de Faraday**. Si un conductor eléctrico se mueve en las proximidades de un electroimán, se genera en el conductor un voltaje.

El eje de la turbina va unido solidariamente al rotor del alternador, por lo que el movimiento de los álabes provoca el giro del rotor del alternador.

El **rotor** está formado por electroimanes y gira movido por el eje de la turbina. Este giro del rotor induce una corriente eléctrica en las bobinas (cables enrollados) del **estator**, que es de donde obtenemos la corriente alterna.

Una vez producida la energía eléctrica, ésta pasa a los **transformadores**, donde se eleva su tensión para que sea transportada con menos pérdidas, como veremos más adelante.

Escanea el código para ver cómo funciona un **grupo turbina-alternador**.

3. Energía térmica. Centrales térmicas convencionales

En las **centrales térmicas convencionales** se genera energía eléctrica utilizando el calor producido por la combustión de **combustibles fósiles**, para obtener vapor de agua con el que accionar los álabes de las turbinas y producir el movimiento en el eje del alternador.

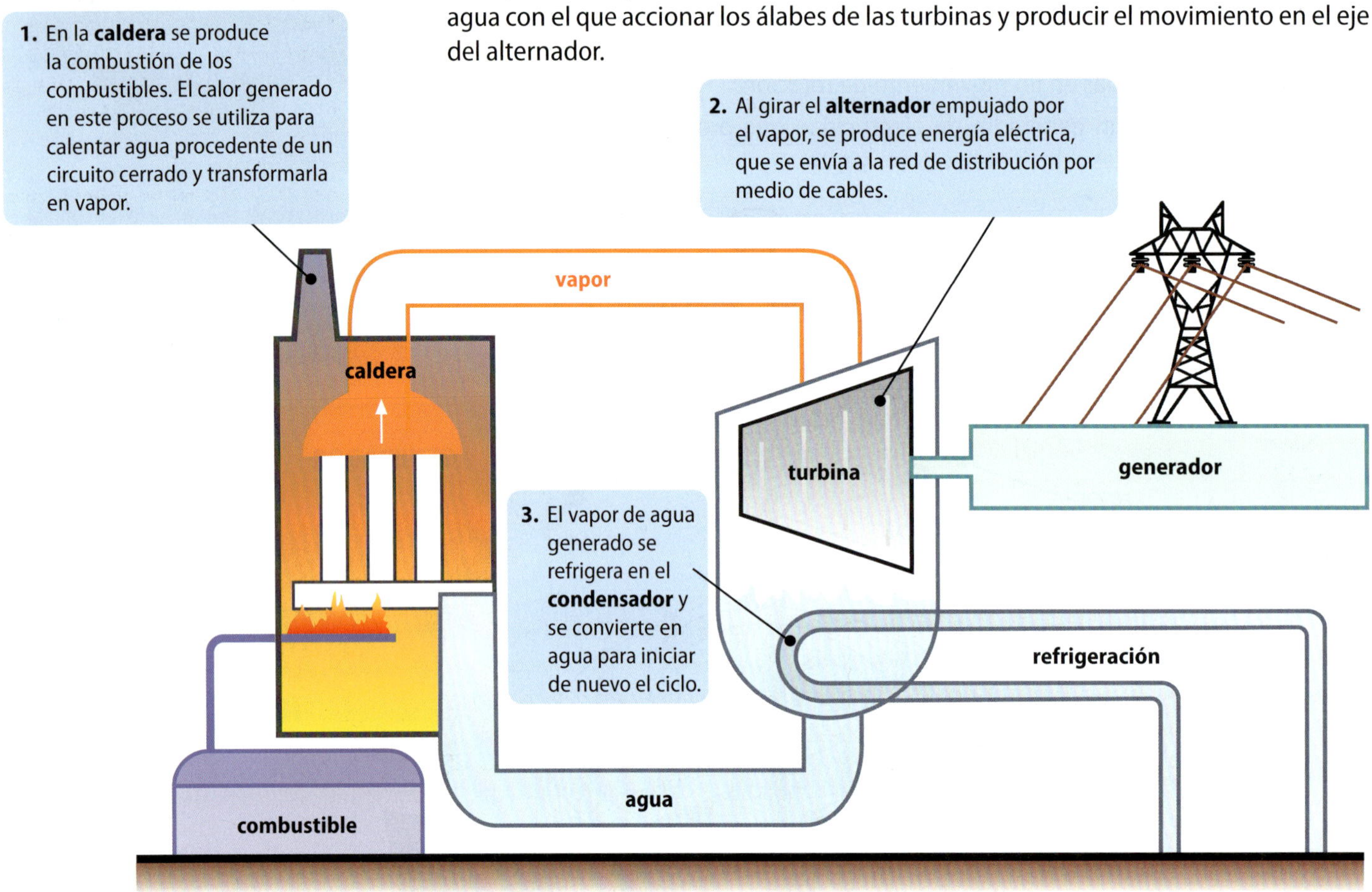

Escanea el código para ver cómo funciona una **central térmica**.

Los combustibles utilizados en las centrales térmicas son el carbón, el petróleo y el gas natural.

- **Carbón.** Es sólido y ligero, de color negro. Procede de la descomposición de grandes masas vegetales durante el período carbonífero de la era primaria. En función del porcentaje de carbón en su composición, los carbones se clasifican en antracita (95%), hulla (85%), lignito (75%) y turba (50%).
- **Petróleo.** Es líquido y de color verdinegro, formado a partir de la acumulación de pequeños seres vivos que quedaron sepultados bajo sedimentos.
- **Gas natural.** Es un combustible gaseoso formado por una mezcla de hidrocarburos. Su formación es similar a la del petróleo. Generalmente se encuentra en una bolsa situada sobre un yacimiento petrolífero.

Centrales térmicas convencionales	
Ventajas	**Inconvenientes**
• Baratas y fáciles de construir • Alta eficiencia	• Emisión a la atmósfera, tras la combustión, de gases responsables del efecto invernadero y la lluvia ácida

EJERCICIOS

3. ✦ Calcula la masa de carbón necesaria para obtener una energía de $8 \cdot 10^7$ J, si el poder calorífico del carbón es de 7.200 kcal/kg. *(Solución: 2,65 kg)*
4. ✦✦ Calcula la cantidad de turba, con un poder calorífico de 6.800 kcal/kg, que habría que aportar diariamente a una central térmica que funcionase con un rendimiento del 40% y tuviese una potencia útil de 50 MW. *(Solución: 379.000 kg)*

4. Energía térmica. Centrales nucleares

Las **centrales nucleares** son centrales térmicas en las que, para producir el vapor que mueve las turbinas y hace girar el alternador, se aprovecha la energía producida por la **fisión de átomos** de uranio o plutonio.

La **radiación** en la fisión nuclear es tan elevada que ningún ser humano la podría soportar. Por ello, los reactores en los que se lleva a cabo esta reacción deben estar protegidos por estructuras de alto nivel de seguridad y ser permanentemente refrigeradas.

La **fisión nuclear** se produce cuando se bombardea un átomo pesado (como los del uranio o el plutonio) con neutrones. Los neutrones dividen los núcleos de los átomos en otros más ligeros, con lo que se genera gran cantidad de energía. A su vez, los núcleos más ligeros siguen dividiéndose al chocar con neutrones, lo cual provoca una reacción en cadena

1. En el **reactor** se produce la fisión atómica. El combustible se introduce en unos tubos cilíndricos en forma de pastillas. Las **barras de control** (carburo de boro) se ocupan de controlar la cantidad de neutrones y mantener estable el reactor.

2. El **moderador** reduce la velocidad de los neutrones a la necesaria para que se produzcan las **reacciones en cadena**.

4. La energía producida en el reactor se utiliza para la obtención del vapor que ha de accionar las **turbinas**.

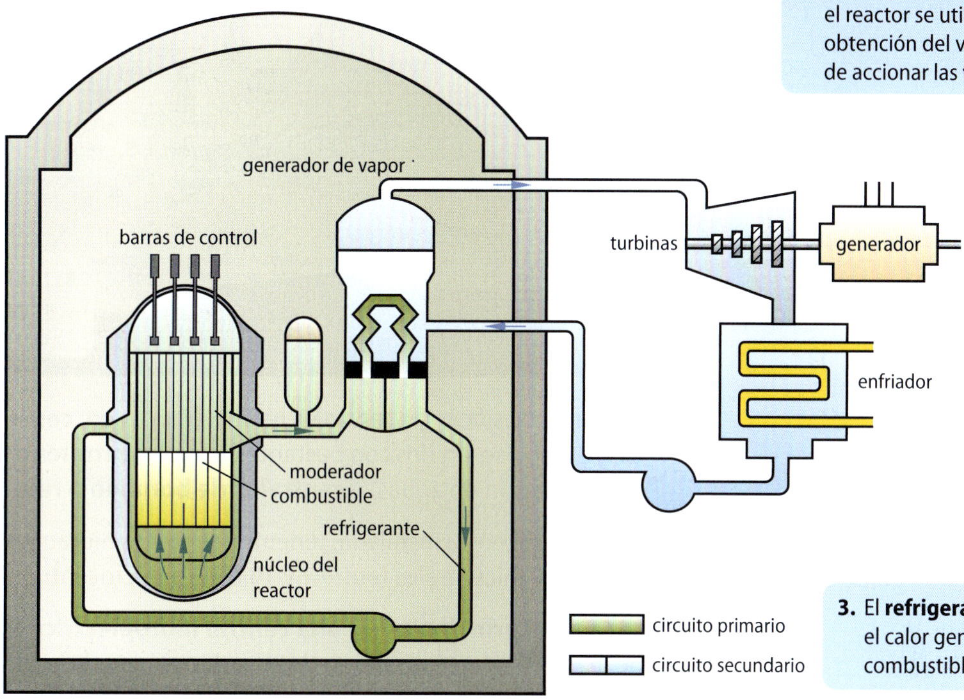

3. El **refrigerante** absorbe el calor generado por el combustible.

La energía nuclear se utilizó en forma de bombas en la Segunda Guerra Mundial. La energía liberada por las reacciones en cadena provocó la muerte directa de unas 200.000 personas, además de numerosísimas víctimas derivadas de enfermedades y envenenamientos producidos por la radiación.

Como alternativa a la fisión nuclear, se está intentando conseguir energía a partir de la **fusión nuclear**, esto es, a partir de la unión de núcleos más ligeros para obtener un núcleo pesado. Las reacciones de fusión se producen de forma natural en las estrellas, en las que su elevada densidad permite el acercamiento de los núcleos. La energía producida por la fusión nuclear es limpia y los residuos radiactivos generados tienen una vida media muy corta. Sin embargo, aún no se ha desarrollado la tecnología necesaria para poder reproducir este tipo de reacciones artificialmente.

Escanea el código para ver cómo funciona una **central nuclear**.

Centrales nucleares	
Ventajas	**Inconvenientes**
• Alta eficiencia • Independencia de los combustibles fósiles • Nula contaminación atmosférica	• Residuos tóxicos y radiactivos altamente contaminantes

EJERCICIOS

5. ✦✦ Suponiendo que en una reacción nuclear sólo el 30% de la energía producida se transforma en térmica, calcula la energía térmica generada al utilizar un kilogramo de uranio. *(Solución: $2{,}7 \cdot 10^{16}$ J)*

6. ✦✦ En una reacción nuclear se produce una pérdida de masa de 230 g. Calcula la energía liberada en esa reacción. *(Solución: $2{,}07 \cdot 10^{16}$ J)*

5. Energía hidráulica. Centrales hidroeléctricas

La energía hidroeléctrica en España supone aproximadamente el 15% del total de la energía producida.

Una **central hidroeléctrica** es una instalación que permite aprovechar la energía potencial del agua de los ríos para transformarla en energía eléctrica utilizando turbinas hidráulicas acopladas a los alternadores.

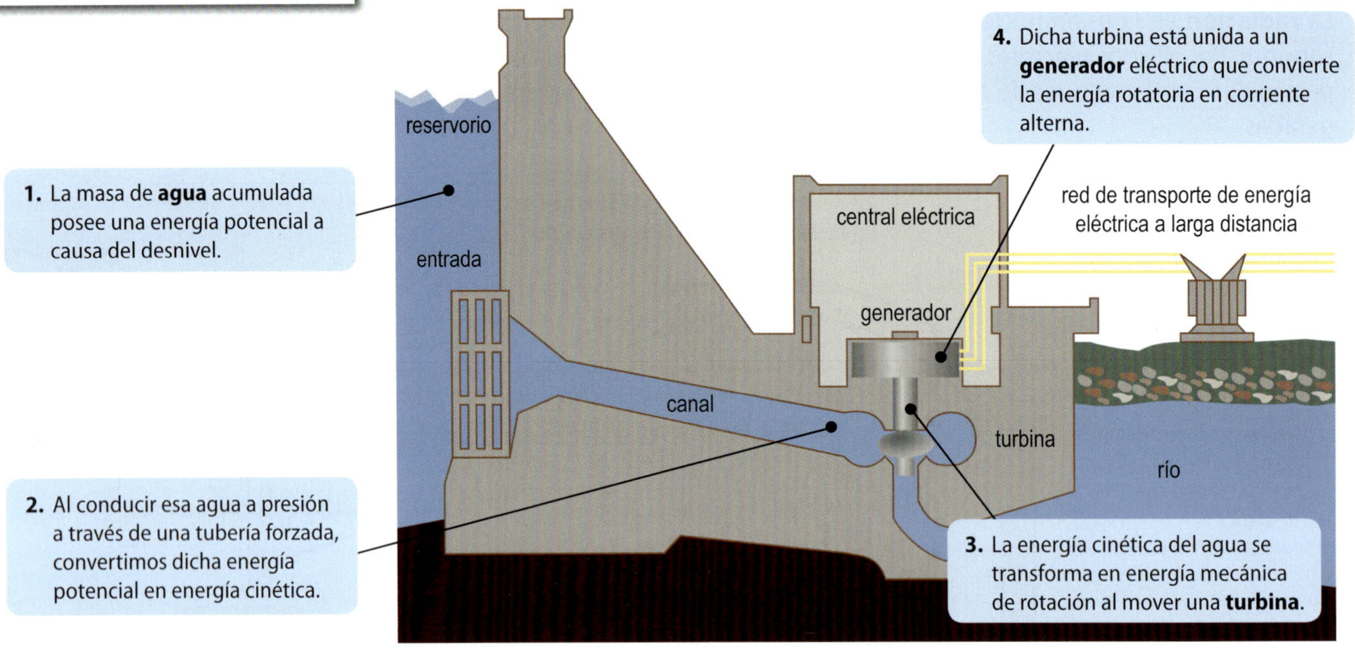

Podemos clasificar las centrales hidroeléctricas en: **centrales de agua fluyente** (no existe embalse, en ríos con bastante caudal), **centrales de embalse** (a pie de presa o por derivación de aguas) y **centrales de bombeo o reversibles**.

Según la potencia instalada, tenemos centrales hidráulicas de gran potencia (más de 10 MW), minicentrales (entre 1 y 10 MW) y microcentrales (menos de 1 MW).

Las **partes principales de una central hidroeléctrica** son: presa, rebosaderos, sala de máquinas, turbina, alternador, conducciones, aliviadores, válvulas y chimeneas de equilibrio.

Las **turbinas**, al impactar el agua sobre las palas, hacen girar el rotor, que, al estar unido al alternador, lo hará girar. Las turbinas más usadas son las Pelton, Kaplan y Francis.

Para calcular la **potencia de una central hidroeléctrica** (en W) usamos la siguiente fórmula:

$$P = Q \cdot g \cdot h$$

donde Q es el caudal (m^3/s), g es la aceleración de la gravedad ($9{,}8\ m/s^2$) y h es la altura.

Escanea el código para ver cómo funciona una **central hidroeléctrica**.

Centrales hidroeléctricas	
Ventajas	**Inconvenientes**
• Es limpia: nulas emisiones contaminantes • Mantenimiento bajo • Protección contra las inundaciones	• Alta inversión inicial • Impacto ambiental en los ríos, la fauna...

EJERCICIOS

7. ✦✦ Calcula la potencia útil (en kW) que genera una central hidroeléctrica con un caudal medio de 5 m^3/s y una altura de 50 m, si tiene una turbina Pelton con un rendimiento del 90%. *(Solución: 2.205 kW)*

8. ✦ Calcula la energía producida en el ejercicio anterior (en MWh) durante un mes (30 días). *(Solución: 1.587,6 MWh)*

9. ✦ Busca información y explica para qué sirven cada una de las partes principales de una central hidroeléctrica.

6. Energía eólica. Centrales eólicas

Una **central eólica** es una instalación que permite aprovechar la energía cinética del viento y transformarla en energía eléctrica mediante los aerogeneradores.

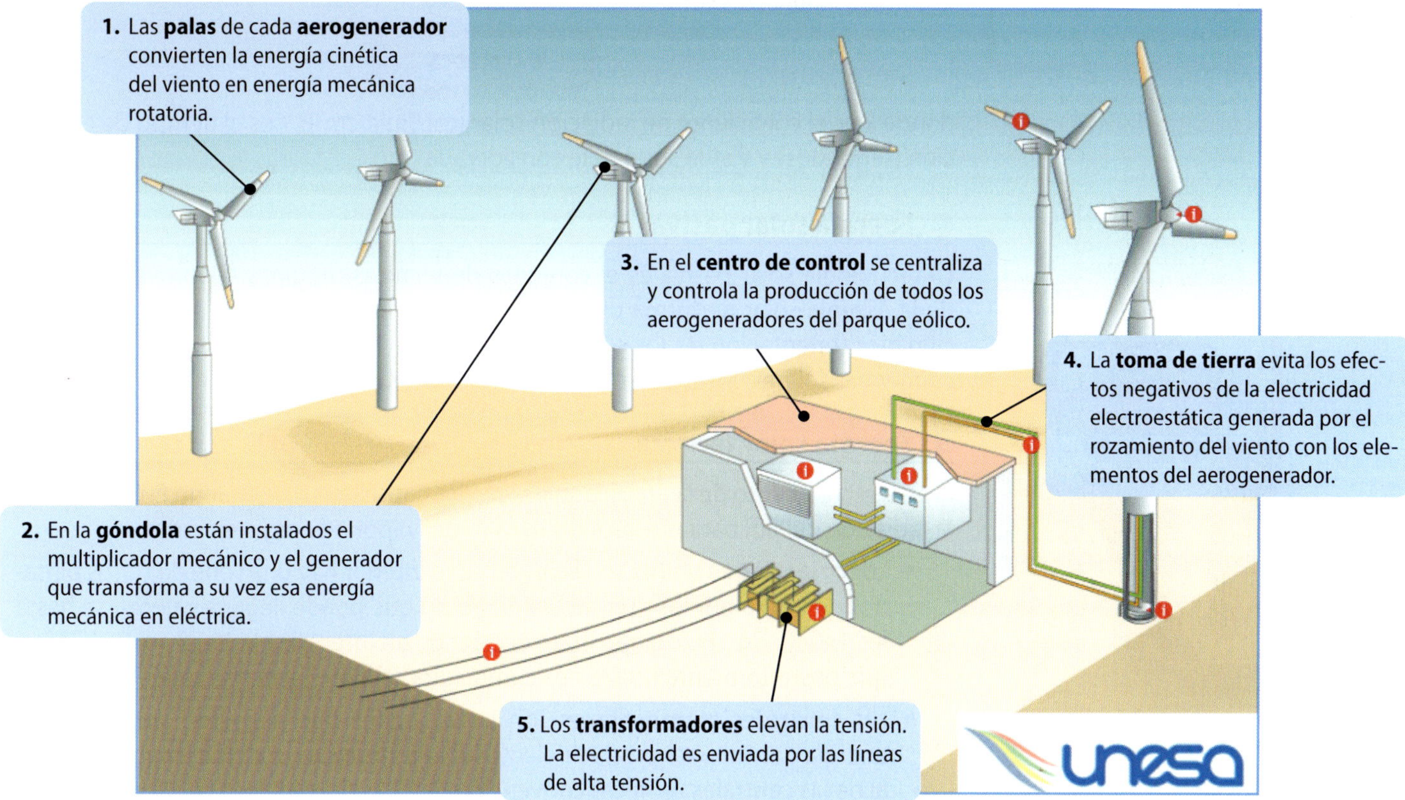

Las centrales eólicas se pueden clasificar por la posición del eje del aerogenerador (pueden ser de eje **vertical**, como las Darrieus, Panemonas y Savonius, o de eje **horizontal**), por el número de palas, por el control de potencia, etc.

Los típicos aerogeneradores horizontales están diseñados para empezar a girar a velocidades de 3 m/s y pararse a unos 25 m/s (para evitar posibles daños).

Las **partes principales de un aerogenerador** son: torre, góndola, palas, multiplicador, generador eléctrico y mecanismo de orientación.

Para calcular la **potencia generada por un aerogenerador** (en W) usamos la siguiente fórmula:

$$P = \frac{1}{2} d \cdot S \cdot v^3$$

donde d es la densidad del aire (kg/m^3), S es el área de barrido de las palas (m^2) y v es la velocidad del viento (m/s).

EJERCICIOS

10. ✦ Calcula la potencia de un aerogenerador cuyas palas tienen 40 m de longitud (serán el radio del área de barrido), cuando el viento sopla a 54 km/h. Dato: densidad del aire = 1,293 kg/m^3. *(Solución: 10,96 MW)*

11. ✦✦ Calcula la potencia real del aerogenerador del ejercicio anterior, si tiene un coeficiente de aprovechamiento de 0,4, y la energía que es capaz de generar (en MWh) en un mes (30 días). *(Solución: P = 4,387 MW; E = 3.158 MWh)*

La energía eólica en España supone aproximadamente el 20% del total de la energía producida.

Escanea el código para ver cómo funciona un **aerogenerador**.

Centrales eólicas	
Ventajas	**Inconvenientes**
• Es limpia: nulas emisiones contaminantes ni residuos	• Impacto visual • Impacto sobre las aves • Impacto sobre la fauna y la flora por la modificación del hábitat • Efecto sonoro

7. Energía solar

La energía solar térmica supone el 2% del total de la energía producida en España, mientras que la fotovoltaica supone aproximadamente el 3,1%.

La **energía solar** es la energía obtenida a partir del aprovechamiento de la radiación del Sol. Para calcular la energía que llega a la Tierra en forma de radiación solar (en J) usamos la siguiente fórmula:

$$E = K \cdot t \cdot S$$

donde *K* es el coeficiente de radiación solar (cal/[min·cm^2]), *t* es el tiempo de exposición (segundos) y *S* es la superficie considerada (m^2).

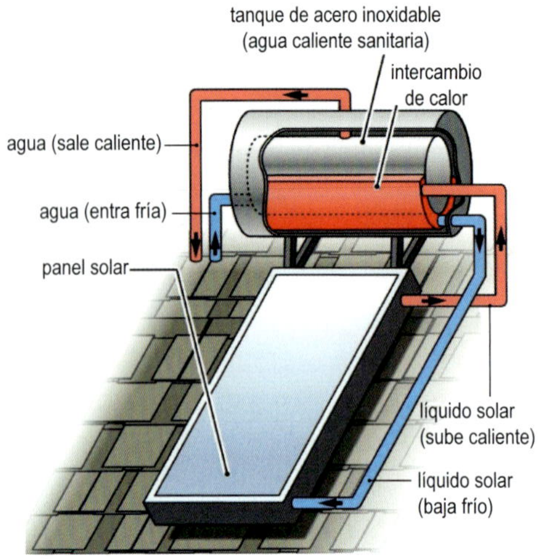

Energía solar pasiva

La tecnología solar pasiva es el conjunto de técnicas dirigidas al aprovechamiento de la energía solar de forma directa, sin transformación, como la arquitectura bioclimática (orientación de los edificios, elección de los materiales...), cocinas solares, chimeneas solares, invernaderos, desalinizadoras de agua, etc.

Energía solar térmica

El aprovechamiento de la energía solar térmica consiste en calentar un fluido usando la radiación del Sol para producir agua caliente, vapor o energía eléctrica.

- Los **colectores solares** son cajas en cuyo interior hay una serie de tubos pintados de negro por los que circula un fluido que puede llegar a calentarse hasta los 120 °C. Este fluido transmite el calor en un intercambiador al agua caliente, que posteriormente utilizamos como agua caliente sanitaria, calefacción, etc.
- Las **centrales termosolares** son instalaciones que permiten aprovechar la energía del Sol para producir electricidad utilizando un ciclo térmico parecido al de las centrales térmicas convencionales. Las principales son los **campos de heliostatos** y los **colectores cilíndricos parabólicos**.

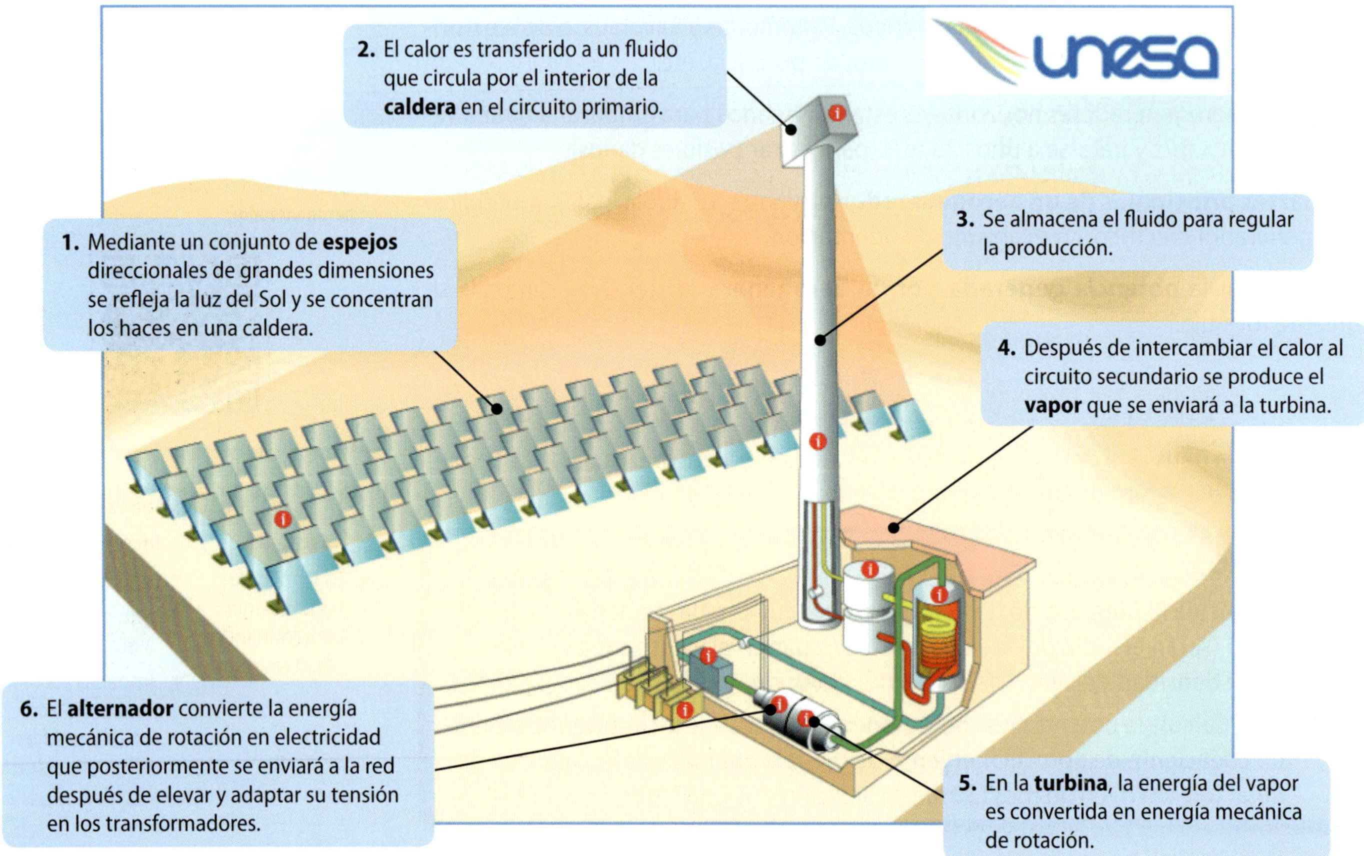

Energía solar fotovoltaica

Las **centrales solares fotovoltaicas** son las únicas que permiten captar la energía solar y transformarla directamente en corriente eléctrica continua mediante el efecto fotoeléctrico.

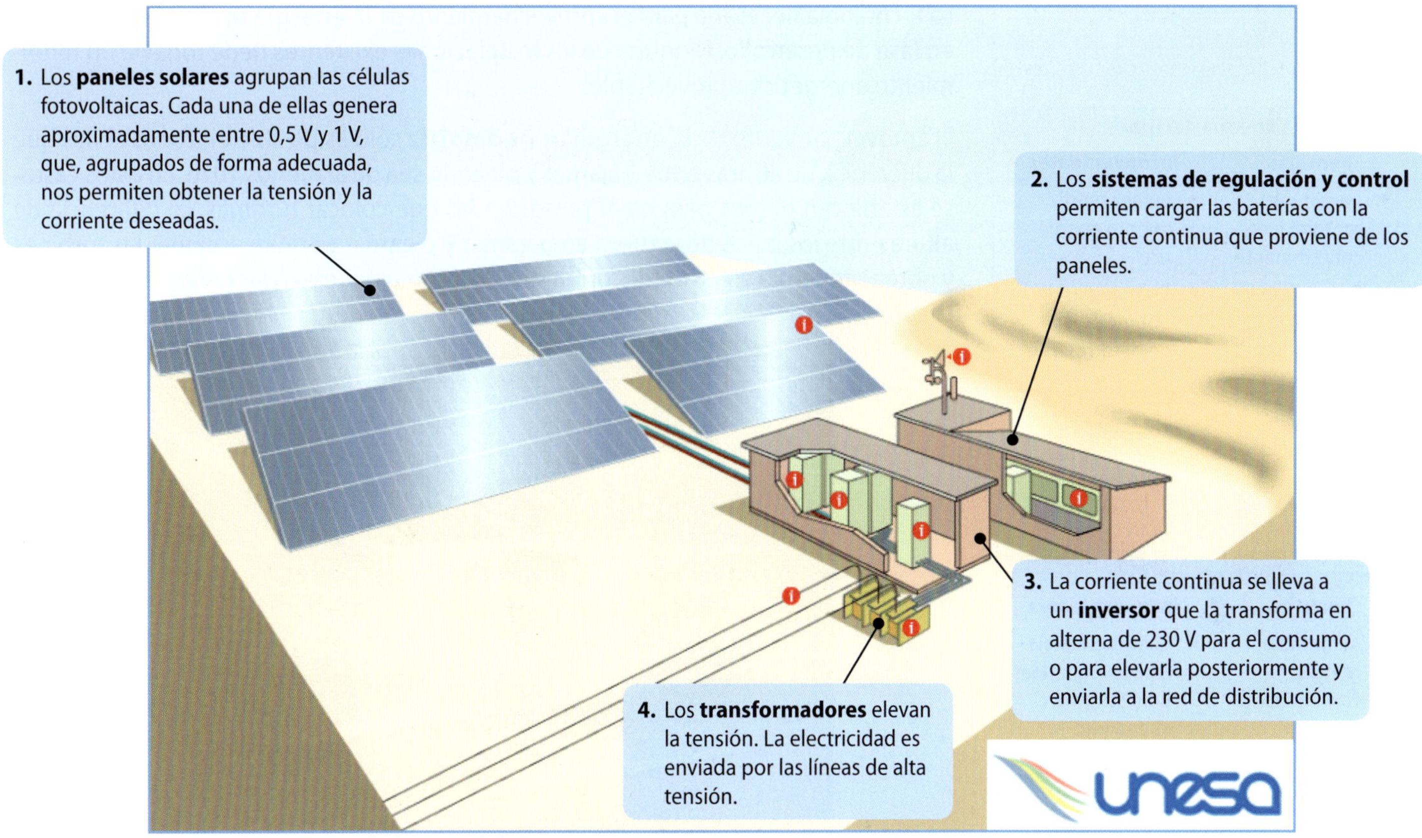

Aparte de su aprovechamiento en las centrales solares fotovoltaicas, los paneles se utilizan en autoconsumo para el medio rural; en antenas de radio, televisión y telefonía aisladas; en sistemas de bombeo; en satélites; integrados en un edificio como fuente secundaria; etc.

Las **partes de una central solar fotovoltaica** son: células solares, paneles solares, reguladores de carga, baterías de corriente continua, inversores y transformadores.

Escanea el código para ver cómo funciona una **central solar fotovoltaica**.

EJERCICIOS

12. ✦✦ Suponiendo que se aprovecha toda la radiación solar que llega a un panel fotovoltaico, calcula la cantidad de energía eléctrica (Wh) que es capaz de generar dicho panel, si sus medidas son de 150 × 100 cm y funciona durante 8 horas. Dato: coeficiente de radiación solar $K = 0,85$ cal/(min·cm^2). *(Solución: E = 7.106 Wh)*

13. ✦ Calcula la energía del panel solar del ejercicio anterior si tiene un rendimiento del 15%. *(Solución: E = 1.065 Wh)*

14. ✦✦ Tenemos un colector solar plano con una superficie de 3 m^2 por el que circulan 30 litros de agua en una hora. Calcula la temperatura final del agua si la temperatura inicial es de 15 °C y **se supone que se aprovecha toda la radiación solar.** Datos: calor específico del agua = 1 cal/(g·°C); **coeficiente de radiación solar** $K = 0,85$ cal/(min·cm^2). *(Solución: $T_f = 66$ °C)*

Centrales solares fotovoltaicas	
Ventajas	**Inconvenientes**
• Es limpia: nulas las emisiones contaminantes ni residuos	• Impacto visual • Residuos de las placas tras su vida útil

La central mareomotriz del río Rance, en Francia, genera 500 MWh al año, aproximadamente. Ocupa más de 20 km² y dispone de 24 grupos turbina-alternador.

8. Energía del mar

Del mar se obtiene energía tanto de las **olas** (energía undimotriz) como de las **mareas** (energía mareomotriz).

La tecnología necesaria para el aprovechamiento de la **energía undimotriz** está aún en fase de desarrollo. Ninguna de las instalaciones existentes tiene todavía un rendimiento energético aprovechable.

El aprovechamiento de la **energía mareomotriz** sólo es posible en zonas en las que la diferencia de alturas entre bajamar y pleamar sea de al menos 10 m. En estos casos, se establecen diques para crear presas en las que colocar turbinas. La diferencia de altura entre los lados de la presa en bajamar y pleamar permite accionar las turbinas y obtener energía eléctrica de forma similar a como ocurre en las centrales hidroeléctricas.

Energía del mar	
Ventajas	**Inconvenientes**
• Inagotable, gratuita y no contaminante • Escaso impacto medioambiental	• Escaso rendimiento energético • Tecnologías de obtención en fase de desarrollo

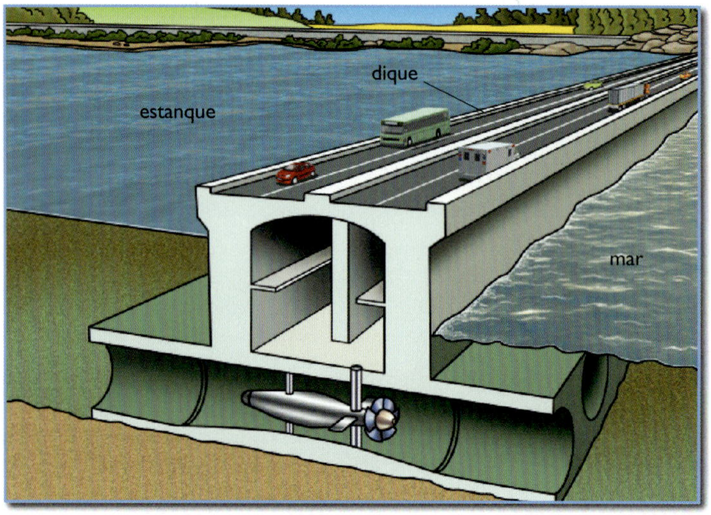

Central maremotriz.

Energía geotérmica	
Ventajas	**Inconvenientes**
• Inagotable, gratuita y no contaminante • Mínimo impacto medioambiental	• Costosas instalaciones requeridas para su aprovechamiento

9. Energía geotérmica

La **energía geotérmica** es la energía generada por el calor almacenado en el interior de la Tierra.

A medida que se profundiza bajo la corteza terrestre, la temperatura aumenta 1 °C cada 33 m. Este gradiente geotérmico es muy bajo, por lo que únicamente se aprovechan las aguas termales y el vapor geotérmico para producir energía eléctrica.

Escanea el código para ver cómo funciona una **central eléctrica de biomasa**.

10. Energía de la biomasa

La **biomasa** es el conjunto de materia orgánica renovable (no fósil), de procedencia animal o vegetal, capaz de convertirse en energía.

La energía de la biomasa se puede aprovechar de formas distintas:

- Quemando directamente leña y residuos forestales para producir calor, vapor y electricidad.
- Planificando cosechas de productos altamente energéticos, a partir de los cuales, mediante fermentación, es posible obtener combustibles (bioetanol y biodiésel). Algunos de estos productos son la caña de azúcar, la remolacha y el girasol.
- Utilizando los desechos y restos agrícolas y forestales para producir biogases, como el metano o el dióxido de carbono.

Energía de la biomasa	
Ventajas	**Inconvenientes**
• Los cultivos energéticos favorecen la reforestación y reducen la erosión y degradación del suelo • Elevado potencial energético	• La incineración de los residuos genera contaminación (su impacto es pequeño si se trata de residuos vegetales, pero puede ser grande en el caso de residuos plásticos o textiles)

11. Transporte y distribución de la energía

Una vez obtenida la energía eléctrica en las distintas centrales, se transporta y se distribuye hasta el usuario final por medio de la red eléctrica. La red eléctrica está formada por la **red de transporte** y la **red de distribución**.

La **red de transporte** la constituyen las líneas eléctricas que llevan la electricidad desde las centrales eléctricas en las que se genera hasta los centros de consumo. Esta red está formada por cables muy largos que recorren grandes distancias.

La red de transporte eléctrico en España está gestionada por Red Eléctrica Española, empresa española de carácter público-privado.

La distribución y la comercialización de la energía eléctrica las llevan a cabo diferentes empresas: Gas Natural, Endesa, Iberdrola, etc.

Para transportar la corriente eléctrica desde las centrales, con intensidades muy elevadas, una opción sería usar cables más gruesos, pero eso encarecería enormemente el proceso de transporte. Por ello, lo que se hace es elevar la tensión de la corriente eléctrica, a fin de disminuir la intensidad eléctrica que hay que transportar. De esta manera, los cables pueden ser más finos y el transporte se abarata.

Dado que $E = P \cdot t$ y $P = V \cdot I$, a mayor tensión (V), menor intensidad (I), para la misma potencia.

La tensión a la que se transporta la energía eléctrica en la red de transporte es mayor de 220 kV (alta tensión).

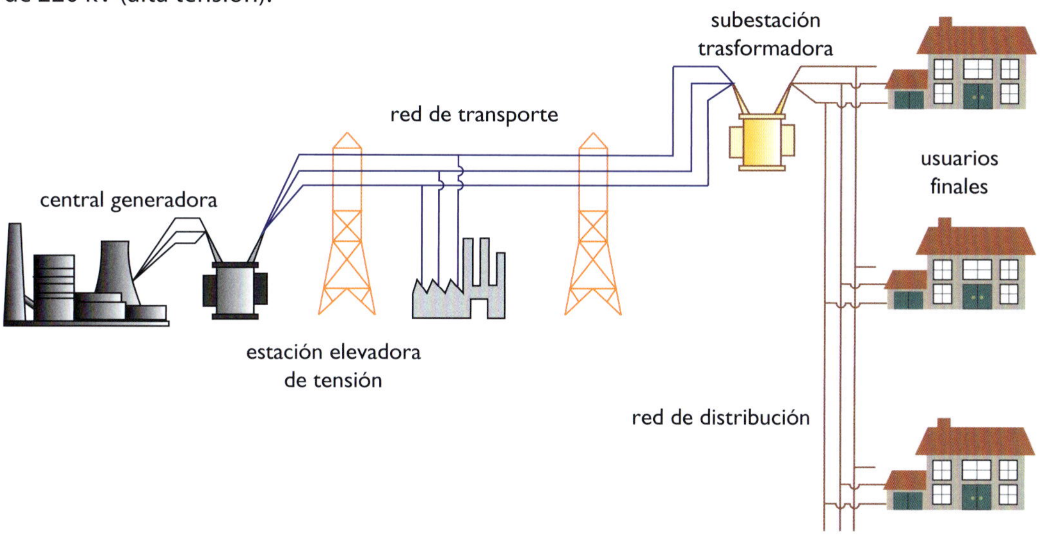

La **red de distribución** la constituyen las líneas eléctricas que llevan la electricidad desde los centros de consumo hasta los usuarios finales. La tensión a la que se transporta la energía eléctrica en esta red es inferior a los 220 kV (media tensión).

Transformador.

En la red de distribución se sitúan **subestaciones eléctricas** que permiten ir bajando la tensión desde las altas tensiones de la red de transporte hasta los 230 V necesarios para el consumo doméstico de la energía eléctrica. Las subestaciones eléctricas cuentan con **transformadores eléctricos** para disminuir el voltaje eléctrico paulatinamente, desde unas subestaciones a otras, hasta llegar al usuario final.

Los **transformadores eléctricos** son dispositivos que permiten aumentar o disminuir la tensión y la intensidad de la corriente eléctrica manteniendo constante la potencia. Su funcionamiento está basado en el fenómeno de la inducción electromagnética.

EJERCICIOS

15. ✦✦ Imagina un conductor que transmite una potencia eléctrica de 2.000 W. ¿Qué intensidad eléctrica circulará por él si la tensión eléctrica es de 200 V? ¿Y si es de 2 V? *(Solución: 10 A; 1.000 A)*

12. Impacto ambiental. Tratamiento de los residuos

La energía hidroeléctrica en España supone aproximadamente el 15% del total de la energía producida.

Cualquier intervención de la tecnología en la naturaleza, como es el caso de la explotación de recursos para producir energía, tiene un impacto negativo: la **contaminación ambiental**. Se produce una modificación negativa del entorno como consecuencia de la actividad humana.

Según el medio contaminado, distinguimos tres grandes bloques: contaminación **atmosférica**, contaminación de las **aguas** y contaminación del **suelo**.

A su vez, el **impacto ambiental** se puede clasificar según la agresión producida al entorno: emisión de gases, incremento del efecto invernadero, lluvia ácida, contaminación acústica y visual, impacto sobre la fauna o la flora...

Contaminación atmosférica	Contaminación de las aguas	Contaminación del suelo
• Emisión de gases (dióxido y monóxido de carbono, óxidos de nitrógeno y azufre, hidrocarburos) • Incremento del efecto invernadero • Lluvia ácida	• Impacto sobre la fauna y la flora • Incremento de la temperatura • Contaminación acústica y visual • Lluvia ácida • Contaminación por residuos	• Impacto sobre la fauna y la flora • Contaminación acústica y visual • Lluvia ácida • Contaminación por residuos

También se produce contaminación por los **residuos** de la actividad tecnológica. En el campo de la energía destacan los residuos radiactivos. Pero hay que tener en cuenta que las energías renovables también generan residuos. Por ejemplo, los paneles solares fotovoltaicos tienen un período de vida de unos veinte años; después se retiran y pasan a ser residuos contaminantes.

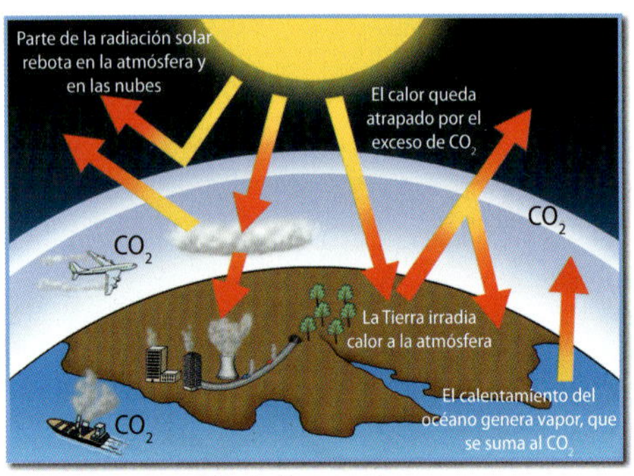

Efecto invernadero.

Incremento del efecto invernadero

El **efecto invernadero** se produce en la Tierra de forma natural y es el responsable de que nuestro planeta tenga una temperatura tal que permite la vida (15 °C de media). Consiste en la absorción de parte de la energía solar que llega a la Tierra por parte de algunos gases. El dióxido de carbono (CO_2), el vapor de agua (H_2O), los óxidos de nitrógeno (NO_x), el ozono (O_3) y el metano (CH_4) son algunos de los gases que están presentes en la atmósfera y permiten este efecto.

Sin embargo, si se produce un desequilibrio por el aumento de estos gases, se provoca una variación de temperatura que rompe el equilibrio de la Tierra, el llamado **calentamiento global**, y el consecuente **cambio climático**. La principal emisión de gases de efecto invernadero a la atmósfera es la de CO_2.

La lluvia ácida

La lluvia presenta normalmente un pH de 5,5 (ligeramente ácido). La emisión de óxidos de nitrógeno y azufre (NO_x y SO_x) a la atmósfera provoca la formación de ácidos como el nítrico (HNO_3) y el sulfúrico (H_2SO_4), sustancias que cambian el pH de la lluvia, acidificándola. Se considera **lluvia ácida** la que tiene un pH por debajo de 5.

La lluvia ácida, al caer sobre los ríos, lagos y mares, mata a los seres vivos acuáticos más débiles y perjudica a la vegetación. También cae sobre el suelo y arrastra sustancias nutritivas, con lo cual lo empobrece. Asimismo, puede disolver el mármol y la caliza, por lo que produce deterioros en el patrimonio arquitectónico.

Tratamiento de los residuos

Hemos visto que todas las instalaciones energéticas producen residuos cuando se acaba su vida útil, si bien son las centrales de energías no renovables las que los producen en mayor grado.

Las **centrales térmicas** generan subproductos de la combustión sólidos y gaseosos (CO_2, partículas en suspensión, SO_x y NO_x). Los residuos sólidos, llamados *escorias*, se almacenan; y los residuos gaseosos se transforman en parte en sólidos para que no escapen a la atmósfera.

Las **centrales nucleares** no emiten gases de combustión, pero generan gran cantidad de residuos sólidos altamente contaminantes por su radiactividad. Los de más **alta actividad** proceden de las barras de uranio y pueden ser activos durante miles de millones de años. En España, hasta el momento de encontrar una solución mejor, se están almacenando en piscinas dentro de la propia central. Otros países, como Francia o Estados Unidos, tienen **almacenes temporales centralizados**. Los residuos de baja actividad, provenientes de ropa de empleados y otros objetos, se almacenan en bidones de hormigón en almacenes especiales, como el de El Cabril (Córdoba).

Enresa es la empresa encargada de gestionar los residuos radiactivos en España. Aquí puedes ver su compromiso ambiental.

Desarrollo sostenible

La energía eléctrica es hoy en día una necesidad; no sólo no podemos prescindir de ella sino que, muy al contrario, va en aumento. Por ello, es necesario consensuar una serie de medidas de respeto al medio ambiente a largo plazo.

El **desarrollo sostenible** se define como la capacidad de satisfacer las necesidades presentes sin comprometer los recursos futuros.

En los últimos años, muchos países se han reunido para encontrar vías hacia un futuro sostenible, y se han comprometido en ocasiones con medidas en ese sentido. Destacan:

- El **Protocolo de Kioto** (1997), en el que algunos países acordaron reducir sus emisiones de gases de efecto invernadero (Estados Unidos, uno de los mayores productores, no lo ha ratificado).
- La **Convención de Estocolmo** (2001), sobre la emisión de componentes tóxicos como las dioxinas y los pesticidas.
- Las **cumbres de Río** (1992 y 2012) y de **Johannesburgo** (2002), sobre desarrollo sostenible.

El medio ambiente del mañana depende de nuestras acciones de hoy. El desarrollo sostenible requiere:

- Respetar el ritmo de **regeneración** de los recursos renovables.
- Producir contaminantes y residuos a un ritmo tal que la naturaleza sea capaz de **neutralizarlos**.
- **Reducir** el uso de los recursos no renovables.

EJERCICIOS

16. ✦✦ Elabora un esquema acerca del impacto ambiental producido por cada una de las fuentes de energía tratadas en la unidad, así como de los residuos generados. Observa que tienes recogida información sobre ello en los cuadros de ventajas e inconvenientes de cada uno de los tipos de energía.

17. ✦ Explica qué son el incremento del efecto invernadero, la lluvia ácida, el desarrollo sostenible y el Protocolo de Kioto.

13. Rendimiento energético. Coste de la energía

Rendimiento energético de una central	
Térmica convencional	Alrededor del 30%
Térmica nuclear	Alrededor del 30%
Hidroeléctrica	Alrededor del 85%
Eólica	Alrededor del 45%

El consumo de energía está estrechamente ligado al desarrollo económico de un país. Por ello, es especialmente relevante desarrollar tecnologías que proporcionen el mayor rendimiento posible para la energía que se consume.

No todas las centrales transformadoras de energía que hemos visto tienen el mismo rendimiento energético. El rendimiento de una central es la razón entre la **energía eléctrica** que produce y la **energía** (hidráulica, térmica, nuclear, etc.) utilizada para obtener la electricidad. Se suele expresar en tanto por ciento:

$$\eta\,(\%) = \frac{E_{\text{producida}}}{E_{\text{utilizada}}} \cdot 100$$

El concepto de rendimiento energético es también determinante para garantizar el mayor aprovechamiento de la energía eléctrica, tanto en los hogares como en las industrias y el transporte.

Análisis del recibo eléctrico doméstico

El precio diario por horas de la electricidad se puede consultar en esta página de la web de Endesa:

www.endesaclientes.com/precio-luz-pvpc.html

Datos del recibo doméstico (ejemplo)	
Potencia contratada	5,5 kW
Precio del kW	0,1042 €/día
Consumo eléctrico	329 kWh
Precio del kWh	0,09698 €
Alquiler de equipos	0,02663 €/día
Período de facturación	29 días

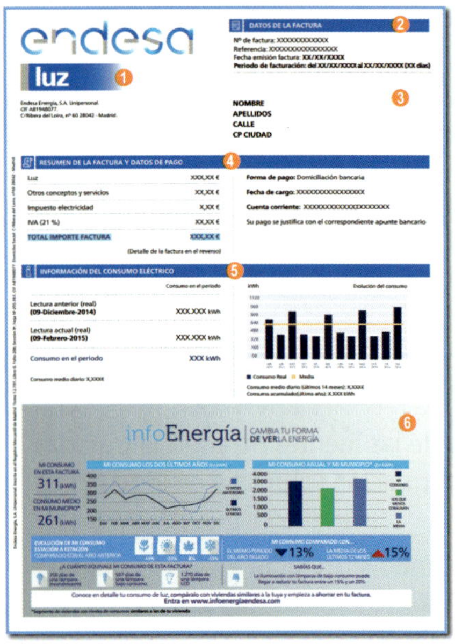

En España, el recibo eléctrico de una vivienda incluye los siguientes conceptos:

- **Término de potencia.** Es la potencia contratada por el cliente. Determina el número de electrodomésticos que se pueden conectar de forma simultánea. Se calcula multiplicando el número de kilovatios contratados por el precio del kilovatio y por el número de días de facturación (generalmente, un mes).

  En el caso del ejemplo del margen:

  Término de potencia $= 5{,}5 \times 0{,}1042 \times 29 = 16{,}61$ €

- **Término de consumo.** Corresponde al consumo realizado en la vivienda durante el período de facturación. Se calcula multiplicando los kilovatios hora por el precio del kilovatio hora. El precio del kilovatio hora varía para cada día y para cada hora.

  En el caso del ejemplo del margen:

  Término de consumo $= 329 \times 0{,}09698 = 31{,}90$ €

- **Alquiler de equipos.** Si el contador está alquilado a la empresa distribuidora, se abona una cantidad mensual por ese alquiler.

  En el caso del ejemplo del margen:

  Alquiler $= 29 \times 0{,}02663 = 0{,}77$ €

- **Impuestos** (derivados del consumo eléctrico, IVA, etc.).

EJERCICIOS

18. ✦ Un radiador eléctrico de 2.000 W de potencia y un 95% de rendimiento está encendido durante 7,5 horas. ¿Qué cantidad de energía útil ha producido? ¿Cuál es el coste que su consumo habrá generado? Utiliza los datos del ejemplo. *(Solución: energía útil = 14,25 kWh; coste = 1,45 €)*

14. Ahorro energético. Certificado energético de viviendas

Ante el incesante aumento de las necesidades energéticas, se hace imprescindible buscar medidas de ahorro que eviten el derroche innecesario de la energía.

En España, el **IDAE** (Instituto para la Diversificación y Ahorro de la Energía) lleva a cabo distintas políticas dirigidas a incentivar el uso de tecnologías eficientes que garanticen un gasto menor de energía por unidad de producto producido: plan PIVE (programa de incentivos al vehículo eficiente), FIDAE (financiación de proyectos urbanos de eficiencia energética), reparto de bombillas de bajo consumo, etc.

Ahorro doméstico

Las **medidas de ahorro en una vivienda** son muchas y pueden ayudar a disminuir el coste económico del recibo energético. Entre ellas podemos destacar:

- Usar lámparas de bajo consumo, que reducen el consumo eléctrico y aportan una iluminación adecuada. Aprovechar la iluminación natural.
- Aislar adecuadamente las viviendas utilizando dobles ventanas para evitar las pérdidas de calor innecesarias y mejorando los aislamientos en las paredes.
- Utilizar los electrodomésticos como la lavadora, el lavaplatos o la secadora cuando estén llenos.
- Usar termostatos de climatización, que apaguen los sistemas cuando se alcance la temperatura deseada, y válvulas que permitan encender los aparatos de calefacción sólo en las habitaciones que estén ocupadas.
- Revisar periódicamente todos los equipos de climatización, para comprobar que funcionan en condiciones óptimas de rendimiento.
- Apagar las luces cuando no sea necesario su uso y evitar el consumo de electrodomésticos cuando no se están utilizando y se encuentran en la posición de *stand by* ("consumo fantasma").
- Utilizar el transporte público siempre que sea posible.
- Conducir de forma eficiente cuando usemos el vehículo privado, evitando los frenazos y acelerones, que disparan el consumo de combustible. Hacer un mantenimiento periódico del vehículo y revisar la presión de los neumáticos para evitar pérdidas energéticas no deseadas.
- Cuando sea necesario adquirir un nuevo electrodoméstico, elegir aquel cuyo rendimiento sea mayor. Para ello hay que fijarse en la etiqueta energética del electrodoméstico, que indica su consumo (observa la figura del margen). Los electrodomésticos más eficientes son los de categoría A y los menos eficientes son los de categoría G.

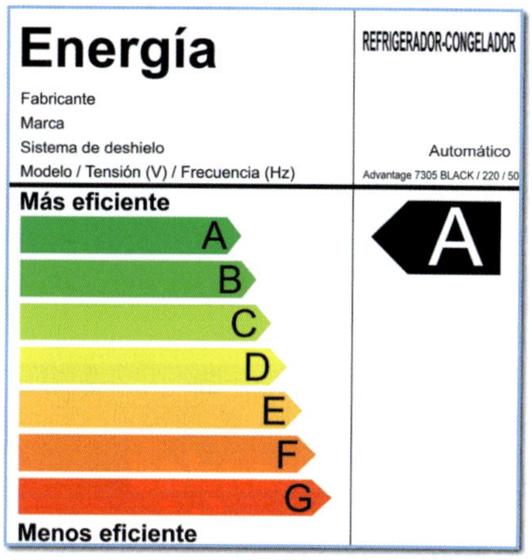

Certificado energético de viviendas

De la misma forma que los electrodomésticos incluyen una etiqueta identificativa de su eficiencia, desde el año 2013 todas las viviendas de España, tanto nuevas como ya existentes, deben contar con un **certificado energético**. Este certificado, redactado por un técnico competente, asigna a cada vivienda una clase energética de eficiencia, que varía desde la clase A, para las más eficientes energéticamente, hasta la clase G, para las menos eficientes.

El certificado energético es exigible en todos los contratos de compraventa o alquiler de viviendas y en todas las solicitudes de ayuda para la rehabilitación de viviendas. De esta manera, se pueden conocer de antemano las necesidades energéticas de una vivienda para poder estimar el coste económico que supondrá el recibo eléctrico asociado a ella.

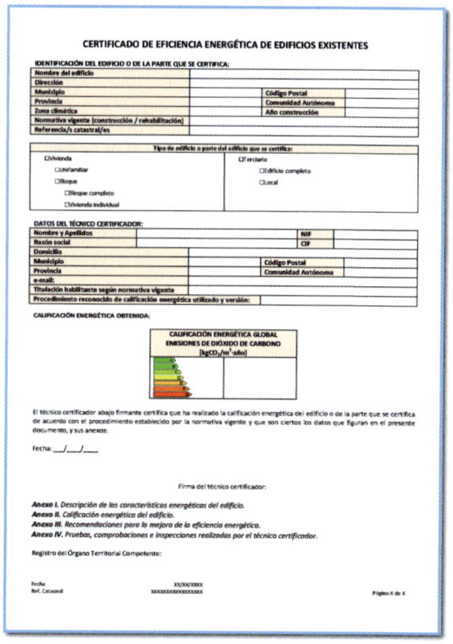

CERTIFICADO DE EFICIENCIA ENERGÉTICA DE EDIFICIOS EXISTENTES

IDENTIFICACIÓN DEL EDIFICIO O DE LA PARTE QUE SE CERTIFICA:

Nombre del edificio			
Dirección			
Municipio		Código Postal	
Provincia		Comunidad Autónoma	
Zona climática		Año construcción	
Normativa vigente (construcción / rehabilitación)			
Referencia/s catastral/es			

Tipo de edificio o parte del edificio que se certifica:

☐Vivienda
☐Unifamiliar
☐Bloque
☐Bloque completo
☐Vivienda individual

☐Terciario
☐Edificio completo
☐Local

DATOS DEL TÉCNICO CERTIFICADOR:

Nombre y Apellidos		NIF	
Razón social		CIF	
Domicilio			
Municipio		Código Postal	
Provincia		Comunidad Autónoma	
e-mail:			
Titulación habilitante según normativa vigente			
Procedimiento reconocido de calificación energética utilizado y versión:			

CALIFICACIÓN ENERGÉTICA OBTENIDA:

CALIFICACIÓN ENERGÉTICA GLOBAL
EMISIONES DE DIÓXIDO DE CARBONO
[$kgCO_2/m^2$·año]

El técnico certificador abajo firmante certifica que ha realizado la calificación energética del edificio o de la parte que se certifica de acuerdo con el procedimiento establecido por la normativa vigente y que son ciertos los datos que figuran en el presente documento, y sus anexos:

Fecha: ___/___/____

Firma del técnico certificador:

Anexo I. *Descripción de las características energéticas del edificio.*
Anexo II. *Calificación energética del edificio.*
Anexo III. *Recomendaciones para la mejora de la eficiencia energética.*
Anexo IV. *Pruebas, comprobaciones e inspecciones realizadas por el técnico certificador.*

Registro del Órgano Territorial Competente:

Fecha XX/XX/XXXX
Ref. Catastral XXXXXXXXXXXXXXXXXX
Página X de X

Práctica 1. Viviendas bioclimáticas. Infografía con Piktochart

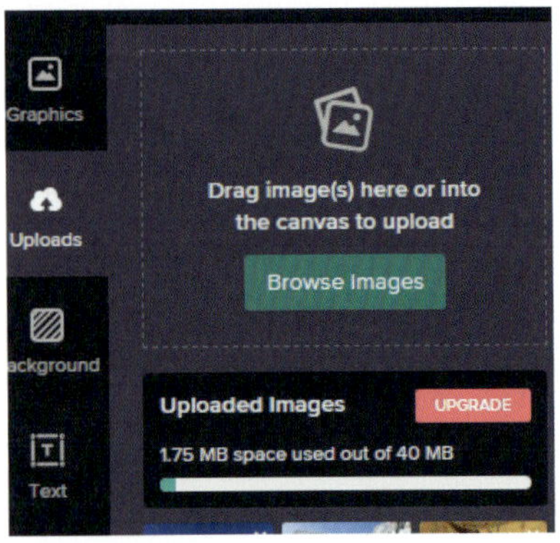

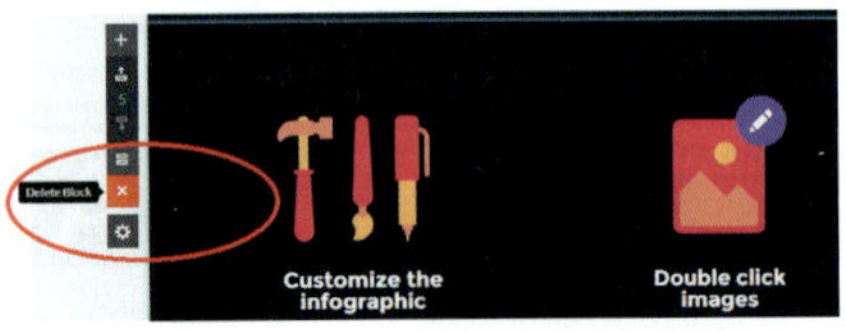

Para hacer esta práctica deberás tener el consentimiento de tus padres o tutores legales.

Vamos a hacer una infografía sobre las viviendas bioclimáticas. Para ello, deberás buscar información sobre qué son este tipo de viviendas y qué ventajas e inconvenientes tienen.

Además, necesitarás buscar en Internet cuatro imágenes de viviendas bioclimáticas. Busca siempre imágenes con licencia Creative Commons e indica su procedencia, para ser respetuoso con los derechos de autor.

Acceso a Piktochart

Para acceder a **Piktochart** (*piktochart.com*) necesitas registrarte. También puedes acceder con tu cuenta de correo de Gmail o de Facebook. Si no tienes cuenta de Gmail, puedes crearte una entrando en *www.gmail.com* y siguiendo las instrucciones que se indican. Piktochart dispone de una versión que se puede utilizar gratuitamente.

Creación de la infografía

1. Una vez que has accedido a Piktochart, tienes que elegir el formato que desees para tu infografía. Selecciona **Infographic**.
2. Se muestran a continuación las plantillas disponibles para la versión gratuita. Elige la plantilla **Dark2** y haz clic en la opción **Use template**.
3. Accede ahora al menú de la izquierda y selecciona **Uploads**. Haz clic en el cuadro que aparece y sube las cuatro imágenes de las viviendas bioclimáticas que has localizado.
4. La plantilla **Dark 2** tiene cinco bloques diferentes. Sólo vas a necesitar tres bloques. Para eliminar los dos últimos, sitúa el cursor en el borde izquierdo de cada bloque y haz clic en el icono **Delete block**. Observa la figura del margen y comprueba que sólo tienes tres bloques.
5. En el primer bloque, selecciona el texto "How to Start" y cámbialo por "Viviendas Bioclimáticas". Selecciona después el texto que aparece debajo, "How to start and design an infographic", y elimínalo.
6. En el siguiente bloque, encontrarás texto en dos columnas diferentes y un gráfico en cada columna. Modifica en primer lugar la primera columna, eliminando lo que aparece y añadiendo información sobre qué son las viviendas bioclimáticas.
7. Añade también una de las imágenes que has subido, arrastrándola desde el margen hasta la columna en la que has escrito. Redimensiona la imagen para adaptarla al espacio disponible, arrastrándola desde las esquinas.
8. En la otra columna, elimina lo que aparece y crea un cuadro de texto con la herramienta **Text** del margen, para escribir las ventajas e inconvenientes de este tipo de viviendas. Selecciona **Subtitle 2**. Observa que puedes modificar el tipo de texto, el tamaño y el color en la barra de herramientas que aparece sobre el cuadro.
9. Finalmente, en el último bloque de la infografía, sitúa las otras tres imágenes de las viviendas, arrastrándolas desde el margen. Escribe una pequeña explicación de cada una de ellas (observa la figura del margen).
10. Puedes descargar las infografías a tu ordenador en formato PNG para después imprimirlas, compartirlas por correo electrónico y también publicarlas. Haz clic en el icono **Download** de la barra superior de herramientas y guarda la infografía como **UD01_P1_nombreapellido.png**.

Práctica 2. Descripción de una central de ciclo combinado. Mural de Padlet

Para utilizar esta herramienta deberás tener el consentimiento de tus padres o tutores legales. Además, necesitarás buscar imágenes en Internet. Busca siempre imágenes con licencia Creative Commons e indica su procedencia, para ser respetuoso con los derechos de autor.

En esta práctica vamos a usar **Padlet** para hacer un mural con las partes principales de una central térmica de ciclo combinado. En primer lugar, necesitarás buscar información e imágenes de las centrales térmicas de ciclo combinado. Estas centrales utilizan una turbina de gas y otra de vapor para la producción de electricidad. Puedes encontrar información en Wikipedia, en la web de Endesa, la de Unesa, etc.

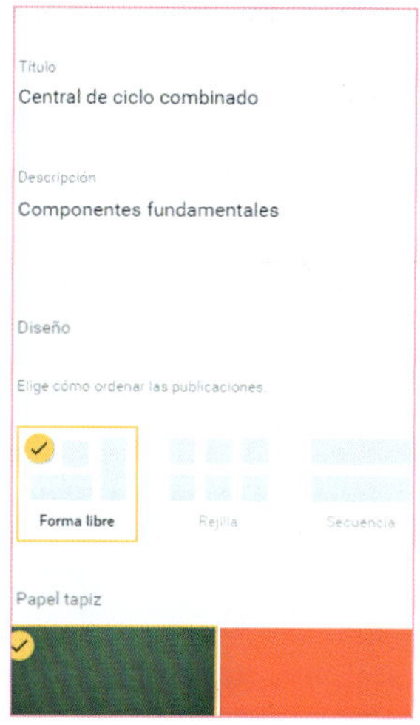

1. Cuando conozcas el funcionamiento de este tipo de centrales, accede a Padlet en la dirección *es.padlet.com*. Haz clic en **Registrarse** y regístrate con tu cuenta de Gmail. Si no tienes cuenta de Gmail, puedes crearte una cuenta de Padlet.
2. Una vez registrado, indica **Omitir** en la introducción a la aplicación y haz clic en **Crear un Padlet**.
3. En la barra vertical de la derecha, escribe como título "Central de ciclo combinado" y como descripción teclea "Componentes principales". En **Diseño** selecciona **Forma libre** y en **Papel tapiz** elige **Blackboard**. Haz clic en **Siguiente**.
4. En **Personas y privacidad** elige **Público** y en **Aquellos con acceso** selecciona **Se puede leer**. Haz clic en **Guardar**.
5. Ahora haz doble clic en el papel tapiz de la pantalla, para empezar a publicar entradas. Como título de la primera entrada escribe el nombre de una parte de la central (por ejemplo, "Turbina de gas") y redacta una pequeña descripción de su funcionamiento. Haz clic en el icono de la **cámara de fotos** y sube una imagen de Internet que haga referencia a este componente.
6. Repite el proceso con cada uno de los componentes de la central que consideres necesario incluir.
7. Crea ahora otra entrada para incluir un vídeo sobre el funcionamiento de una central térmica de ciclo combinado. Puedes buscar el vídeo en YouTube o en cualquier página de las antes mencionadas. Teclea como título de esta entrada "Funcionamiento". Haz clic en el icono del **vídeo** que aparece en la entrada y pega la dirección del vídeo.
8. Haz clic en el icono de **configuración** y desplázate hacia abajo hasta ver la dirección. Modifica la dirección de tu Padlet y teclea como dirección "central_ciclo_combinado". Haz clic en **Guardar**.
9. En la barra de herramientas, selecciona **Compartir / Exportar**. Observa que puedes enviar tu Padlet por correo, insertarlo en un sitio web, exportarlo a un archivo PDF o generar el código QR del archivo, entre otras opciones.
10. Genera el código QR de tu Padlet. Pégalo en un procesador de texto y guarda el documento como **UD01_P2_nombreapellido**. Puedes ver el resultado en un ejemplo escaneando el código del margen con un lector de códigos QR.

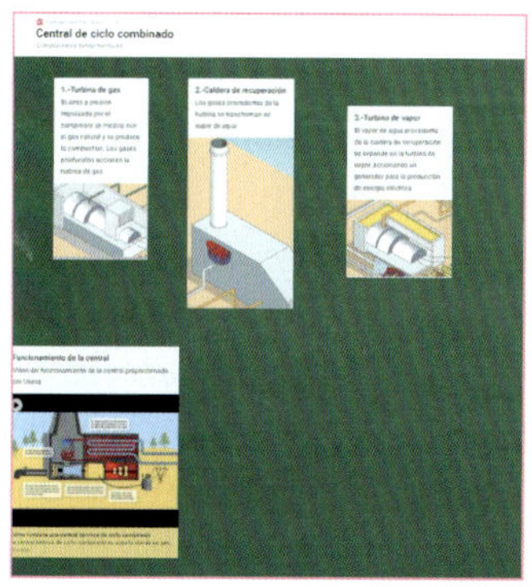

Práctica 3. La energía. Presentación colaborativa con Drive

Esta práctica puede hacerse construyendo la presentación entre dos o más alumnos e incluso entre toda la clase, a criterio del profesor.

Para hacer esta práctica deberás tener el consentimiento de tus padres o tutores legales. Asimismo, recuerda leer detenidamente todas las condiciones de prestación de servicios.

Vamos a elaborar una presentación sobre la energía usando la herramienta colaborativa **Drive**, que permite que varias personas construyan una misma presentación a la vez. Para ello, debes tener una cuenta en Gmail.

1. Desde tu cuenta de Gmail, haz clic en **Aplicaciones de Google** (en el menú superior derecho) y, en el menú emergente, selecciona **Drive**.
2. Despliega el menú **Nuevo** y elige la opción **Presentaciones de Google**.
3. Para aplicar un tema a todas las diapositivas, pulsa el botón **Tema** o ve a **Diapositiva** / **Cambiar tema**. En el menú desplegable que aparece, escoge un tema.
4. Vamos a crear una primera diapositiva como la que se muestra en la figura del margen. Para ello, en **Haz clic para añadir un título** escribe el texto "La energía". En la parte del subtitulo escribe "Trabajo realizado de forma colaborativa por los alumnos de 1º de Bachillerato".
5. En la parte superior izquierda, donde pone "Presentación sin título", escribe "**UD01_P3_nombreapellido**".
6. Pulsa el botón **Compartir** (arriba a la derecha) y comparte tu archivo con varios compañeros escribiendo sus direcciones de correo.
7. Comprueba que podéis acceder al mismo documento y modificarlo a la vez. Las personas que están en el momento accediendo al documento aparecen arriba a la derecha con un color adjudicado; cuando escriben, aparecen en el punto del documento en que están con un cursor de ese mismo color.
8. Elige una de las fuentes de energía vistas en la unidad. Vamos a añadir a la presentación cinco diapositivas más.
9. Para insertar nuevas diapositivas, haz clic en el botón + (en la parte superior izquierda).
10. Para insertar texto, puedes hacerlo donde pone "Haz clic para añadir un título" o bien puedes hacer clic sobre el icono que tiene una T.
11. Para insertar una imagen en la presentación, haz clic en el centro de la diapositiva y pulsa el icono **Imagen**.
12. Aplica distintas transiciones a las diapositivas. Para ello, en el menú superior, ve a **Diapositiva** / **Cambiar transición**. En el nuevo menú que se muestra a la derecha, selecciona una transición (por ejemplo, **Girar**).
13. Completa la presentación con cuatro diapositivas más, eligiendo uno de los temas que te proponemos a continuación y buscando información en la página indicada para cada caso:
    - La isla de El Hierro, un ejemplo de sostenibilidad. Proyectos de Endesa: *www.endesa.com*
    - El futuro de la energía: la fusión. Proyecto internacional ITER de energía de fusión: *www.iter.org*
    - Demanda en tiempo real y emisiones de CO_2. Red Eléctrica: *www.ree.es*
    - Vivienda autosuficiente. Blog "Pan y trillar": *panytrillar.blogspot.com.es/p/construccion-casa-impluvium.html*

Práctica 4. Cálculo de costes de consumo energético. Hoja de cálculo

Vamos a hacer un cálculo del consumo eléctrico de una vivienda en un mes, con los datos que aparecen en la imagen.

1. Abre una hoja de cálculo (**Excel** de Microsoft o **Calc** de LibreOffice).
2. Introduce los datos de la primera fila, tal y como están en la imagen: electrodomésticos, cantidad, potencia, precio del kilovatio hora y precio total. A continuación, introduce los datos de las filas siguientes hasta la fila 19, excepto los de la última columna (precio total), ya que los vamos a calcular.
3. Da formato a la tabla con los colores de la imagen.
4. Para calcular el precio total del frigorífico, introduce esta fórmula en la celda **F2**:

   =B2*C2*10^-3*D2*E2

   Con ello multiplicamos la cantidad de frigoríficos por su potencia (en kilovatios), por el tiempo que estimamos que está actuando en un mes (en horas) y por el precio del kilovatio hora facturado por la compañía.
5. Con el controlador de relleno, pincha y estira para autocompletar el precio total del resto de los electrodomésticos.
6. En la celda **F9**, introduce la función **=SUMA(F2:F8)**, que equivale a la fórmula **=F2+F3+F4+F5+F6+F7+F8**. A continuación completa la celda **F19** con la función **=SUMA(F12:F18)**.
7. Calcula el precio total como suma de **F9** y **F19**, añade el 21% de IVA en la columna **E** y comprueba que el resultado final son 87,57 €.
8. Guarda el archivo como **UD01_P4_nombreapellido**.
9. En el mismo archivo, ve a la hoja 2 y elabora ahora un cálculo similar con los datos y estimaciones de **tu propia vivienda**. Luego repite los pasos en la hoja 3 con la estimación del gasto de **tu centro educativo**.
10. Finalmente, abre un documento de texto y explica qué electrodomésticos comportan más gasto en la vivienda y en tu centro educativo, y cuáles menos, según la estimación realizada. Además, propón medidas de ahorro a la vista de los resultados. Guárdalo con el mismo nombre.

	A	B	C	D	E	F
1	electrodomésticos	cantidad	potencia(w)	tiempo(h)	precio de kwh	precio total(€)
2	frigorífico	1	300	720	0,09698	20,94768
3	microondas	1	800	5	0,09698	0,38792
4	lavadora	1	1800	30	0,09698	5,23692
5	lavavajillas	1	1900	15	0,09698	2,76393
6	horno	1	2000	8	0,09698	1,55168
7	vitrocerámica	1	2200	75	0,09698	16,0017
8	televisor	1	60	120	0,09698	0,698256
9	total					47,588086
10						
11	luz					
12	fluorescente cocina	4	36	100	0,09698	1,396512
13	bombilla eco habitación	3	28	90	0,09698	0,7331688
14	lámpara eco halógena salón	6	120	150	0,09698	10,47384
15	bombilla halógena pasillo	5	230	30	0,09698	3,34581
16	lampara eco halógena habitación	3	120	30	0,09698	1,047384
17	bombilla habitación	3	42	90	0,09698	1,0997532
18	bombilla halógena baños	6	230	50	0,09698	6,69162
19	total					24,788088
20						
21				precio total	IVA(21%)	precio final
22				72,37617	15,19899654	87,57517054

Práctica 1. Maqueta de una vivienda autosuficiente

Vamos a construir la maqueta de una vivienda autosuficiente que podemos encontrar en la realidad en el pequeño pueblo de Vellosillo (Sepúlveda). Aunque aquí te damos unas orientaciones, lee los artículos de las páginas web que te mostramos a continuación para que puedas diseñar la maqueta con todos los detalles:

- *panytrillar.blogspot.com.es/p/construccion-casa-impluvium.html*
- *panytrillar.blogspot.com.es/2013/03/el-primer-prototipo-casa-impluvium-de.html*
- ricardohiguerascardenas.jimdo.com/3-casa-impluvium

Esta vivienda está pensada para tener un cierto grado de autosuficiencia. Siguiendo los principios de la bioconstrucción, está hecha de barro, la cubierta es de madera reciclada y, en el centro, un óculo con una membrana recoge el agua de lluvia.

La vivienda está desconectada de la red eléctrica y utiliza para su suministro eléctrico unos paneles solares fotovoltaicos y un aerogenerador, que almacenan la energía en un banco de baterías.

El interior de la vivienda busca reunir energía, agua y alimentos, por lo que dos tercios del espacio son vivienda y el otro tercio corresponde a un huerto interior. Dispone de una laguna central de unos 8 m^2 que permite que el agua sea el elemento fundamental para la climatización (laguna central, aljibe interior abierto y óculo central que almacena agua de lluvia y actúa como lupa calentando el interior).

La vivienda se compone de tres dormitorios, cocina, salón, despacho, aseo y sala de maquinaria, distribuidos en un interior diáfano, con la huerta interior orientada al sur.

Se encuentra semienterrada a un metro de profundidad para ayudar a mantener una temperatura estable entre 14 y 15 °C. A su alrededor, 17 tinajas de barro ayudan a recoger el agua de lluvia y dirigirla a los depósitos.

Para la calefacción se utiliza suelo radiante con calor generado por una estufa de biomasa (*pellets*). En verano, unos colectores solares son suficientes para el agua caliente sanitaria (ACS).

Taller

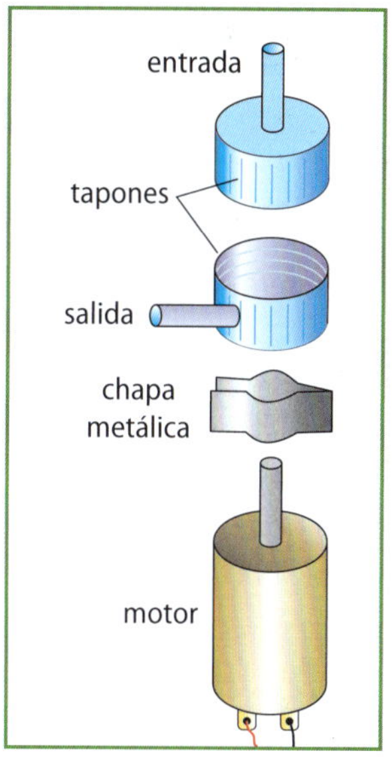

Dibuja los planos de la vivienda siguiendo las indicaciones de los artículos. Tu diseño debe incluir paneles solares (puedes utilizar células solares), colector solar para el ACS, circuito de circulación de agua, aljibes, aerogenerador, etc.

Puedes fabricar una bomba de agua casera con un motor y un par de tapones.

Práctica 2. Coche solar

Para construir este coche solar, sólo necesitaremos un motor de corriente continua y una o varias placas solares que irán conectadas a dicho motor.

Desafíos

Desafío 1. Diseña las modificaciones necesarias para poder controlar la dirección del motor mediante un mando que permita girar las ruedas. Ten en cuenta que, si colocas más motores, tendrás un mayor consumo y necesitarás más placas solares.

Desafío 2. Diseña un circuito con fotorresistencias que permita al coche orientarse o girar hacia la luz.

Ejercicios resueltos

1. ✦ Calcula la energía eléctrica consumida por un secador de pelo de 1.000 W si ha estado encendido durante 15 minutos. Da el resultado en julios y en kilovatios hora.

Datos

$P = 1.000\ W = 1\ kW$

$t = 15\ min = 0,25\ h$

Incógnita

$E = ?$

Solución

En kilovatios hora:

$$E = P \cdot t = 1\ kW \cdot 0,25\ h = 0,25\ kWh$$

En julios:

$$E = P \cdot t = 1.000\ W \cdot 0,25 \cdot 3.600\ s = 900.000\ J \text{ (ya que } 1\ W = 1\ J/s)$$

2. ✦ Una bombilla de 100 W está conectada a 230 V. Calcula la intensidad de la corriente que circula por ella y el valor de su resistencia. Calcula también la energía que consume si está encendida 6 horas.

Datos

$P = 100\ W = 0,1\ kW$

$V = 230\ V$

$t = 6\ h$

Incógnitas

$I = ?$ $R = ?$

$E = ?$

Solución

De la ecuación de la potencia eléctrica:

$$I = \frac{P}{V} = \frac{100\ W}{230\ V} = 0,43\ A$$

Aplicando la ley de Ohm:

$$R = \frac{V}{I} = \frac{230\ V}{0,43\ A} = 534,88\ \Omega$$

Energía en kWh:

$$E = P \cdot t = 0,1\ kW \cdot 6\ h = 0,6\ kWh$$

3. ✦✦ Un horno de 2.200 W de potencia y un 75% de rendimiento se utiliza para cocinar durante 2 horas. ¿Qué potencia útil ha producido? ¿Cuál será el coste que su consumo ha generado, suponiendo que el coste del kilovatio hora sea de 0,09698 €?

Datos

$P_{absorbida} = 2.200\ W = 2,2\ kW$

$\eta = 75\% = 0,75$

$t = 2\ h$

Incógnitas

$P_{cedida} = ?$

coste = ?

Solución

El horno absorbe de la red 2.200 W, pero no todo se transforma en calor.

$$\eta = \frac{P_{cedida}}{P_{absorbida}} \Rightarrow P_{cedida} = \eta \cdot P_{absorbida} = 0,75 \cdot 2,2 = 1,65\ kW$$

Para calcular el coste necesitamos conocer la energía absorbida de la red:

$$E = P_{absorbida} \cdot t = 2,2\ kW \cdot 2\ h = 4,4\ kWh$$

$$\text{coste} = 4,4\ kWh \cdot 0,09698\ € = 0,43\ €$$

4. ✦✦ Calcula la cantidad de gas natural, con un poder calorífico de 11.300 kcal/kg, que habría que aportar a una central térmica que funcionase con un rendimiento del 30% y suministrase una potencia de 242 MW.

Datos

$P = 242\ MW$

$\eta = 30\% = 0,30$

$P_c = 11.300\ kcal/kg$

Incógnita

$m = ?$

Solución

$$\eta = \frac{P_{cedida}}{P_{absorbida}} \Rightarrow P_{absorbida} = \frac{P_{cedida}}{\eta} = \frac{242\ MW}{0,30} = 806,67\ MW$$

Cambiamos de unidad en el poder calorífico:

$$P_c = 11.300\ kcal/kg = 11.300 \cdot 10^3 \cdot 4,18\ J/kg = 47,23 \cdot 10^6\ J/kg$$

$$P_c = \frac{47,23 \cdot 10^6}{3,6 \cdot 10^6}\ kWh/kg = 13,12\ kWh/kg$$

Suponiendo que el tiempo es una hora, la masa de gas natural cumple la relación siguiente:

$$m = \frac{E}{P_c} = \frac{806,67 \cdot 10^3\ kW \cdot 1\ h}{13,12\ kWh/kg} = 61.483,99\ \text{kg de gas natural cada hora}$$

Ejercicios resueltos

5. ✦✦ Calcula el rendimiento de una central nuclear cuyo reactor tiene una potencia térmica de 2.170 MW, sabiendo que genera 992 MW de potencia eléctrica. Calcula también la masa de uranio que usará el reactor cada hora, sabiendo que 1 kg de uranio produce $8 \cdot 10^{13}$ J.

Datos

$P_{absorbida} = 2.170$ MW

$P_{cedida} = 992$ MW

$t = 1$ h

$E_{uranio} = 8 \cdot 10^{13}$ J/kg

Incógnitas

$\eta = ?$ $\quad m = ?$

Solución

El rendimiento de la central se calcula directamente:

$$\eta = \frac{P_{cedida}}{P_{absorbida}} = \frac{992}{2.170} = 0,46 = 46\%$$

La masa de uranio se calcula a partir de la energía térmica generada en una hora:

$$E = P_{absorbida} \cdot t = 2.170 \text{ MW} \cdot 1 \text{ h} = 2,17 \cdot 10^6 \text{ kWh} = 2,17 \cdot 10^6 \cdot 3,6 \cdot 10^6 \text{ J} \Rightarrow$$
$$\Rightarrow E = 7,81 \cdot 10^{12} \text{ J}$$

$$m = \frac{E}{E_{uranio}} = \frac{7,81 \cdot 10^{12} \text{ J}}{8 \cdot 10^{13} \text{ J/kg}} = 0,097 \text{ kg de uranio}$$

6. ✦ Si en una reacción nuclear se produce una pérdida de masa de 1 mg, calcula la energía liberada en esa reacción.

Datos

$m = 1 \text{ mg} = 10^{-6}$ kg

Incógnita

$E = ?$

Solución

Como $E = m \cdot c^2$, siendo $c = 300.000$ km/s (velocidad de la luz):

$$E = m \cdot c^2 = 10^{-6} \text{ kg} \cdot (3 \cdot 10^8 \text{ m/s})^2 = 9 \cdot 10^{10} \text{ J liberados}$$

7. ✦✦ El caudal de la tubería de una central hidroeléctrica es de 1.000 l/s. Suponiendo que el desnivel de la tubería es de 100 m, calcula el incremento de energía del agua en la caída. ¿Qué potencia supone? Si toda esa energía se aprovechara directamente para encender bombillas de 50 W, ¿cuántas se podrían iluminar?

Datos

$C = 1.000$ l/s

$h = 100$ m

Incógnitas

$E = ?$ $\quad P = ?$

$n = ?$

Solución

El incremento de la energía del agua será igual a la variación de la energía potencial, que calcularemos en función del caudal (para el agua, tenemos que 1 litro = 1 kilo).

$$E = m \cdot g \cdot h = 1.000 \text{ kg} \cdot 9,8 \text{ m/s}^2 \cdot 100 \text{ m} = 9,8 \cdot 10^5 \text{ J en cada segundo}$$

Supone, por lo tanto, una potencia de $9,8 \cdot 10^5$ W, y se podrían iluminar las siguientes bombillas:

$$n = \frac{9,8 \cdot 10^5}{50} = 19.600 \text{ bombillas}$$

8. ✦✦ Calcula el calor necesario para incrementar la temperatura el agua de un colector solar, si inicialmente está a 25 °C y se necesitan 50 litros de agua a 40 °C. Dato: calor específico del agua = 1 cal/(g·°C).

Datos

$m = 50 \text{ kg} = 50 \cdot 10^3$ g

$T_i = 25$ °C

$T_f = 40$ °C

$c_e = 1$ cal/(g·°C)

Incógnita

$Q = ?$

Solución

$$Q = m \cdot c_e \cdot (T_f - T_i) = 50 \cdot 10^3 \text{ g} \cdot 1 \text{ cal/(g·°C)} \cdot (40 - 25) = 750 \cdot 10^3 \text{ cal}$$

9. ✦✦ Un aerogenerador tiene unas palas de 40 m de longitud y un rendimiento del 11%. Si sopla un viento de 10 m/s y la densidad del aire en ese momento es $d = 1{,}20$ kg/m^3, ¿cuál es la potencia útil del aerogenerador? Calcula también la energía producida en un día.

Datos

$r = 40$ m

$\eta = 11\%$

$v = 10$ m/s

$d = 1{,}20$ kg/m^3

Incógnitas

$P_{útil} = ?$

$E = ?$ (1 día)

Solución

La superficie barrida por el rotor y las hélices será:

$$S = \pi r^2 = \pi \cdot 40^2 = 5.024 \text{ m}^2$$

La potencia que proporciona el viento depende del área de barrido, de la velocidad del viento y de la densidad del aire en ese momento:

$$P = \frac{1}{2} d \cdot S \cdot v^3 = \frac{1}{2} 1{,}20 \frac{\text{kg}}{\text{m}^3} \cdot 5.024 \text{ m}^2 (10 \text{ m/s})^3 = 3.014.400 \text{ W} = 3.014 \text{ kW}$$

La potencia útil dependerá del rendimiento. Por tanto:

$$P_{útil} = \eta \cdot P_{viento} = 0{,}11 \cdot 3.014 \text{ kW} = 331{,}54 \text{ kW}$$

10. ✦✦ Para calentar el agua de una oficina se utilizan colectores solares planos. Sabiendo que la temperatura inicial del agua es de 16 °C y que se quiere calentar hasta los 70 °C, calcula la superficie de los colectores si $K = 0{,}85$ cal/(min·cm^2), suponiendo que las pérdidas de calor son nulas y que el consumo medio de agua requerido es de 30 l/h. Dato: calor específico del agua = 1 cal/(g·°C).

Datos

$T_i = 16$ °C

$T_f = 70$ °C

$K = 0{,}85$ cal/(min·cm^2)

$Q = 30$ l/h

$c_{e\,agua} = 1$ cal/(g·°C)

Incógnita

$S = ?$

Solución

Tenemos que:

$$E_{absorbida} \text{ agua} = m \cdot c_e \cdot (T_f - T_i) \qquad E_{suministrada} \text{ colector} = K \cdot t \cdot S$$

Por lo tanto, podemos igualar las dos ecuaciones:

$$K \cdot t \cdot S = m \cdot c_e \cdot (T_f - T_i)$$

Para obtener la masa, como el caudal es igual al volumen partido por el tiempo:

$$Q = \frac{V}{t} \Rightarrow V = Q \cdot t = 30 \text{ l/h} \cdot 1 \text{ h} = 30 \text{ l} = 30 \text{ kg} = 30 \cdot 10^3 \text{ g}$$

$$E_{agua} = 0{,}85 \text{ cal/(min·cm}^2) \cdot (1 \text{ h} \cdot 60 \text{ min}) \cdot S = 51 \text{ cal/cm}^2 \cdot S$$

$$E_{colector} = m \cdot c_e \cdot (T_f - T_i) = 30.000 \text{ g} \cdot 1 \text{ cal/(g·°C)} \cdot (70 \text{ °C} - 16 \text{ °C}) = 1.620.000 \text{ cal}$$

Igualando las dos fórmulas y despejando la superficie:

$$51 \text{ cal/cm}^2 \cdot S = 1.620.000 \text{ cal} \Rightarrow S = \frac{1.620.000 \text{ cal}}{51 \text{ cal/cm}^2} = 31.764{,}70 \text{ cm}^2 = 3{,}18 \text{ m}^2$$

11. ✦✦ Una placa solar de 150 × 100 cm tiene un rendimiento del 12%. Sabiendo que está colocada en una vivienda de Madrid (media de 9 horas diarias de sol en el mes de abril), con un coeficiente de radiación de 0,85 cal/(min·cm^2), calcula la cantidad de energía eléctrica que generará en un día (en kWh).

Datos

$S = 150 \times 100$ cm

$\eta = 12\%$

$t = 9$ h/día

$K = 0{,}85$ cal/(min·cm^2)

Incógnita

$E = ?$ kWh (1 día)

Solución

El tiempo de radiación durante un día será:

$$t = 9 \text{ h} \cdot 60 \text{ min} = 540 \text{ min}$$

La superficie de la placa solar será:

$$S = 150 \text{ cm} \cdot 100 \text{ cm} = 15.000 \text{ cm}^2$$

El panel solar absorberá:

$$E = K \cdot t \cdot S = 0{,}85 \text{ cal/(min·cm}^2) \cdot 540 \text{ min} \cdot 15.000 \text{ cm}^2 = 6.885.000 \text{ cal}$$

Como 1 cal = 4,18 J y 1 J = 1 Ws:

$$E_{absorbida} = 6.885.000 \text{ cal} \cdot 4{,}18 = 28.779.300 \text{ J} = 28.779.300 \text{ Ws} = 28.779{,}3 \text{ kWs} =$$
$$= 28.779{,}3 \text{ kWs} \cdot \frac{1 \text{ h}}{3.600 \text{ s}} = 7{,}99 \text{ kWh}$$

Finalmente, calculamos la energía real: $E_{real} = \eta \cdot E_{teórica} = 0{,}12 \cdot 7{,}99 \text{ kWh} = 0{,}96 \text{ kWh}$

Repasa

- La **energía** (***E***) es la capacidad de un cuerpo para realizar un trabajo.
- Cada una de las manifestaciones en que se presenta la energía (mecánica, cinética, química, nuclear, etc.) se denomina **forma de energía**. Algunas formas de energía son:

Energía mecánica. Es la energía debida a la posición y la velocidad, y se mantiene constante con el tiempo. Se calcula como la suma de la energía cinética (E_c) y la energía potencial (E_p).	$E_m = E_c + E_p$ $E_c = ½ \cdot m \cdot v^2$ $E_p = m \cdot g \cdot h$
Energía térmica. Está relacionada con la temperatura, con el movimiento de los átomos y moléculas de un cuerpo. Se incrementa o disminuye por intercambio de calor (Q), en función del calor específico (c_e) de cada material.	$Q = m \cdot c_e \cdot (T_f - T_i)$
Energía química. Es la implicada en las reacciones químicas, que la liberan o la absorben. Un ejemplo es la energía liberada en la combustión de un cuerpo, que depende de su poder calorífico (P_c).	$E = m \cdot P_c$
Energía nuclear. Es la energía almacenada en el núcleo de los átomos, que se libera en las reacciones nucleares de fisión. En el proceso hay una transformación de masa en energía, cuya razón es la velocidad de la luz al cuadrado (c^2).	$E = m \cdot c^2$
Energía eléctrica. Es la energía generada por las fuerzas de atracción y repulsión entre partículas cargadas. En un circuito, está relacionada con el voltaje (V), la intensidad de corriente (I) y el tiempo (t).	$E = V \cdot I \cdot t$

- La **potencia eléctrica** (***P***) relaciona la energía utilizada con el tiempo de uso:

$$P = \frac{E}{t} = V \cdot I$$

- El **rendimiento** de un sistema se define como el cociente entre la energía cedida al exterior y la energía absorbida necesaria para su funcionamiento:

$$\eta = \frac{E_{cedida}}{E_{absorbida}} = \frac{P_{cedida}}{P_{absorbida}} < 1$$

- Potencia de una central hidroeléctrica:

$$P = Q \cdot g \cdot h$$

- Potencia de un aerogenerador:

$$P = \frac{1}{2} d \cdot S \cdot v^3$$

- Energía que llega a la Tierra en forma de radiación solar:

$$E = K \cdot t \cdot S$$

- Fuentes de energía:

Renovables

- Energía hidráulica
- Energía eólica
- Energía solar térmica y fotovoltaica
- Energía mareomotriz
- Energía de las olas (undimotriz)
- Energía de la biomasa
- Energía geotérmica

No renovables

- Combustibles fósiles: carbón, petróleo, gas natural
- Energía nuclear

ACTIVIDADES DE REFUERZO

1. ✦ Define los siguientes conceptos: energía, potencia, rendimiento, fuentes de energía renovables, fuentes de energía no renovables.
2. ✦ Explica por qué son necesarias las barras de control en una central nuclear. ¿Afecta la existencia de estos elementos a la reacción en cadena que se produce?
3. ✦ ¿Qué son los transformadores eléctricos? ¿Qué función tienen dentro de la red de transporte de la energía eléctrica? ¿En qué tipo de aprovechamiento energético son necesarios?
4. ✦✦ Explica cada una de las formas en que aparece la energía en las siguientes centrales: térmica, hidráulica, eólica, solar térmica, solar fotovoltaica.
5. ✦ En una factura de electricidad, los dos conceptos más importantes son el término de potencia y el término de consumo. ¿Qué diferencias hay entre ellos? ¿Cuál de los dos conceptos crees tú que podrá variar más en cada período de facturación? ¿Por qué?
6. ✦ Explica el funcionamiento del grupo turbina-alternador para la generación de energía eléctrica.
7. ✦ Uno de los condicionantes de la producción hidroeléctrica en España es la variabilidad climática. Explica cómo influye el clima de cada estación en la producción de energía.
8. ✦ Atendiendo a la disponibilidad de cada fuente de energía, indica en qué zonas de España situarías centrales de producción eléctrica que aprovechasen la energía solar, la energía eólica, la energía mareomotriz y la energía térmica convencional.
9. ✦✦ Explica de qué tres formas se aprovecha la energía solar. Indica en cuál de ellas se utiliza la energía solar para su transformación en eléctrica.
10. ✦ Explica el impacto medioambiental derivado de la utilización de combustibles fósiles.

ACTIVIDADES PRÁCTICAS

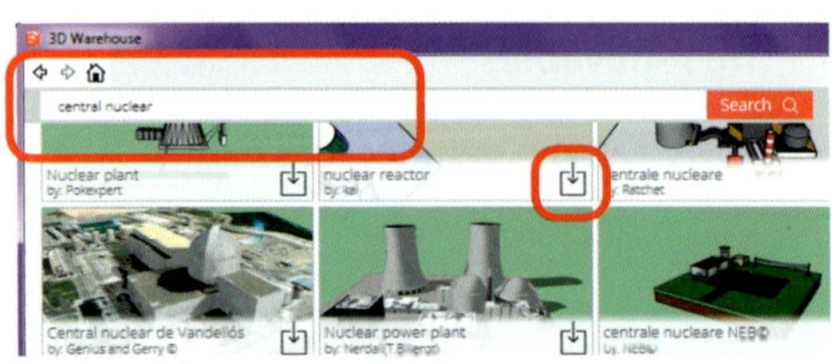

SketchUp es un programa de dibujo que permite realizar diseños en 3D de forma sencilla. Hay una versión de pago y otra gratuita, para uso educativo (en ésta es necesario registrarse previamente). El programa incluye la opción **3D Warehouse**, que conecta con un repositorio en el que los usuarios guardan sus diseños, entre los cuales podemos encontrar muchos relacionados con la energía.

1. Abre SketchUp y guarda un proyecto con el nombre **UD01_nombre-apellido.skp**.
2. Accede a la opción **3D Warehouse.** Utiliza el buscador de la herramienta para encontrar una central nuclear.
3. Descarga la que te parezca más completa con la opción **Download model** que aparece junto a cada una de ellas.
4. Utiliza la opción **Orbitar** para mover el modelo tridimensional y observar sus partes.
5. Puedes descargar otras centrales: eólica, solar térmica, solar fotovoltaica...

PROBLEMAS

1. ✦ Realiza los siguientes cambios de unidades:
   a) 200 kWh a julios y calorías *(Solución: $72 \cdot 10^7$ J; $1.728 \cdot 10^5$ cal)*
   b) 125 MW a vatios y caballos de vapor *(Solución: $125 \cdot 10^6$ W; $17 \cdot 10^4$ CV)*

2. ✦ Una conocida videoconsola consume 36 W y está conectada a 230 V. ¿Qué energía consumirá si está encendida media hora? Calcula también la intensidad de la corriente que circula por ella y el valor de su resistencia.
   (Solución: E = 64.800 J; I = 0,15 A; R = 1.600 Ω)

3. ✦ Calcula el coste energético mensual por el consumo de un microondas de 800 W de potencia que es encendido diariamente durante media hora. Dato: coste aproximado del kWh = 0,1 €.
   (Solución: 1,20 €)

4. ✦✦ Un secador de pelo de 1.500 W de potencia se utiliza en una peluquería durante toda la jornada laboral (ocho horas). No aprovecha toda la energía que produce, ya que tiene un 80% de rendimiento. ¿Qué potencia útil ha producido? ¿Cuál es el coste que su consumo generará en un día, suponiendo que el coste del kilovatio hora sea de 0,09698 €?
   (Solución: P = 1.200 W; coste = 1,16 €)

5. ✦✦ Calcula y compara la energía utilizada y el rendimiento de un microondas y un fogón de vitrocerámica empleados para calentar un vaso de agua (200 ml) desde 10 hasta 60 °C. Dato: calor específico del agua = 1 cal/(g·°C). Utiliza los siguientes datos:

Electrodoméstico	Potencia	Tiempo empleado
Microondas	800 W	1 minuto
Vitrocerámica	1.200 W	1 minuto y 30 segundos

   (Solución: Microondas: 48.000 J y 87%. Vitrocerámica: 108.000 J y 38,7%)

6. ✦ Si el precio del kilovatio hora es aproximadamente de 0,1 €, calcula el coste de calentar el vaso de agua del ejercicio anterior en los dos casos.
   (Solución: Microondas: 0,13 céntimos. Vitrocerámica: 0,3 céntimos)

7. ✦ En una central térmica tradicional, con un rendimiento del 40%, se calientan semanalmente 40.000 litros de agua desde 15 hasta 35 °C. Determina qué cantidad de carbón se gastará por semana para poder calentar el agua, en el caso de que se utilice cada uno de los distintos tipos de carbón: antracita (P_c = 8.000 kcal/kg), hulla (P_c = 7.000 kcal/kg), lignito (P_c = 6.000 kcal/kg) o turba (P_c = 2.000 kcal/kg). Dato: calor específico del agua = 1 cal/(g·°C).
   (Solución: Antracita: 250 kg. Hulla: 285,7 kg. Lignito: 333,3 kg. Turba: 1.000 kg)

8. ✦ Tenemos una central hidroeléctrica con un desnivel de 60 m y una turbina Kaplan con un rendimiento del 0,90. Calcula la potencia real en kilovatios sabiendo que podemos dejar pasar un caudal de 30 m^3/s.
   (Solución: P = 15.876 kW)

9. ✦✦ Calcula el radio que deben tener las hélices de un aerogenerador cuyo rendimiento es del 15%, para que desarrolle una potencia de 30 kW cuando sople un viento con una velocidad de 12 m/s.
   (Solución: E = 3.110,4 W; E = 2.239,5 kWh)

10. ✦✦ Un panel solar fotovoltaico con una potencia útil de 5.000 W tiene un rendimiento del 15%. Suponiendo que el coeficiente de radiación solar es de 500 W/m^2, calcula la superficie del panel.
   (Solución: S = 66 m^2)

ACTIVIDADES DE AMPLIACIÓN

1. ✦✦✦ Busca información y realiza una presentación o un informe sobre uno de los siguientes temas:
   a. Turbinas Pelton, Kaplan y Francis. Incluye una descripción de cada turbina (explicando su disposición, en qué casos se usa y cuál es su rendimiento) y una imagen de todas ellas.
   b. Centrales de bombeo. Explica cómo funcionan y en qué casos se utilizan.
   c. Aerogeneradores de eje vertical Darrieus, Panemonas y Savonius. Indica en qué consisten estos aerogeneradores, explica su funcionamiento e incluye una imagen de cada tipo.
   d. Colectores solares de baja y media temperatura. Señala cuáles existen, indica su funcionamiento, sus usos y la temperatura que alcanzan e incluye alguna imagen.

2 Introducción a la ciencia de los materiales

"¿Por qué no es posible escribir los 24 volúmenes de la Enciclopedia Británica en la cabeza de un alfiler? Los principios de la física, tal y como yo los conozco, no niegan la posibilidad de manipular las cosas átomo por átomo."

Richard Feynman, físico estadounidense, premio Nobel de Física 1965
y uno de los primeros teóricos de la nanotecnología

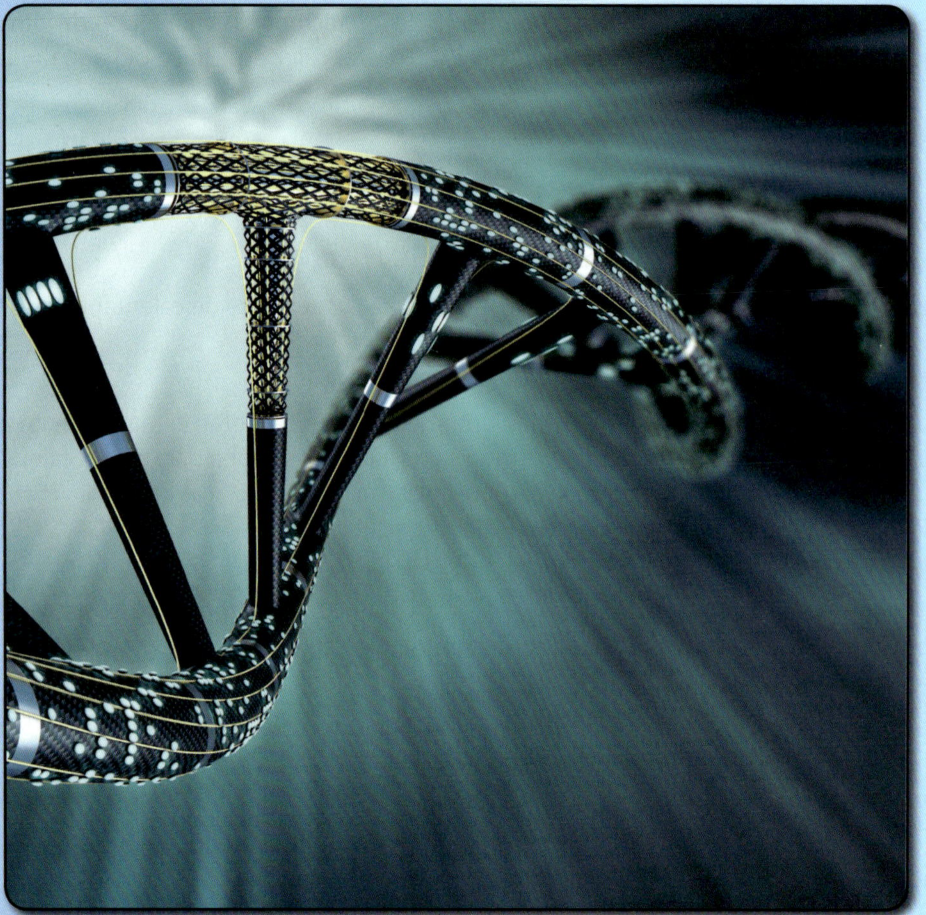

1. Estado natural, obtención y transformación

Observando el mundo que nos rodea encontramos objetos realizados a partir de muchos y variados materiales, algunos naturales, otros transformados.

- Los **materiales naturales** se obtienen directamente de la naturaleza (de las materias primas) y se someten a un proceso de acondicionamiento para poder ser utilizados. Por ejemplo, la madera se obtiene del tronco del árbol, y hay que quitarle la corteza, serrarla para obtener tablones, etc.
- Los **materiales transformados** se obtienen de materias primas naturales sometidas a distintos procesos de transformación. Por ejemplo, los plásticos son materiales transformados que se obtienen a partir del petróleo, materia prima natural.

Materiales naturales	Materiales transformados
Pino, haya, roble...	Contrachapado, corcho, cartón...
Petróleo	PVC, melamina, polietileno...
Mármol, pizarra, arcilla...	Hormigón, ladrillo, porcelana, vidrio...
Hierro, cobre, oro...	Acero, bronce, latón...
Algodón, seda, lana...	Tejido denim, licra, nailon...

Los procesos de transformación de los materiales son muy variados e implican modificaciones físicas y químicas. Es precisamente la modificación química de los materiales naturales lo que ha permitido el desarrollo actual de materiales con nuevas propiedades ecológicas, biomédicas o tecnológicas.

La clasificación de los materiales puede establecerse atendiendo a distintos criterios: su composición química, su origen, sus propiedades físicas o químicas, etc. Desde el punto de vista **tecnológico**, los materiales se clasifican de acuerdo con su disponibilidad para obtener productos a partir de ellos.

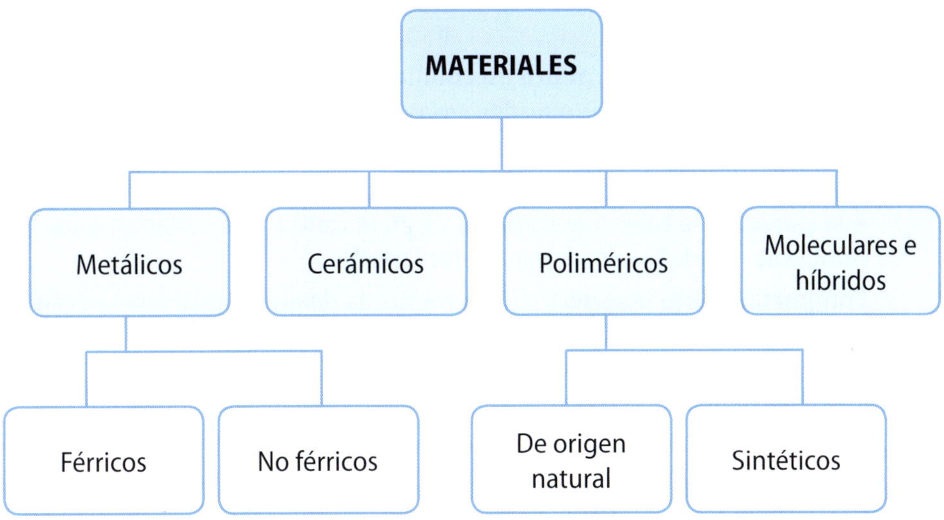

De la materia prima (la lana de la oveja) se obtiene un material natural (lana), que, por medio de un proceso de transformación, sirve para elaborar productos (jerséis de lana).

EJERCICIOS

1. ✦ Anota en tu cuaderno el nombre de cinco materias primas y luego indica un material obtenido con cada una de ellas y un producto construido con cada material.

2. Propiedades de los materiales

Los materiales no tienen todos el mismo comportamiento ante condiciones externas diferentes (iluminación, fuerzas, factores ambientales...), sino que responden a estos estímulos de acuerdo con su propia naturaleza. La naturaleza de cada material le confiere unas propiedades que lo hacen idóneo para una situación determinada.

Propiedades físico-químicas

Son las propiedades que presenta un material ante estímulos externos. Las principales son:

- **Resistencia eléctrica (R).** Es la oposición que presenta un material al paso de la corriente a través de él. De acuerdo con el valor de la resistencia eléctrica, los materiales se clasifican en **conductores**, **aislantes** y **semiconductores**.
- **Resistividad (ρ).** Es la resistencia que ofrece al paso de la corriente un material de 1 m de longitud (L) y 1 m^2 de sección (S). Es específica para cada material y se mide en ohmios metro (Ωm). Se cumple que:

$$\rho = R\frac{S}{L}$$

La **resistividad** de un material no es constante: aumenta con la temperatura y con las impurezas e imperfecciones que tenga.

- **Conductividad térmica.** Es la capacidad de un material para permitir el paso del calor a través de él.
- **Dilatación térmica.** Es la capacidad de un material de aumentar de tamaño cuando aumenta la temperatura. Para un cambio de temperatura ΔT, se cumple que:

$$L = L_0(1 + \alpha\Delta T)$$

donde L_0 es la longitud inicial del material y α es el coeficiente de dilatación lineal, que es característico para cada material.

La **dilatación térmica** se produce por un aumento de las vibraciones de los átomos del material con el aumento de la temperatura. Estas vibraciones aumentan la distancia entre las partículas que conforman el material.

Análogamente al cambio de longitud por dilatación térmica, se cumple que:

$$S = S_0(1 + \beta\Delta T)$$

donde β es el coeficiente de dilatación superficial, y que:

$$V = V_0(1 + \gamma\Delta T)$$

donde γ es el coeficiente de dilatación volumétrica.

Se cumple que:

$$\beta = 2\alpha$$
$$\gamma = 3\alpha$$

- **Calor específico (c_e).** Es la cantidad de calor que necesita un cuerpo para que aumente de temperatura sin que experimente un cambio de fase.
- **Densidad (ρ o d).** Es la relación entre la masa de un material (m) y el volumen que ocupa (V). Se suele expresar en kg/m^3.

$$\rho = \frac{m}{V}$$

- **Punto de congelación**, **punto de ebullición** y **punto de fusión**. Son valores únicos para cada material, que indican las diferentes temperaturas a las que un material dado pasa de líquido a sólido, de líquido a gas y de sólido a líquido, respectivamente.

  A la cantidad de calor que es preciso comunicarle a una sustancia para que cambie de estado se la denomina **calor latente**.
- **Comportamiento magnético.** Es la respuesta de un material ante un campo magnético externo. Los materiales pueden ser **diamagnéticos** (si responden con un campo magnético en su interior débil, que se opone al exterior), **paramagnéticos** (si responden con un campo magnético en su interior que se suma al campo exterior) o **ferromagnéticos** (si responden generando en su interior un campo magnético fuerte que se suma al campo exterior).
- **Resistencia a la oxidación.** Es la resistencia que presenta un material a reaccionar con el oxígeno oxidándose. Esta propiedad resulta de especial importancia en los materiales que se usan en situaciones de contacto permanente con el oxígeno de la atmósfera. Cuando la oxidación tiene lugar en ambientes húmedos o en presencia de sustancias agresivas, se produce la **corrosión**, que es más perjudicial para los materiales, porque puede provocar en ellos pequeñas fisuras que pueden llegar a fracturarlos.

Propiedades sensoriales

Son todas las propiedades relacionadas con los sentidos: color, tacto o textura, brillo, etc. Considerarlas a la hora de seleccionar un material u otro es muy importante porque el aspecto estético ha adquirido relevancia en nuestra sociedad.

Los materiales pueden ser **transparentes** (dejan pasar la luz y ver a través de ellos), **translúcidos** (dejan pasar la luz pero no ver a través de ellos) u **opacos** (no dejan pasar la luz a través de ellos).

Propiedades mecánicas

Son las propiedades que presentan los materiales cuando son sometidos a **esfuerzos**. Resultan esenciales para determinar los materiales idóneos para la construcción.

Para conocer las propiedades mecánicas de los materiales, se realizan ensayos. Los ensayos más comunes son el de tracción, el de dureza y el de resiliencia (que proporciona una medida de la tenacidad), como veremos en el apartado 7 de esta unidad.

- **Dureza.** Es la oposición de un material a ser rayado o perforado. Materiales **duros** son el acero y el diamante. Materiales **blandos** son el yeso y el talco.
- **Tenacidad.** Es la cantidad de energía que absorbe un material antes de romperse como consecuencia de fuerzas exteriores. Los materiales que resisten los golpes sin romperse se denominan **tenaces**. Los que se rompen a causa de los golpes se denominan **frágiles**.
- **Resistencia mecánica.** Es la capacidad que tiene un material de resistir esfuerzos sin deformarse permanentemente o romperse.
- **Deformabilidad.** Es la capacidad de un material para deformarse fácilmente. Los materiales pueden ser **deformables** o **rígidos**.

  Los materiales deformables pueden presentar un comportamiento **elástico**, si, una vez que cesa la fuerza que provocó la deformación, el material recupera su forma inicial; o **plástico**, si, una vez que cesa dicha fuerza, el material permanece deformado.

  Generalmente, los materiales presentan ambos comportamientos: elástico cuando los esfuerzos a los que son sometidos son menores y plástico cuando los esfuerzos aumentan.
- **Ductilidad.** Es la capacidad de un material de extenderse en hilos. Materiales dúctiles son el cobre y el nailon.
- **Maleabilidad.** Es la capacidad de un material de extenderse en láminas. Materiales maleables son el estaño y el oro.
- **Fatiga.** Es la capacidad de un material de fracturarse ante esfuerzos o cargas repetitivas, aun cuando estas cargas estén por debajo de su tensión de ruptura.

Cuando sobre un cuerpo actúa una fuerza externa, el material se ve sometido a una serie de exigencias físicas denominadas **esfuerzos**. Los distintos tipos de esfuerzos a que se puede ver sometido un material son: compresión, tracción, flexión, torsión y cortadura.

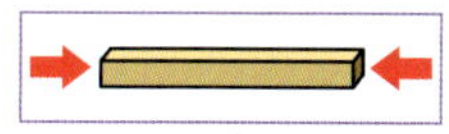
Compresión

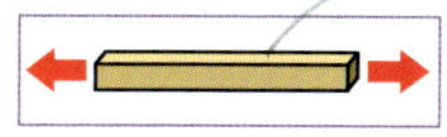
Tracción

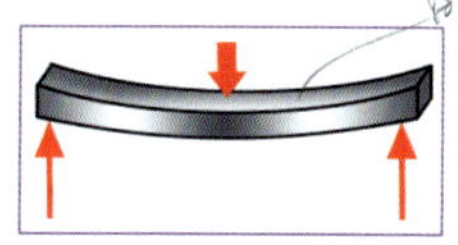
Flexión

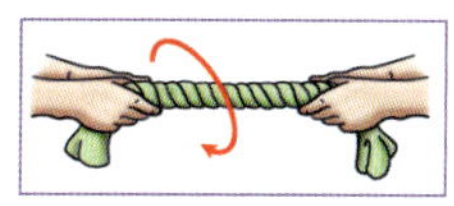
Torsión

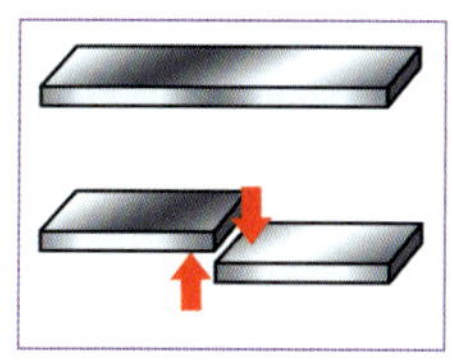
Cortadura

Para los materiales con comportamiento elástico se cumple que:

$$\sigma = \varepsilon E$$

donde σ es la tensión aplicada ($\sigma = \frac{F}{S}$), ε es el alargamiento unitario ($\varepsilon = \frac{L_f - L_0}{L_0}$) y E es el módulo de Young o elasticidad, específico para cada material.

EJERCICIOS

2. ✦ Los raíles de la vía del tren de una localidad extremeña son de acero y tienen una longitud de 1.800 m en invierno (15 °C). Calcula la diferencia de longitud que experimentan cuando llega el verano (39 °C), sabiendo que el coeficiente de dilatación lineal del acero es $11 \cdot 10^{-6}\,°C^{-1}$). *(Solución: 0,4752 m)*

3. Materiales metálicos

Los **materiales metálicos** tienen sus átomos unidos mediante enlaces metálicos en los que los electrones de las capas externas pueden desplazarse libremente formando una nube electrónica.

Es precisamente este tipo de configuración la que confiere a los metales sus principales propiedades: son grandes conductores eléctricos y térmicos, son duros y tenaces, se pueden fundir y son maleables, plásticos y poco resistentes a la oxidación.

Los metales se clasifican en: **metales férricos**, que contienen fundamentalmente hierro, ya sea en estado puro o aleado con carbono; y **metales no férricos**, que no contienen hierro en su composición.

El acero y la fundición se suelen obtener en **altos hornos**. Se introduce mineral de hierro, carbón y piedra caliza triturada por la parte superior del alto horno. En la parte central se funden los componentes, y por la parte inferior del horno se extrae arrabio (fundición con un alto contenido de carbono). La fundición se somete a un proceso de afino para reducir el contenido de carbono en un horno convertidor, con lo que se obtiene acero.

3.1. Metales férricos

Todos los **metales férricos** aparecen aleados con carbono en un porcentaje diferente. En función del porcentaje de carbono de la aleación, los clasificamos en hierro puro, acero y fundiciones.

El **hierro puro** está formado por hierro y un porcentaje de carbono menor del 0,03%. No tiene mucha aplicación porque resulta un material muy frágil. Su principal aplicación resulta de su carácter magnético, para construir transformadores y electroimanes.

Alto horno.

El **acero** está formado por hierro y un porcentaje de carbono que se sitúa entre el 0,03% y el 2%. Este aumento en la proporción de carbono confiere a los aceros una resistencia mecánica y una dureza mayores, aunque aumenta también su fragilidad. Además, se oxidan fácilmente. En muchas ocasiones, los aceros se alean con otros elementos en pequeñas proporciones (generalmente, cromo y níquel), con lo cual se obtienen aceros más resistentes tanto a la oxidación como a las altas temperaturas y al desgaste.

Las **fundiciones** están formadas por hierro y un porcentaje de carbono situado entre el 2% y el 6,67%. Son muy duras, pero frágiles y poco dúctiles. Son fácilmente fundibles, lo que permite obtener piezas por moldeo. Presentan gran resistencia a la corrosión y a los cambios de temperatura. Existen varios tipos de fundiciones; las más importantes son las fundiciones grises, que se mecanizan fácilmente y tienen gran resistencia al desgaste.

Escanea el código para ver el proceso completo de **obtención del acero en un alto horno**.

EJERCICIOS

3. ✦ Halla la variación de volumen de un bloque de fundición de $10 \times 8 \times 14$ cm al calentarlo desde 10 °C hasta 25 °C, si $\alpha = 0{,}00011$ °C^{-1}. *(Solución: 5,5 cm^3)*

4. ✦ Calcula la energía necesaria para aumentar la temperatura de 1 kg de acero desde 20 °C hasta 70 °C, si su calor específico es de 486 J/(kg·K). *(Solución: 24.300 J)*

3.2. Metales no férricos

En la naturaleza existen muchos **metales no férricos**. La tabla siguiente muestra los más utilizados, con sus principales propiedades, aplicaciones y aleaciones.

Cobre. Símbolo atómico: Cu | Densidad: 8,9 kg/dm³ | Punto de fusión: 1.083 °C | Resistividad: 0,017 Ωmm²/m

Propiedades

- Buen conductor del calor y la electricidad
- Gran resistencia a la corrosión
- Fácilmente conformable en frío
- Dúctil, maleable y fácil de soldar

Aplicaciones

- Cables
- Conducciones de agua y de gas
- Bobinados de motores

Aleaciones

- **Bronce** (Cu + Sn): es resistente y duro, se usa para fabricar engranajes y cojinetes y tiene muy buena sonoridad.
- **Latón** (Cu + Zn)

Estaño. Símbolo atómico: Sn | Densidad: 7,28 kg/dm³ | Punto de fusión: 231 °C | Resistividad: 0,115 Ωmm²/m

Propiedades

- Dúctil y maleable en frío
- Líquido a partir de 400 °C
- Se descompone en polvo por debajo de –18 °C (peste del estaño)
- Fácil de trabajar y fundir

Aplicaciones

- Metal de aporte en la soldadura blanda

Aleaciones

- **Bronce** (Cu + Sn)
- **Hojalata**: como el estaño no es tóxico, se usa para recubrir acero o hierro y formar hojalata, con la cual se fabrican latas de conserva.

Aluminio. Símbolo atómico: Al | Densidad: 2,69 kg/dm³ | Punto de fusión: 660 °C | Resistividad: 0,026 Ωmm²/m

Propiedades

- Muy ligero
- Resistente a la corrosión
- Buen conductor del calor y la electricidad
- No tóxico
- Dúctil, maleable y fácil de mecanizar

Aplicaciones

- Aviones, vagones de tren y automóviles
- Carpintería de aluminio
- Utensilios de cocina
- Envases y botellas para alimentos
- Cascos de embarcaciones

Aleaciones

- Se usa muy poco en estado puro, pero es uno de los más utilizados formando aleaciones con otros elementos (Cu, Si, Zn, Mn...).

Cinc. Símbolo atómico: Zn | Densidad: 7,13 kg/dm³ | Punto de fusión: 419 °C | Resistividad: 0,057 Ωmm²/m

Propiedades

- Maleable y dúctil
- Buen conductor del calor y la electricidad
- Resistente a la corrosión y la oxidación

Aplicaciones

- Recubrir otros metales (principalmente, hierro y acero) para protegerlos de la oxidación, mediante procesos de galvanización

Aleaciones

- **Latón** (Cu + Zn): es el doble de resistente que los metales puros que lo constituyen, tiene un brillo similar al del oro y se usa en fontanería, cerraduras y bisagras.

Titanio. Símbolo atómico: Ti | Densidad: 4,45 kg/dm³ | Punto de fusión: 1.800 °C | Resistividad: 0,8 Ωmm²/m

Propiedades

- Muy ligero y resistente
- Dúctil y maleable en caliente
- Se integra fácilmente con los huesos humanos y no produce rechazo

Aplicaciones

- Fuselaje de aviones
- Cuadros de bicis de carreras
- En cirugía, como sustituto de huesos

Aleaciones

- Las aleaciones de titanio tienen una elevada resistencia y son relativamente ligeras, por lo cual se utilizan mucho.

4. Materiales cerámicos

Los **materiales cerámicos** son materiales inorgánicos compuestos por elementos metálicos y no metálicos unidos químicamente mediante enlaces híbridos iónico-covalentes.

Es esta estructura atómica lo que les confiere dureza, rigidez y un elevado punto de fusión. A diferencia de los metales, no tienen electrones libres, lo que les resta elasticidad y los hace más frágiles. Tienen una baja conductividad eléctrica, por lo que son muy apreciados en electrónica para formar condensadores y semiconductores cerámicos. Pueden presentar estructura cristalina o amorfa.

Los más utilizados desde el punto de vista tecnológico son:

Arcilla

Es el material más utilizado en la fabricación de otros materiales cerámicos. Está formada por silicatos de aluminio hidratados. Se vuelve plástica al mezclarla con agua, lo que permite moldearla fácilmente. Su aplicación principal es la construcción, donde se utiliza cocida en horno (entre 800 y 1.100 °C) para la elaboración de ladrillos, tejas y bovedillas.

Loza

Se elabora a partir de una mezcla de arcilla, feldespato y sílice. Se recubre de barniz o esmalte para darle un tacto fino y suave. Se emplea en vajillas, azulejos y objetos decorativos.

Porcelana

Se forma a partir de caolín (arcilla blanca) y feldespato, sometidos a una doble cocción. Las temperaturas de cocción de las porcelanas llegan a los 1.400 °C. Su principal aplicación es la fabricación de vajillas y sanitarios.

Gres

Se forma a partir de arcilla plástica y arena de cuarzo. Se cuece a unos 1.400 °C. Es un material impermeable, resistente y opaco. Se utiliza en pavimentos y baldosas de especial dureza.

Vidrio

Está formado por una mezcla de óxidos de silicio y óxidos de otros elementos (como el sodio o el calcio), además de caliza y sosa. La mezcla enfría rápidamente, por lo que no cristaliza y presenta estructura amorfa. Si el enfriamiento es demasiado rápido, puede resultar muy quebradizo; si es demasiado lento, se vuelve opaco. No es dúctil ni maleable. No soporta esfuerzos de tracción y una vez alcanzado el límite de resistencia se produce su fractura. Es transparente o translúcido.

La **fibra de vidrio** son hilos de vidrio muy finos solidificados que tienen suficiente flexibilidad para ser usados como fibras. Sirve para elaborar fibra óptica (empleada en telecomunicaciones).

Los **materiales vitrocerámicos** se obtienen a partir de la transformación del vidrio en una estructura cristalina mediante un tratamiento térmico. Admiten ciclos de calentamiento y enfriamiento rápidos sin romperse.

Cemento

Se obtiene de una mezcla de caliza y arcilla, triturada y cocida. El polvo que se obtiene tras este proceso se mezcla con agua para formar una pasta que fragua lentamente en contacto con el aire y adquiere resistencia. El cemento más conocido es el **cemento Portland**, en el que la mezcla se cuece a unos 1.500 °C. El cemento se utiliza fundamentalmente para la elaboración de mortero y hormigón. El proceso de obtención del cemento exige un gran gasto energético y la emisión de CO_2 a la atmósfera en el proceso de cocción es muy elevada.

Hormigón

Es una mezcla de arena, agua, grava y cemento. Es muy resistente a los esfuerzos de compresión, pero no a los de tracción. Por ello es habitual que incorpore en su interior un mallazo, formado por barras de acero que le dan resistencia a la tracción y a la flexión; este hormigón recibe el nombre de **hormigón armado**.

Una de las formas de nombrar el **hormigón** se basa en la dosis de cemento que incorpora. Suelen ser múltiplos de 42,5, que es la capacidad de un saco de cemento. Así, un hormigón de 212,5 kg/m^3 tendrá cinco sacos de cemento por metro cúbico.

5. Materiales poliméricos

Los **polímeros** son agrupaciones de pequeñas moléculas (monómeros) que se repiten en forma de cadena.

Pueden tener un origen natural, como las biomoléculas que forman los seres vivos (proteínas, ácidos nucleicos, celulosas, etc.), o sintético (como los plásticos, sintetizados a partir de monómeros de carbono e hidrógeno).

5.1. Polímeros de origen natural

Pueden ser de origen animal o vegetal. Son principalmente las fibras textiles naturales y la madera y sus transformados.

Fibras textiles

- **Algodón.** Las fibras de algodón se obtienen de la semilla de la planta del mismo nombre. Son hipoalergénicas y transpirables y tienden a encoger.
- **Lino.** Las fibras de lino se obtienen del tallo de la planta. Son muy buenas conductoras térmicas, por lo que son especialmente recomendadas para ambientes calurosos. Resisten bien a la acción de las lejías. Tienden a arrugarse.
- **Lana.** Son fibras de origen animal, del pelo de los ovinos. Tienen mala conductividad térmica, por lo que se recomiendan para ambientes fríos, ya que mantienen el calor.
- **Seda.** Se obtiene del filamento continuo producido por el gusano de seda al elaborar su capullo. Es una fibra muy resistente y muy ligera. Absorbe el agua y no resiste bien la iluminación directa.

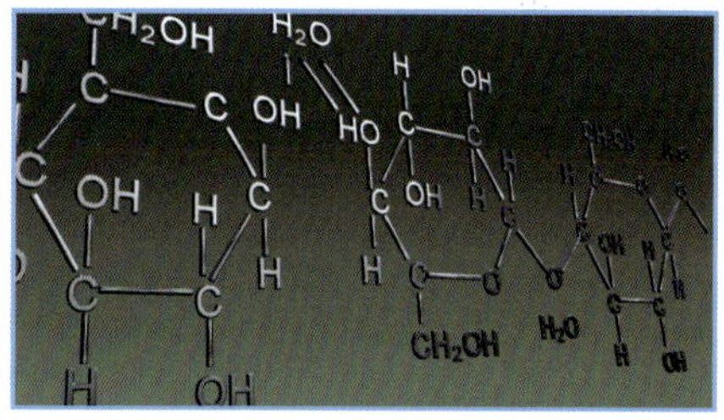

Estructura de la celulosa.

Planta del lino.

Madera

La **madera** es la parte sólida y rígida que se encuentra en el interior de los troncos de los árboles, bajo la corteza. En general, es flexible, aislante y resistente. Su conductividad eléctrica y térmica es muy baja. Sin embargo, presenta una buena conductividad sonora, por lo que es muy apreciada para construir instrumentos musicales. Es muy ligera: su densidad es menor que la del agua, por lo que flota en ella.

Las maderas se clasifican en **duras** y **blandas**, según la presencia de agua en las células de sus tejidos.

Las **maderas duras** corresponden a árboles de crecimiento lento: ébano, almendro, fresno, cerezo... Son maderas muy resistentes y difíciles de trabajar.

Las **maderas blandas** corresponden a árboles de crecimiento rápido, que suelen ser de hoja perenne: pino, abeto, chopo, álamo... Son maderas más ligeras, de colores claros y fáciles de trabajar.

Transformados de la madera

De la madera se pueden obtener:

- **Maderas artificiales**, como el **contrachapado** (chapas finas de madera encoladas entre sí) o el **aglomerado** (virutas de madera y cola sintética mezcladas y prensadas). No son tan vistosas como las maderas naturales pero permiten crear utensilios de menor coste manteniendo sus prestaciones.
- **Productos derivados**
  - El **papel** se obtiene de una pasta hecha de madera y fibras vegetales. Es fácil de cortar y doblar, pero tiene poca resistencia y se rompe fácilmente. A partir de un conjunto de capas de papel comprimidas, se obtiene el **cartón**, que es más resistente.
  - El **corcho** se obtiene de la corteza del alcornoque. Es impermeable, ligero y buen aislante de la electricidad, el calor y el sonido.

EJERCICIOS

5. ✦✦ Calcula el diámetro mínimo que debe tener una columna de madera de sección circular para que pueda aguantar un peso de 98.000 N, sabiendo que su resistencia a la compresión es de 882 N/cm^2. *(Solución: 11,89 cm)*

5.2. Polímeros de origen sintético

La unión de monómeros para formar un polímero se produce mediante reacciones de **polimerización**. Los plásticos se forman por dos tipos de reacciones, fundamentalmente: polimerización por adición y polimerización por condensación.

Si bien existen algunos plásticos de origen natural, como el látex o los derivados del almidón, la mayor parte de los plásticos de uso habitual son polímeros de origen sintético, procedentes del petróleo y sus derivados, y formados por cadenas de carbono e hidrógeno.

Atendiendo a la forma en que las cadenas de polímeros se unen entre sí, se distinguen tres tipos de plásticos:

- **Termoplásticos.** Tienen cadenas lineales de monómeros que pueden deslizarse unas sobre otras. Esta débil unión entre sus polímeros permite que los termoplásticos se ablanden con el calor y se puedan moldear y fundir tantas veces como se desee.
- **Termoestables.** Tienen cadenas de polímeros entrelazadas formando redes. Esta unión hace que estos plásticos puedan ser moldeados mediante calor, pero una vez conformados no pueden volver a fundirse para darles una forma diferente.
- **Elastómeros.** Tienen cadenas de polímeros lineales o en forma de redes tridimensionales pero poco tupidas. Los elastómeros son materiales muy flexibles que recuperan su forma cuando dejan de actuar sobre ellos fuerzas externas. No pueden ser fundidos una vez moldeados.

Existen muchos tipos de plásticos y siguen apareciendo nuevas síntesis de materiales con propiedades diferentes. A continuación se incluye una tabla con los plásticos más conocidos de uso habitual.

	Nombre	Características	Imagen
Termoplásticos	**Polietileno (PE)**	Es el plástico más común. Presenta buena resistencia química. No es tóxico, por lo que es apto para el envasado de alimentos. Se utiliza en bolsas, botellas, tuberías, contenedores, etc.	
	Polipropileno (PP)	Es un plástico fácilmente moldeable y coloreable. Es resistente a los disolventes y a las fracturas. Se emplea en juguetes, carpetas, embalajes, etc.	
	Policloruro de vinilo (PVC)	Es muy resistente a la abrasión y a los impactos. Se utiliza en tuberías, aislamientos de cables y perfiles de puertas y ventanas.	
	Poliácido láctico (PLA)	Se crea a partir de almidón de maíz y caña de azúcar. Su aplicación principal es la impresión 3D. Resiste a la humedad y es biodegradable.	
	ABS	Su aplicación principal es la impresión 3D. No es biodegradable, pero sí reciclable. Es tenaz, duro y rígido.	
Termoestables	**Melamina**	Es resistente a las altas temperaturas y a los productos químicos, y fácil de limpiar. Se utiliza como recubrimiento de tableros y en la fabricación de muebles de cocina.	
	Baquelita	Es un plástico duro y frágil, de color oscuro, que resiste muy bien el calor. Se usa para fabricar mangos de útiles de cocina, accesorios eléctricos, enchufes, etc.	
Elastómeros	**Caucho**	Puede ser natural o sintético. Por su elasticidad se utiliza para hacer mangueras, neumáticos, gomas elásticas, etc.	
	Neopreno	Es flexible, aislante e impermeable, por lo que es muy apreciado para confeccionar trajes de inmersión.	

6. Materiales híbridos. Nuevos materiales

Los **materiales híbridos** están formados por la unión de materiales de diferente naturaleza, generalmente orgánicos e inorgánicos, mezclados químicamente. Presentan propiedades superiores a las que sus componentes tienen por separado.

Un ejemplo de material híbrido es la **fibra de carbono**, formada por una serie de filamentos de carbono de entre 5 y 10 µm, unidas mediante un polímero termoestable. El material así creado tiene una gran resistencia mecánica y es muy ligero. Se utiliza en las carrocerías de coches y motocicletas, en la construcción, en equipamientos deportivos, etc.

Casco de skate de fibra de carbono.

El desarrollo de nuevos materiales híbridos, con propiedades impensables hace unos años, se conoce ya como la "revolución del siglo XXI". Actualmente podemos encontrar:

- **Materiales superconductores**, capaces de ofrecer una resistencia nula al paso de la corriente por debajo de una temperatura determinada. Se utilizan principalmente en las instalaciones científicas (aceleradores de partículas) y en aparatos de medicina nuclear.
- **Materiales cerámicos avanzados**, con una mayor resistencia mecánica, para su aplicación en motores de última generación.
- **Biomateriales**, o **materiales biocompatibles**, diseñados para funcionar en contacto con tejido vivo. Pueden insertarse en tejidos y órganos del cuerpo humano.
- **Materiales inteligentes** que son capaces de responder ante estímulos externos: cambian de forma, de color o de propiedades electrónicas como respuesta a cambios en la luz, la temperatura, la tensión, etc.

El futuro en el desarrollo de nuevos materiales pasa por la **nanotecnología**, que es una tecnología que permite diseñar y manipular la materia a escala atómica (dimensiones de menos de 100 nanómetros).

En 1981 se creó el **microscopio de efecto túnel**, un instrumento que permite coger y depositar átomos de forma similar a como lo hacemos a escala macroscópica. Sus inventores, Gerd Binnig y Heinrich Rohrer, recibieron por ello el premio Nobel de Física en 1986. El microscopio de efecto túnel ha posibilitado en gran medida el avance de la nanotecnología.

En esta escala, el comportamiento de la materia se rige por las leyes de la física cuántica y las propiedades de un material no dependen del número de átomos que dicho material contenga, sino del propio átomo objeto de estudio.

Así, a escala nanométrica, sustancias opacas se vuelven transparentes (cobre), materiales estables se convierten en combustibles (aluminio), sólidos a temperatura ambiente se vuelven líquidos (oro) o aislantes se vuelven conductores (silicona).

Los **nanomateriales** ofrecen posibilidades casi infinitas de mejora de las propiedades de los materiales y el descubrimiento de otras nuevas: materiales de construcción que absorben CO_2, tejidos que no se manchan, materiales que se autorreparan o incluso órganos humanos capaces de crecer de forma autónoma.

EJERCICIOS

6. ✦✦ Elabora un esquema con los materiales poliméricos que hemos visto a lo largo de esta unidad. Detalla brevemente sus propiedades y pon un ejemplo de cada uno de ellos.

7. ✦ Explica por qué resulta de interés analizar el comportamiento de los materiales a escala nanométrica. Indica qué cambios presenta el oro en ese nivel.

7. Selección de materiales

Se conocen más de 80.000 materiales diferentes, cada uno con propiedades distintas, por lo que seleccionar entre todos ellos el idóneo para unas determinadas exigencias puede ser un procedimiento muy complejo.

El primer paso para llevar a cabo esta selección es considerar todos los factores:

- Factores **físicos**: principalmente, el tamaño, el peso y la forma del material.
- Factores **mecánicos**: a qué esfuerzos se va a someter el material. Para conocer el comportamiento de un material y comprobar si se ajusta a las condiciones de trabajo requeridas, se somete a una serie de pruebas normalizadas denominadas **ensayos**. Los principales ensayos que se realizan son:
  - Ensayo de **tracción**: consiste en someter una probeta (pieza prismática) de dimensiones normalizadas a un esfuerzo de tracción hasta lograr que se rompa.
  - Ensayo de **dureza**: consiste en utilizar una pieza de acero normalizada (bola, pirámide, cono) para ejercer fuerza sobre la superficie del material y después medir y analizar la huella que deja.
  - Ensayo de **resiliencia**: consiste en someter al material a choques o esfuerzos bruscos, como golpearlo con un péndulo de sección cuadrada. Proporciona una medida de la tenacidad del material y su resistencia ante impactos.

El casco del *Titanic* estaba formado por planchas de acero unidas entre sí con tres millones de remaches. Se cree que una de las causas que ayudaron al rápido hundimiento del transatlántico fue precisamente la baja calidad del material metálico empleado en los remaches, que no pudieron mantener la estanqueidad del casco.

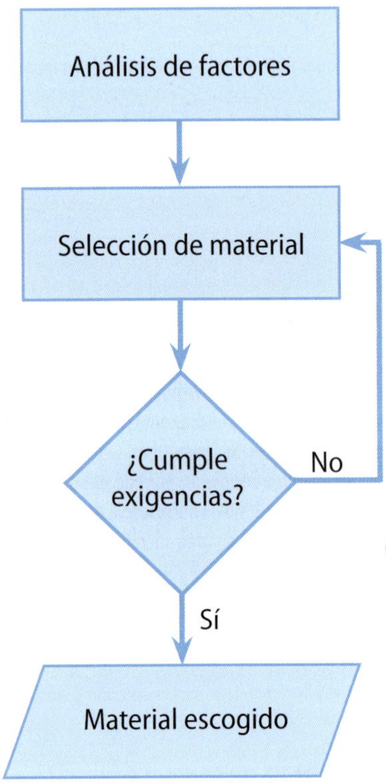

- Factores de **procesado**: hay que conocer el procedimiento de fabricación y disponer del equipamiento técnico para el procesado del material escogido.
- Factores de **tiempo**: durante cuánto tiempo el material deberá mantener su comportamiento y sus propiedades.
- Factores **económicos**: coste y disponibilidad del material elegido.
- Factores **legales**: normativas legales de cada país referentes a los materiales, su uso y su ciclo de vida.
- Factores de **impacto ambiental**: hay que saber si el material seleccionado implica el uso de algún recurso o materia prima escasos, si es nocivo para la salud o si requiere un proceso de fabricación muy contaminante.
- **Otros factores** relacionados con la función a la que se vaya a destinar el material: si es conductor o no, si debe tener un color determinado o ser incoloro, si ha de ser permeable o impermeable, aspecto estético, etc.

Conocidos todos los factores, se puede elegir el material de distintas formas:

- Siguiendo el **método tradicional**: el ingeniero selecciona materiales que ya han sido sometidos a ensayos en aplicaciones similares con resultados satisfactorios.
- Utilizando **gráficos**: se realizan mapas de materiales en los que se representan las propiedades por parejas, analizándolas para dos tipos distintos de materiales (estos mapas se denominan *diagramas de Ashby*).
- Utilizando **bases de datos**: existen bases de datos, distribuidas por los vendedores de materiales, en las que se incluyen las propiedades de cada uno de los materiales y los valores obtenidos en investigaciones y ensayos sobre ellos.
- Utilizando **software específico** de análisis de materiales, como CES EduPack, uno de los más conocidos y utilizados mundialmente.

Si, completado todo el proceso de selección, no se ha encontrado el material idóneo, será necesario redefinir las condiciones del material y rebajar sus exigencias para hallar uno que resulte apropiado.

EJERCICIOS

8. ✦ Imagina que necesitas seleccionar el material idóneo para construir una guitarra. Anota en tu cuaderno qué factores debes considerar y qué exigencias mínimas tendrán que cumplir los materiales escogidos para su fabricación.

8. Impacto ambiental producido por la obtención y transformación de materiales

Todos los procesos de aprovechamiento de los materiales presentan un impacto medioambiental de distinta consideración:

La **regla de las tres erres (3R)**, es decir, **r**educir, **r**eciclar y **r**eutilizar, constituye la mejor defensa ante el impacto ambiental producido por la creciente necesidad de nuevos materiales.

Materiales metálicos

- La obtención de minerales en las minas ocasiona impacto sobre el paisaje, además de ruidos, emisión de polvo y gases y destrucción de hábitats.
- Durante la transformación del mineral para obtener el metal, se emiten gases que liberan a la atmósfera metales pesados (plomo, cadmio, etc.) que contaminan el aire y las aguas y pueden tener efectos cancerígenos en las personas.
- En los procesos de combustión desarrollados en los altos hornos se libera una gran cantidad de CO_2, gas responsable del efecto invernadero.
- Como consecuencia del lavado de los metales obtenidos, las aguas y los fangos residuales quedan contaminados con aceites y ácidos especialmente tóxicos para la flora y la fauna.

Además del impacto ambiental, es importante considerar el **impacto social** de la obtención de algunos materiales.

Se sospecha que la extracción del **coltán**, un mineral utilizado para la fabricación de teléfonos móviles, es llevada a cabo en el Congo por mineros que trabajan en condiciones de semiesclavitud sometidos por fuerzas paramilitares.

Materiales cerámicos

- La obtención de las materias primas necesarias para la elaboración de materiales cerámicos tiene un gran impacto ambiental, ya que habitualmente implican voladuras en terrenos, que generan grandes cantidades de polvo y ruidos.
- El proceso de cocción de la cerámica implica un fuerte impacto ambiental: por un lado, cocer los materiales cerámicos conlleva un gran gasto energético; por otro, los hornos de cocción utilizan gas natural, cuya combustión emite grandes cantidades de CO_2 a la atmósfera.

Materiales poliméricos sintéticos

- Casi la totalidad de los plásticos se obtienen a partir de combustibles fósiles, que son una fuente de energía no renovable.
- El principal impacto ambiental del uso de los plásticos es su larga durabilidad. No son materiales biodegradables y pueden permanecer inalterables durante períodos de hasta 500 años. Esto hace que en la actualidad haya un exceso de plásticos, que en ocasiones se acumulan sobre los paisajes y dificultan el crecimiento de las plantas o la subsistencia de las especies acuáticas.
- Las industrias de generación de elementos plásticos contribuyen a la contaminación de la atmósfera con la emisión de CO_2 y otros compuestos nocivos.

Materiales poliméricos naturales

- La obtención de papel a partir de la madera es una de las actividades que mayor impacto ambiental ocasionan. El uso de blanqueantes y cloros produce emisiones de compuestos de azufre y dioxinas a la atmósfera, emisiones que contribuyen a la formación de la lluvia ácida.
- La tala de árboles produce deforestación y deterioro de los suelos.
- La elaboración de tejidos a partir de fibras textiles implica el uso de sustancias tóxicas, como colorantes y tintes, además de un gasto elevado de agua y energía.

Práctica 1. Características de los materiales. Realidad aumentada

Vamos a conocer la aplicación **Aurasma** y su versión para la web **Aurasma Studio**, que permiten ver y crear realidad aumentada. Utilizaremos Aurasma Studio para crear la realidad aumentada en el ordenador, y la app Aurasma para verla en un dispositivo móvil (teléfono o tableta).

La **realidad aumentada (RA)** es una tecnología que nos permite ver contenidos virtuales superpuestos a la realidad. Es necesario instalar una aplicación en nuestro dispositivo móvil que, cuando enfocamos un objeto de la realidad, hace que aparezca en pantalla un mundo virtual.

La imagen que "dispara" la RA se llama **trigger** o **disparador**. Situando el dispositivo móvil sobre el disparador, se espera unos segundos para que el móvil escanee, y entonces aparece la RA (que se llama **overlay** o **capa virtual** y puede ser una imagen fija, un GIF, un vídeo...). El disparador suele ser una imagen fija, pero a veces también podemos enfocar el objeto real sobre el que se ha tomado la imagen. El conjunto de disparador y capa virtual recibe el nombre de **aura**.

Para realizar esta práctica necesitas tener el consentimiento de tus padres o tutores legales. También debes disponer de una cuenta de correo electrónico y una cuenta de App Store o Google Play para descargar la aplicación.

La finalidad de esta práctica es conseguir que, escaneando una imagen de un tipo de material, aparezca un vídeo en el que se detallen las principales características de dicho material. Para ello, utiliza las imágenes de los materiales plásticos, cerámicos, metálicos y textiles que encontrarás en el CD virtual.

Ejercicio 1. Crear el primer vídeo

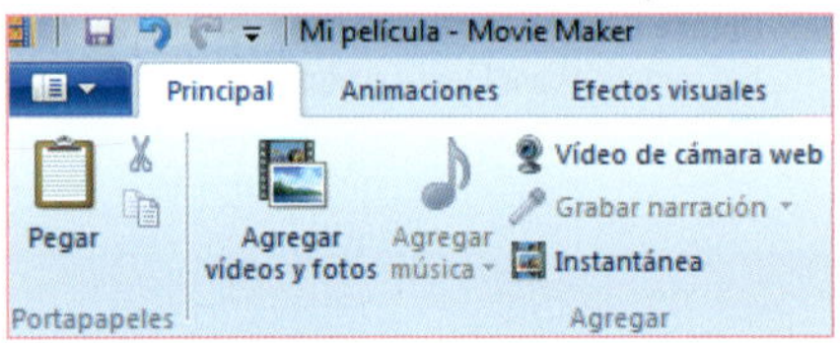

1. Graba con cualquier dispositivo (móvil, grabadora del ordenador...) un audio en el que digas el nombre del primer material del que vas a hablar y sus propiedades principales. Guarda el archivo como **UD02_P1_audio1_nombreapellido.mp3**. Si el audio que grabas no tiene formato MP3, es fácil convertirlo a dicho formato con cualquier convertidor en línea.
2. Abre el programa Windows Movie Maker o cualquier otro editor de vídeo para crear el primer vídeo.

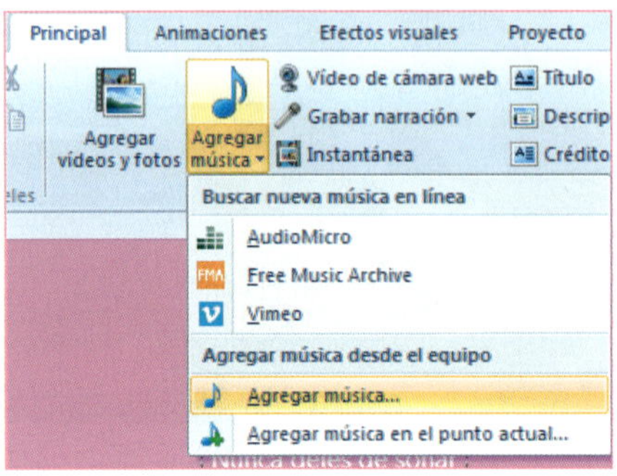

3. Pulsa el botón **Agregar vídeos y fotos** y agrega la imagen del material que has elegido en el primer paso. Por defecto, el programa asigna a cada fotografía un tiempo de exposición de 7 segundos. Para cambiar este tiempo, ve a la ficha **Editar** (en **Herramientas de vídeo**) y modifica la duración.
4. Haz clic en **Agregar música**. En el desplegable, elige **Agregar música en el punto actual** y selecciona el archivo de audio que has grabado (**UD02_P1_audio1_nombreapellido.mp3**). (En versiones antiguas de Movie Maker, el archivo tiene que ser WMA. Si tienes algún problema en este punto, cambia el archivo de extensión con un convertidor en línea y prueba de nuevo.)

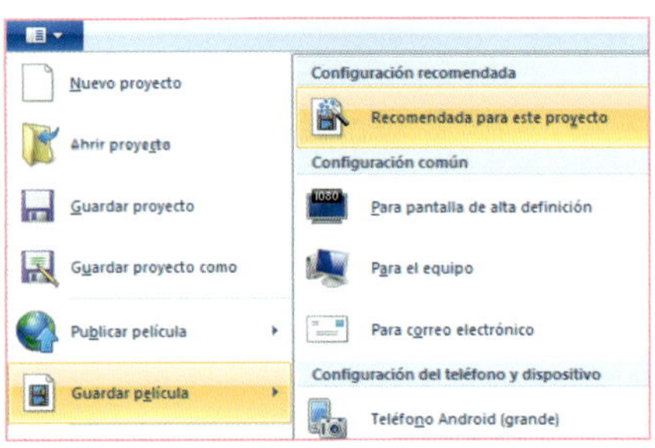

5. Para generar la película definitiva, despliega el menú de la esquina superior izquierda y selecciona **Guardar película / Recomendada para este proyecto**. Ponle como nombre **UD02_P1_video1_nombreapellido**; comprobarás que se guarda como un archivo de tipo MP4.

Ejercicio 2. Descargar la aplicación Aurasma y registrarse

Para hacer este ejercicio es necesario usar un dispositivo móvil con acceso a Internet. Si no dispones de él, pasa al ejercicio siguiente.

1. Entra en App Store o en Google Play con tu dispositivo.
2. Busca la aplicación **Aurasma**. Cuando la encuentres, pulsa **Obtener** y luego **Instalar**. Si tienes un dispositivo Apple, te pedirá que inicies sesión en iTunes Store.

3. Una vez descargada la aplicación, accede a ella pulsando **Abrir**. Verás que la aplicación necesita acceder a la cámara del dispositivo, por lo que debes permitírselo pulsando **Permitir**.
4. A continuación verás que debes registrarte con una cuenta de correo, un nombre de usuario y una contraseña. Completa los datos y entra en la aplicación.

Ejercicio 3. Crear el aura con Aurasma Studio

1. En el ordenador, accede a la web *studio.aurasma.com*.
2. Pulsa **Login to Aurasma Studio** y regístrate introduciendo los mismos datos de usuario y contraseña que para Aurasma (ejercicio anterior). Es importante que sean los mismos datos para que puedas usar tus auras posteriormente.
3. Una vez dentro de tu cuenta, accede a **My Auras** y pulsa **Create New Aura**.
4. En la siguiente pantalla, pulsa **Click to Upload Trigger Image**. En la siguiente, en **Name** escribe el nombre del material. Haz clic en **Browse** y elige la imagen correspondiente a dicho material. Pulsa **Save**. El proceso durará unos segundos y aparecerá en la pantalla la imagen seleccionada.
5. En esa pantalla, pulsa **Next**. Luego pulsa **Click to Upload Overlay** y elige como capa virtual el vídeo que has hecho sobre el material (**UD02_P1_video1_nombreapellido.mp4**). El proceso durará unos segundos y aparecerá el vídeo. En ese momento puedes colocar la capa virtual donde quieras.
6. Pulsa **Save**. Para finalizar, pulsa **Share**. Ya has creado la primera aura.
7. En la pantalla siguiente, **My Auras**, tendrás el aura que has creado. Pulsa sobre el icono ≡ y luego **Full Screen**. Deja así la pantalla para hacer el ejercicio siguiente.

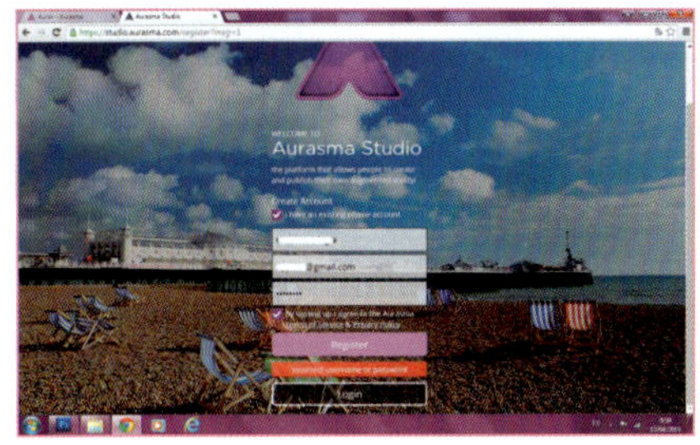

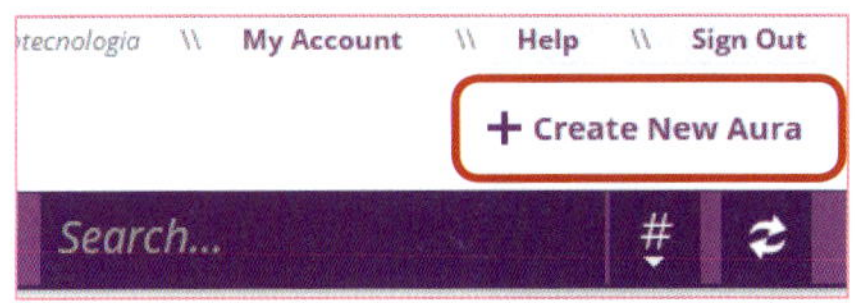

Ejercicio 4. Probar el aura

1. Comprueba que el aura funciona. Para ello, coge tu dispositivo móvil con la aplicación Aurasma abierta.
2. En la ventana **Explorar**, arrastra el dedo sobre la pantalla para que se actualice con tu aura creada en el ordenador.
3. Pulsa el botón **Visor** (es el icono central de la parte inferior).
4. Sitúa el móvil o tableta sobre el disparador que tienes en la pantalla del ordenador, espera unos segundos y verás la realidad aumentada en tu dispositivo móvil.

Ejercicio 5. Resto de materiales

Repite todos los pasos indicados en los ejercicios 1 al 4 para crear los vídeos y las auras del resto de los materiales (con las otras imágenes del CD virtual).

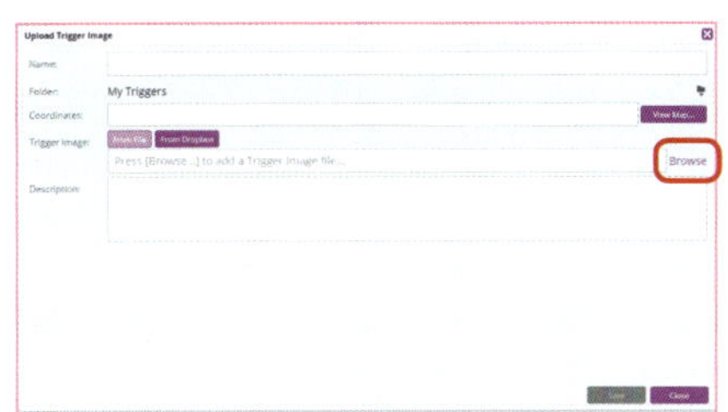

Si no has hecho el ejercicio 2, porque no tienes un dispositivo móvil con acceso a Internet y, por tanto, no has descargado Aurasma, puedes ver tu aura desde otro móvil.

Desde un dispositivo que tenga Aurasma descargado, accede a **Descubrir auras** y busca tu nombre de usuario de Aurasma Studio en la aplicación. Una vez localizado, pulsa **Seguir** y así será posible ver en el dispositivo el aura que has realizado (siempre que esté compartida, como hemos indicado al final del ejercicio 3).

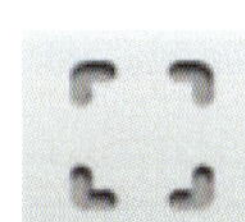
Visor de auras.

Práctica 2. Nuevos materiales. Plotagon

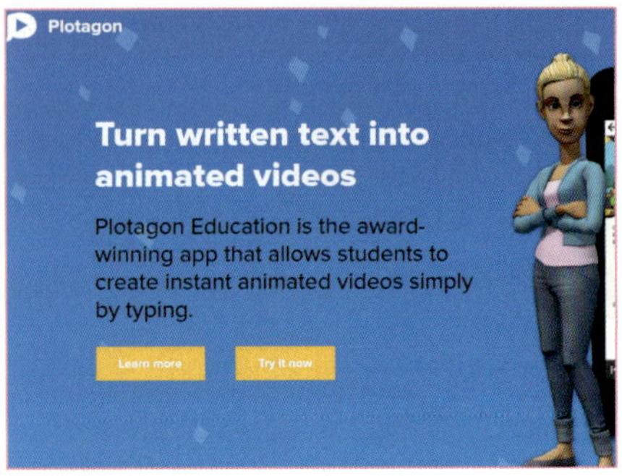

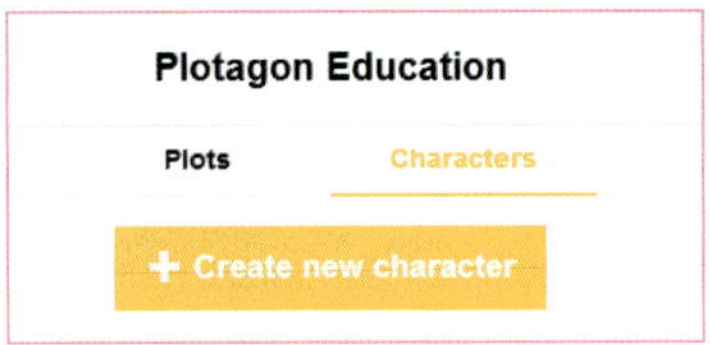

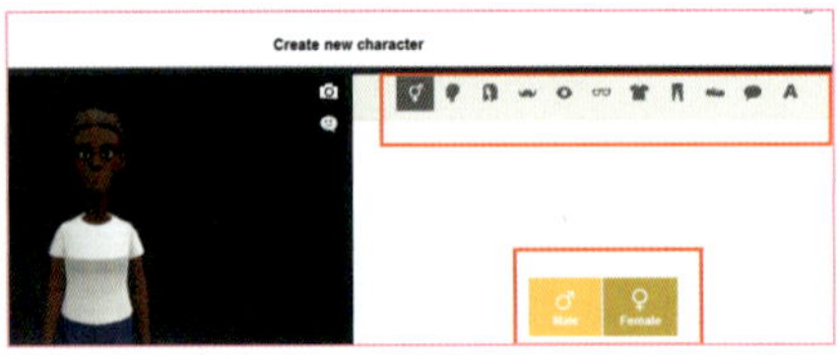

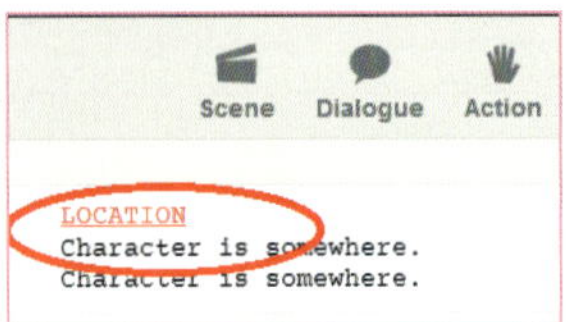

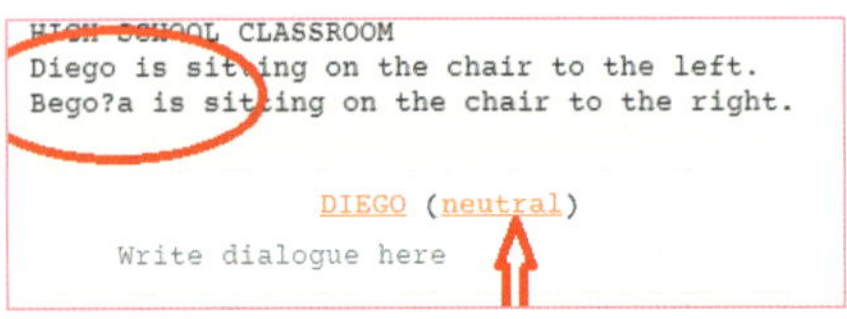

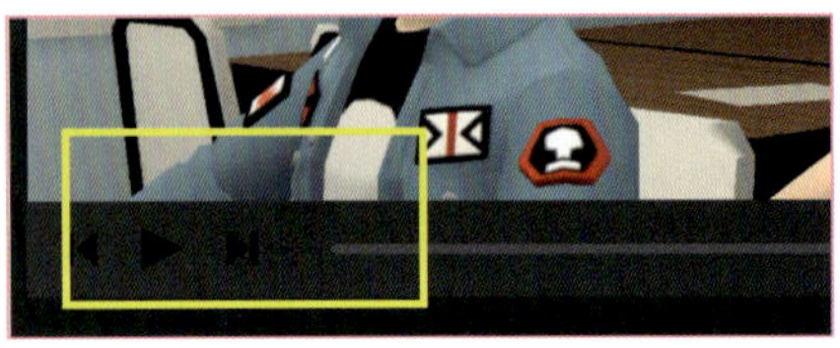

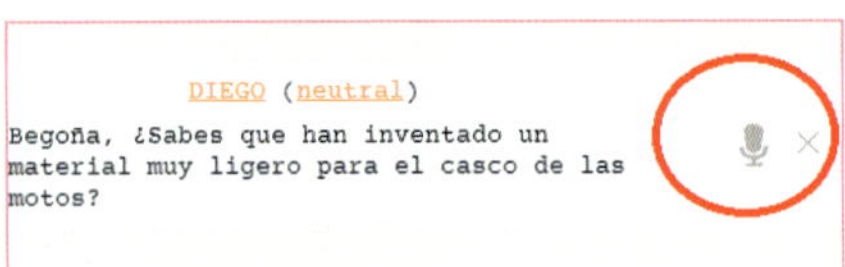

Para hacer esta práctica deberás tener el consentimiento de tus padres o tutores legales. Asimismo, recuerda leer detenidamente todas las condiciones de prestación de servicios.

Vamos a crear una pequeña película en la que unos personajes nos hablarán sobre los nuevos materiales. Para ello usaremos **Plotagon**, una herramienta que permite su uso durante 30 días de forma gratuita.

1. Entra en *plotagon.com* y haz clic en **Try it now**. Rellena el formulario inicial con los datos que te solicitan, para poder acceder a la aplicación.
2. Después, haz clic en **Download Plotagon**, selecciona la versión más adecuada para tu equipo y sigue los pasos para instalarla.
3. Una vez instalada la aplicación, accede a ella y haz clic en **Characters** para definir tus propios personajes. Elige **Create new character**.
4. Observa todas las opciones que tienes en la barra superior para diseñar personajes. Puedes elegir el color de la piel, la ropa y hasta el tono de voz. Crea dos personajes (un chico y una chica) y ponles nombre.
5. Una vez creados los personajes, haz clic en **Plots**, en la parte superior, y después en **Create new plot**.
6. Fíjate en que la pantalla aparece dividida en dos. En la parte de la izquierda, escribe los diálogos de los personajes. En la de la derecha podrás ir viendo cómo queda la película.
7. Haz clic en **Scene** para añadir una escena. Luego haz clic en **Location** y elige como escenario **High School Classroom**.
8. En **Character**, selecciona uno de los personajes que has creado antes para indicar cuál se sentará a la izquierda. Haz clic en **Character** otra vez y selecciona el otro personaje que has creado para indicar que se sentará a la derecha.
9. En la barra superior, haz clic en **Dialogue** y escribe un diálogo entre los personajes, en el que vayan describiendo alguno de los nuevos materiales que hemos visto en la unidad (o algún otro material más novedoso que haya sido descubierto recientemente, del cual puedes buscar información en Internet).
10. Observa que puedes seleccionar el personaje que habla y el estado para su voz. Por defecto aparece **neutral**, pero lo puedes cambiar por otro haciendo clic en **neutral** y seleccionando el tono que prefieras.
11. Escribe el diálogo del primer personaje y comprueba, pulsando el icono de reproducir, en la zona de la derecha, que el personaje reproduce el diálogo que has escrito. Observarás que el programa reproduce el texto en español con acento inglés y que no se entiende muy bien.
12. Fíjate ahora en el icono del micrófono que aparece junto al diálogo. Si lo presionas, puedes grabar tu propia voz. Graba los diálogos que has escrito y comprueba cómo va quedando la película haciendo clic en el icono de reproducción.
13. Una vez completada la grabación del diálogo, puedes guardar el vídeo haciendo clic en **Download**, en la zona de la derecha bajo la película. Haz clic a continuación en **Save** y elige la opción de guardar con subtítulos.
14. Pasados unos segundos, el programa te pedirá el nombre y la ubicación para tu película. Guárdala en tu equipo como **UD02_P2_nombreapellido**.

Práctica 3. Aprendo materiales. Cerebriti

Para hacer esta práctica deberás tener el consentimiento de tus padres o tutores legales. Asimismo, recuerda leer detenidamente todas las condiciones de prestación de servicios.

Cerebriti es un portal de juegos educativos creados por los propios usuarios. Puedes jugar a alguno de los más de 2.000 juegos disponibles, agrupados por materias, aunque en esta práctica tu trabajo será crear un juego para que sean tus compañeros quienes demuestren sus conocimientos sobre materiales.

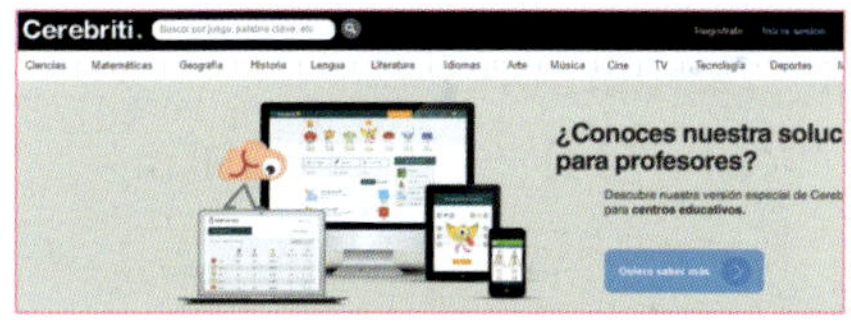

1. **Entra en *www.cerebriti.com* y regístrate. Para ello, debes rellenar los datos que te solicitan, o puedes entrar con tu cuenta de Facebook.**
2. Observa que, una vez registrado, aparece una ventana en la que puedes modificar tus opciones de perfil. Además, verás los juegos disponibles agrupados por categorías: ciencias, matemáticas, geografía, etc. Puedes también localizar juegos mediante el buscador que aparece.
3. Haz clic en **Crea tu juego**, en la barra de herramientas superior, para comenzar a crear.
4. Verás que Cerebriti te ofrece diez posibilidades de juegos: "Tipo test", "Mapa mudo", "Busca las respuestas correctas", etc. En esta práctica vas a crear un juego tipo test.

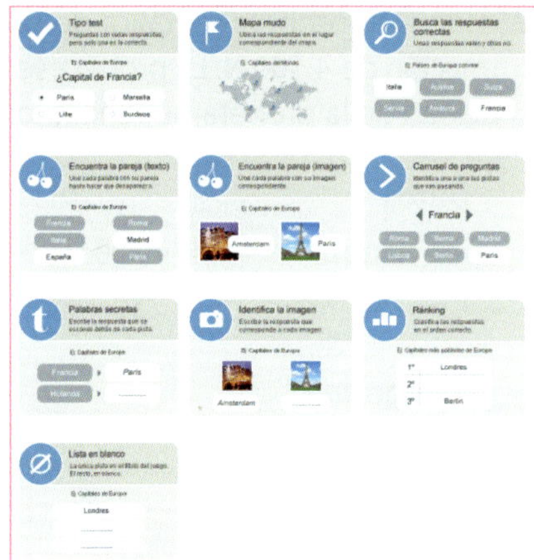

5. Haz clic en **Tipo test**. En la pantalla que aparece, indica que tu test constará de **10** preguntas con **3** opciones de respuesta por pregunta.

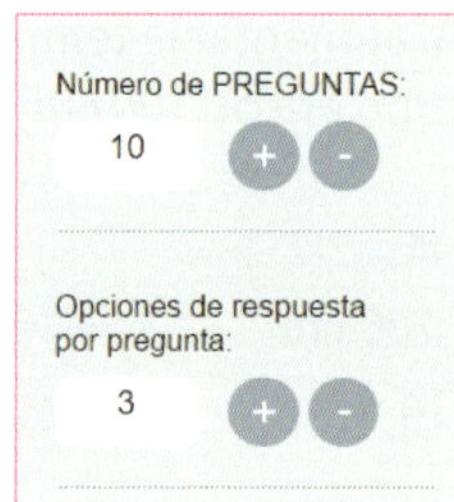

6. Luego debes poner título al juego. Llámalo **Test_de_materiales_nombreapellido**. A continuación, escribe los enunciados de las diez preguntas sobre materiales y sus correspondientes respuestas. Intenta que las preguntas no sean demasiado fáciles, ¡se trata de retar a tus compañeros!
7. Una vez completas todas las preguntas y respuestas, haz clic en **Siguiente paso**. Te toca ahora definir las características del juego, para que tus compañeros y otros jugadores puedan localizarlo.
8. Necesitarás incluir una pequeña descripción del juego y una imagen que sirva de portada. La imagen puedes subirla desde tu ordenador o bien puedes usar una de Internet que te guste. Recuerda siempre buscar imágenes con licencia Creative Commons y citar las fuentes.

9. Una vez subida la imagen, ajusta el tiempo para completar el test, de manera que sea suficiente para responder todas las preguntas.
10. Selecciona **Tecnología** como categoría de catalogación e indica **tres etiquetas** para que sea más fácil localizar el juego (por ejemplo: materiales, propiedades, tipos). Haz clic en **Siguiente paso**.

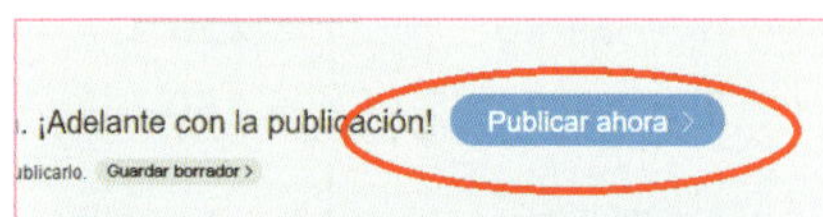

11. Comprueba en la previsualización del juego que todo está correcto y haz clic en **Publicar ahora**. La aplicación en este momento comprobará que todo esté correcto, y te avisará cuando tu juego esté aprobado y lo puedas compartir con tus compañeros. En este punto, la aplicación tarda unos dos días en responder, para descartar contenidos inapropiados, y te avisará por correo electrónico cuando puedas retar a tus compañeros con tu juego. Sin embargo, puedes ahora enviar una copia del juego creado a tu profesor, como se indica en el punto siguiente.

12. Accediendo a tu perfil, puedes ver el juego creado. Selecciona **Compartir** y envíaselo por correo electrónico a tu profesor.

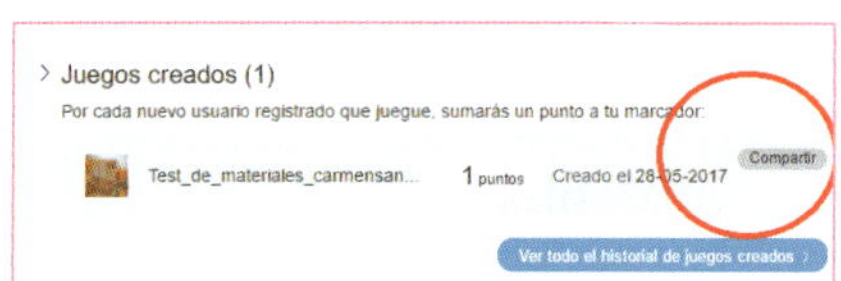

13. **Cuando tu juego haya sido aprobado, podrás retar a tus compañeros buscándolos en Cerebriti o enviando un duelo por correo electrónico.**

1. ✦ Un conductor eléctrico de 350 m de longitud presenta una resistencia de 18 Ω y una resistividad de 0,017 $\Omega mm^2/m$. Calcula el diámetro del conductor.

Datos

$R = 18\ \Omega$ $L = 350\ m$

$\rho = 0{,}017\ \Omega mm^2/m$

Incógnita

$D = ?$

Solución

$$\rho = R\frac{S}{L} \Rightarrow S = \frac{\rho \cdot L}{R} = \frac{0{,}017\ \Omega mm^2/m \cdot 350\ m}{18\ \Omega} = 0{,}33\ mm^2$$

Como el conductor es de sección circular, $S = \pi r^2$ y $D = 2r$:

$$D = 2\sqrt{\frac{0{,}33}{\pi}} = 0{,}65\ mm$$

2. ✦✦ Una probeta metálica de sección circular, de 10 mm de radio y 250 mm de longitud, es sometida a una fuerza de tracción de 4.500 N. La probeta se alarga 0,1 mm. Calcula la tensión aplicada, el alargamiento unitario y el módulo de elasticidad de la probeta, suponiendo que su comportamiento es elástico.

Datos

$r = 10\ mm$ $F = 4.500\ N$

$L_0 = 250\ mm$ $L_f = 250{,}1\ mm$

Incógnitas

$\sigma = ?$ $\varepsilon = ?$

$E = ?$

Solución

Para un material con comportamiento elástico se cumple que:

$$\sigma = \frac{F}{S} = \frac{4.500\ N}{\pi\left(\frac{10\ mm}{1.000}\right)^2} = 14.323.945\ N/m^2 \qquad \varepsilon = \frac{L_f - L_0}{L_0} = \frac{0{,}1}{250} = 4 \cdot 10^{-4}$$

Finalmente, como $\sigma = \varepsilon E$:

$$E = \frac{\sigma}{\varepsilon} = \frac{14.323.945\ N/m^2}{4 \cdot 10^{-4}} = 3{,}58 \cdot 10^{10}\ N/m^2$$

3. ✦✦ Al aumentar la temperatura de un material desde 10 hasta 250 °C, su volumen aumenta 0,02 cm^3. Si el volumen inicial del cuerpo era de 100 cm^3, ¿cuál es el coeficiente de dilatación lineal del cuerpo?

Datos

$V_0 = 100\ cm^3$ $V_f = 100{,}02\ cm^3$

$T_i = 10\ °C$ $T_f = 250\ °C$

Incógnita

$\alpha = ?$

Solución

$$V_f = V_0(1 + \gamma\Delta T) \Rightarrow \gamma = \frac{\left(\frac{V_f}{V_0} - 1\right)}{\Delta T} = 8{,}33 \cdot 10^{-7}\ °C^{-1}$$

$$\gamma = 3\alpha \Rightarrow \alpha = \frac{\gamma}{3} = 2{,}77 \cdot 10^{-7}\ °C^{-1}$$

4. ✦✦ Calcula la cantidad de energía que se cede al entorno cuando un bloque de plomo de 0,1 kg se enfría pasando de 250 °C a temperatura ambiente (25 °C), sabiendo que el calor específico del plomo es de 150 J/(kg·K).

Datos

$m = 0{,}1\ kg$ $T_i = 250\ °C$

$T_f = 25\ °C$ $c_e = 150\ J/(kg \cdot K)$

Incógnita $\Delta E = ?$

Solución

La energía se cede en forma de calor, cumpliéndose que $\Delta E = \Delta Q$:

$$\Delta Q = mc_e\Delta T = 0{,}1\ kg \cdot \frac{150\ J}{kg \cdot K} \cdot 225\ K = 3.375\ J$$

5. ✦✦ Calcula el alargamiento soportado por una barra cuadrada de 1 cm de lado y 50 cm de longitud si está sometida a una tracción de $8 \cdot 10^3$ N, su límite de elasticidad es de $100 \cdot 10^6$ Pa y su módulo de elasticidad es de $2 \cdot 10^{10}\ N/m^2$.

Datos

Lado barra – 1 cm $L = 50\ cm$

$F = 8 \cdot 10^3\ N$ $\sigma_{máx} = 100 \cdot 10^6\ Pa$

$E = 2 \cdot 10^{10}\ N/m^2$

Incógnita

$\varepsilon = ?$

Solución

$$S = (1 \cdot 10^{-2})^2\ m^2 = 1 \cdot 10^{-4}\ m^2$$

$$\sigma = \frac{F}{S} = \frac{8 \cdot 10^3}{1 \cdot 10^{-4}} = 80 \cdot 10^6\ Pa$$

Por tanto, σ < límite de elasticidad. Se puede aplicar la ecuación de Young:

$$\sigma = \varepsilon E \Rightarrow \varepsilon = \frac{\sigma}{E} = \frac{80 \cdot 10^6}{2 \cdot 10^{10}} = 4 \cdot 10^{-3} \qquad \varepsilon = \frac{\Delta L}{L_0} \Rightarrow \Delta L = \varepsilon \cdot L_0 = 2 \cdot 10^{-3}\ m$$

- Los **materiales naturales** se obtienen directamente de la naturaleza (de las materias primas) y se someten a un proceso de acondicionamiento para poder ser utilizados. Los **materiales transformados** se obtienen de materias primas naturales sometidas a distintos procesos de transformación.
- **Clasificación** de los materiales:

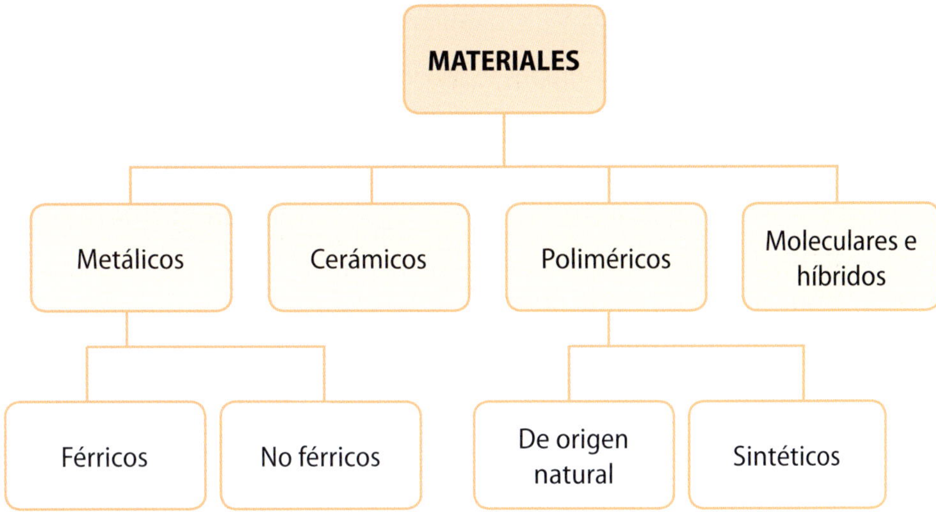

- **Propiedades** de los materiales:
  - **Físico-químicas**: resistencia eléctrica, resistividad, conductividad térmica, dilatación térmica, calor específico, densidad, punto de congelación, punto de ebullición, punto de fusión, comportamiento magnético, resistencia a la oxidación.
  - **Sensoriales**: color, tacto o textura, brillo, propiedades ópticas...
  - **Mecánicas**: dureza, tenacidad, resistencia mecánica, deformabilidad, ductilidad, maleabilidad, fatiga.
- Los **materiales metálicos** tienen sus átomos unidos mediante enlaces metálicos en los que los electrones de las capas externas pueden desplazarse libremente formando una nube electrónica. Pueden ser **férricos** (hierro, acero, fundiciones) y **no férricos** (cobre, estaño, aluminio, cinc, titanio, etc.).
- Los **materiales cerámicos** son materiales inorgánicos compuestos por elementos metálicos y no metálicos unidos químicamente mediante enlaces híbridos iónico-covalentes. Los más utilizados desde el punto de vista tecnológico son: arcilla, loza, porcelana, gres, vidrio, fibra de vidrio, cemento y hormigón.
- Los **materiales poliméricos** son agrupaciones de pequeñas moléculas (monómeros) que se repiten en forma de cadena. Pueden ser de **origen natural** (como las fibras textiles, la madera y los transformados de la madera) o de **origen sintético** (como la mayoría de los plásticos).
  - Los **plásticos**, a su vez, según la forma en que las cadenas de polímeros se unen entre sí, se clasifican en **termoplásticos** (como el polietileno y el polipropileno), **termoestables** (como la melamina y la baquelita) y **elastómeros** (como el caucho y el neopreno).
- Los **materiales híbridos** están formados por la unión de materiales de diferente naturaleza, generalmente orgánicos e inorgánicos, mezclados químicamente. Entre ellos destacan los nuevos materiales superconductores, los materiales cerámicos avanzados, los biomateriales, los materiales inteligentes y los nanomateriales.
- El **proceso de selección de un material** para cubrir unas determinadas exigencias es complejo. Es necesario considerar todos los factores posibles (físicos, mecánicos, de procesado, de tiempo, estéticos, etc.) y contrastar las propiedades de los diferentes materiales candidatos.
- Todos los procesos de aprovechamiento (obtención y transformación) de los materiales presentan un **impacto medioambiental** de distinta consideración, que debemos tener presente.

ACTIVIDADES DE REFUERZO

1. ✦ Define los siguientes conceptos: materia prima, material natural, material transformado.
2. ✦✦ ¿Qué diferencia existe entre tenacidad y dureza? ¿A qué tipo de propiedades de los materiales pertenecen ambas características?
3. ✦ Explica qué son los metales férricos y en qué grupos se dividen. Anota para cada grupo sus características principales.
4. ✦ Escribe el nombre de tres aleaciones metálicas que hayas visto en esta unidad e indica qué metales las forman.
5. ✦ ¿En qué se diferencian un material con comportamiento plástico y un material con comportamiento elástico?
6. ✦✦ Indica en qué grupos se dividen los polímeros sintéticos, detalla las características de cada grupo y pon un ejemplo de cada uno de ellos.
7. ✦ Escribe el nombre de tres polímeros de origen natural.
8. ✦ Señala las diferencias existentes entre la porcelana, la loza, la arcilla y el gres.
9. ✦✦ Explica qué son el vidrio, la fibra de vidrio y los materiales vitrocerámicos.
10. ✦ Indica tres problemas medioambientales derivados de la obtención de los diferentes materiales.
11. ✦ ¿Qué es la nanotecnología?
12. ✦✦ Imagina que debes seleccionar los materiales para fabricar un paraguas. Anota en tu cuaderno qué factores deberías considerar para elegir los materiales más adecuados.
13. ✦ ¿Qué son los materiales híbridos? Pon tres ejemplos y explícalos.
14. ✦ Indica cómo influye el enlace atómico en la conductividad eléctrica de los materiales metálicos.
15. ✦ Indica el nombre de dos materiales plásticos utilizados en impresión 3D y explica sus diferencias.
16. ✦ Explica brevemente los tres tipos de ensayos a que se someten los materiales para determinar sus propiedades mecánicas.

ACTIVIDADES PRÁCTICAS

SlideShare es un sitio web que permite almacenar y compartir en línea presentaciones, documentos y vídeos.

1. Crea una pequeña presentación con PowerPoint o Impress sobre los tipos de materiales que has estudiado en esta unidad.
2. Entra en *www.slideshare.net* y pulsa el botón **Sign up** para registrarte.
3. El menú de la parte superior es el que utilizaremos para subir presentaciones, descargarlas, ver tus favoritas, etc.

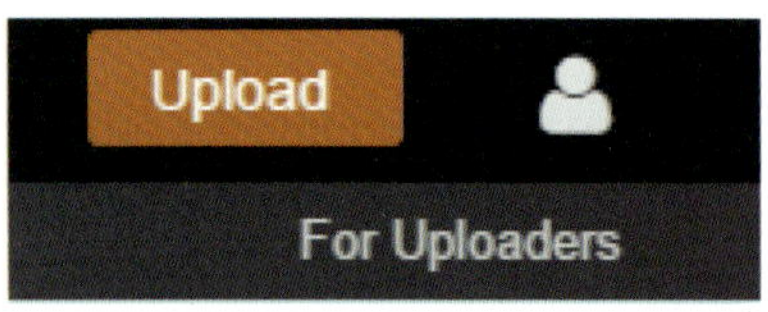

4. Pulsa el botón **Upload**. Deberás seleccionar una presentación pública, ya que las privadas están reservadas para las cuentas Premium. Selecciona la presentación que has creado en el punto 1.
5. Comprueba que el archivo ha subido correctamente. Pulsa en el enlace **Email** y envíale tu presentación al profesor.
6. Recuerda salir siempre pulsando **Log out**.

PROBLEMAS

1. ✦✦ Una varilla metálica de 50 cm de longitud y 17 mm^2 de sección, cuando se somete a una fuerza de tracción de 200 N, se alarga 3 mm. Calcula el módulo de elasticidad del material de la varilla.

   (Solución: 1.960 N/mm^2)

2. ✦ ¿A qué temperatura experimenta una dilatación de 0,02 m una barra de plomo que a 15 °C tiene 25 m de longitud? Dato: coeficiente de dilatación lineal del plomo = $29{,}10^{-6}\,°C^{-1}$.

   (Solución: 42,6 °C)

3. ✦✦ Si por un conductor circula una corriente de 30 mA cuando se establece una diferencia de potencial de 12 V, calcula:

   a. La resistencia que ofrece el conductor al paso de la corriente eléctrica.

   b. La resistividad del conductor, sabiendo que su longitud es de 260 m y su sección es de 0,011 mm^2. Identifica de qué componente se trata a partir de los datos de la tabla:

Material	Resistividad
Cobre	0,017 $\Omega mm^2/m$
Níquel	0,07 $\Omega mm^2/m$
Hierro	0,10 $\Omega mm^2/m$
Oro	0,024 $\Omega mm^2/m$

   (Solución: $R = 400\ \Omega$; $\rho = 0{,}017\ \Omega mm^2/m$; material: cobre)

4. ✦ Halla la superficie de una plancha de cobre a 200 °C, si a 10 °C sus dimensiones son de 10 × 20 cm. Dato: coeficiente de dilatación lineal del cobre = $1{,}7 \cdot 10^{-5}\,°C^{-1}$.

   (Solución: 201,3 cm^2)

5. ✦✦ Disponemos de 1 kg de cobre a 20 °C. ¿Cuánto calor hay que comunicarle para aumentar su temperatura hasta los 200 °C? ¿Cuánto calor se desprenderá si se enfría hasta 80 °C? Dato: calor específico del cobre = 0,09 cal/(g·°C).

   (Solución: $Q_{necesario}$ = 16.200 cal; $Q_{desprendido}$ = 10.800 cal)

ACTIVIDADES DE AMPLIACIÓN

1. ✦✦ Investiga sobre los distintos tipos de ensayos mecánicos que se realizan en los materiales. En YouTube hay muchos vídeos en los que puedes ver cómo se llevan a cabo estos ensayos. Busca alguno de esos vídeos o escanea los códigos que aparecen a continuación para ver los creados en la Universidad Politécnica de Valencia.

Ensayo de tracción	Ensayo de dureza	Ensayo de resiliencia

   Una vez vistos los vídeos, redacta una breve explicación sobre cada uno de estos ensayos mecánicos.

2. ✦✦✦ Busca información en Internet sobre los biomateriales e indica tres aplicaciones interesantes para ellos.

3. ✦✦✦ Existen variantes del cemento y del hormigón muy utilizadas en la construcción. Busca información sobre el fibrocemento y el hormigón pretensado y anota en tu cuaderno qué son y para qué se utilizan.

4. ✦✦ Los plásticos se suelen identificar con un símbolo que contiene un número o una abreviatura para facilitar su reciclaje. Busca información en Internet para identificar a qué plásticos corresponden los siguientes símbolos:

01	02	03	04	05	06	07
PET	PE-HD	PVC	PE-LD	PP	PS	O

3 Máquinas y sistemas: mecanismos

"Una vez que hayas probado el vuelo, siempre caminarás por la Tierra con la vista puesta en el cielo, porque ya has estado allí y allí siempre desearás volver."

Leonardo Da Vinci, tecnólogo del Renacimiento
(le obsesionaba la idea de poder volar y, aunque no lo consiguió, sus diseños inspiraron los avances futuros que permitieron desarrollar los helicópteros y los aviones)

1. Máquinas y sistemas

Las **máquinas** nos ayudan a reducir el esfuerzo que necesitamos hacer para producir un trabajo.

Todas las máquinas están formadas por tres componentes:

- **Elemento motor.** Se encarga de aportar la energía inicial a la máquina.
- **Elemento receptor o conducido.** Se encarga de recibir la fuerza generada en la máquina.
- **Elemento transmisor y/o transformador del movimiento.** Se encarga de transmitir y/o transformar el movimiento desde el elemento motor hasta el elemento receptor. Está formado por uno o varios **mecanismos**.

No todas las máquinas son tan complejas como un avión o un satélite. Unas simples tijeras también son una máquina. Si las analizamos, vemos que:

Los elementos motores que alimentan energéticamente una máquina pueden funcionar con tres tipos de energía principalmente:

- Energía muscular, proporcionada por personas o animales.
- Energía térmica, obtenida al quemar combustibles fósiles en un motor. Los más utilizados actualmente son los motores de explosión (de gasolina) y los motores diésel (de gasóleo).
- Energía eléctrica, obtenida por electromagnetismo. Los motores eléctricos son los más utilizados en los electrodomésticos.

EJERCICIOS

1. ✦ Indica cuáles son el elemento motor, el receptor y el transmisor de movimiento en una lavadora, en una máquina de coser y en unos alicates.

2. Mecanismos de transmisión de movimiento

Los **mecanismos de transmisión de movimiento** reciben la energía del elemento motor y la trasladan al elemento receptor. Pueden ser de **transmisión lineal** o de **transmisión circular**.

Mecanismos de transmisión lineal

Los **mecanismos de transmisión lineal** se consideran máquinas simples. Son la palanca y la polea.

- Las **palancas** son barras rígidas que giran sobre un punto de apoyo, denominado *fulcro*. Permiten levantar pesos (resistencia) aplicando una fuerza en un punto de la barra (potencia). Según el lugar donde estén situados el fulcro, la potencia y la resistencia, las palancas se clasifican en:

Palancas de primer grado

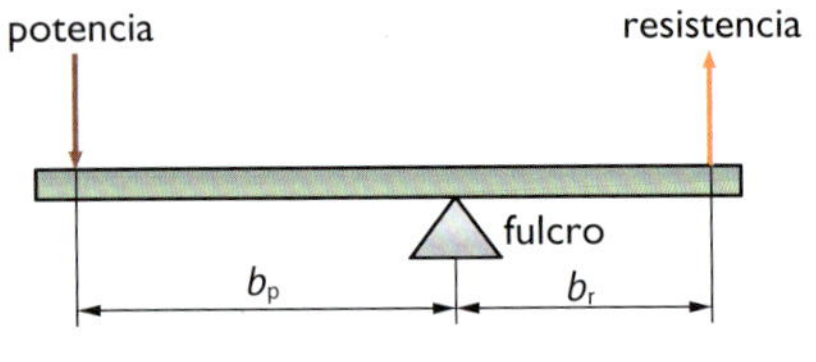

El punto de apoyo se encuentra entre la resistencia a vencer y el punto en que se aplica la fuerza.

Palancas de segundo grado

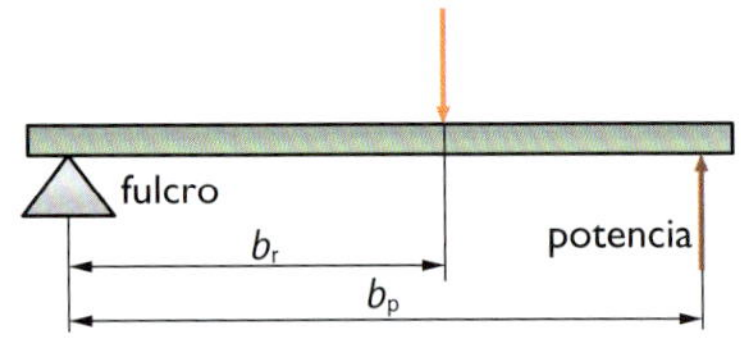

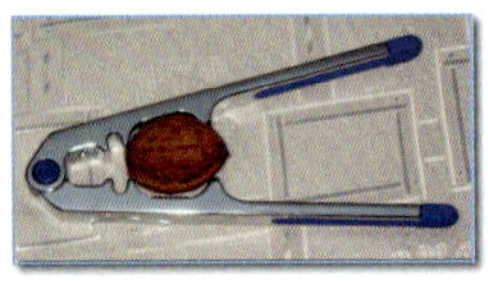

El punto de apoyo se encuentra en un extremo de la palanca, y la potencia, en el otro.

Palancas de tercer grado

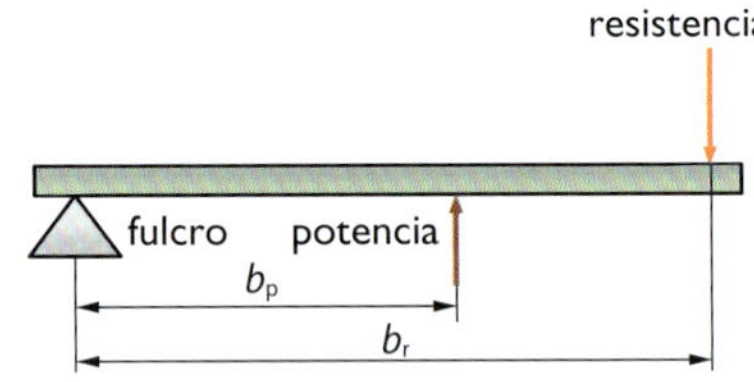

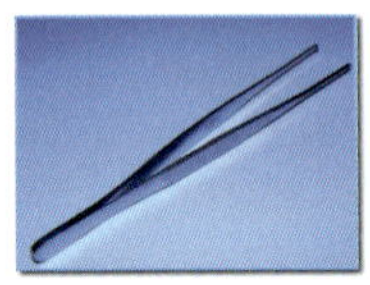

La potencia se encuentra entre el punto de apoyo y la resistencia.

Para todos los tipos se cumple la llamada **ley de la palanca**: $P \cdot b_p = R \cdot b_r$

- Las **poleas** son ruedas que tienen una acanaladura en su borde por la cual se introduce una cuerda o correa. Se utilizan para elevar cargas. Pueden ser fijas o móviles.

Poleas fijas

Tienen el eje de giro fijo y sujeto a un soporte. No disminuyen el esfuerzo necesario para subir un peso, pero facilitan la tarea de levantarlo, ya que, al utilizar una polea, el esfuerzo se hace de arriba hacia abajo.

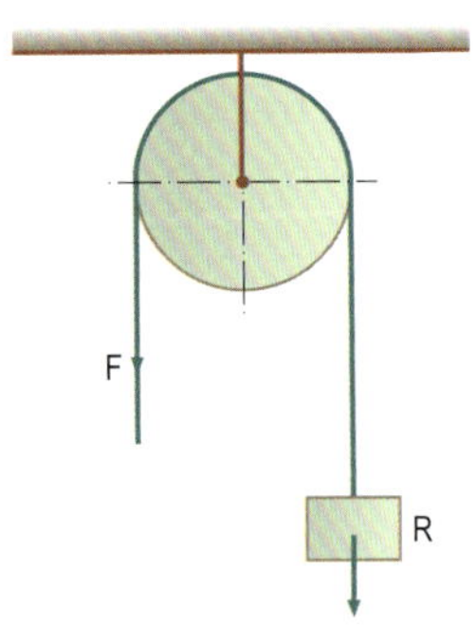

$$F = R$$

Poleas móviles

Pueden desplazarse verticalmente a lo largo de la cuerda cuando tiramos de ellas. Reducen a la mitad el esfuerzo necesario para elevar un peso.

Un **polipasto** es una combinación de poleas fijas y móviles. En un polipasto, la fuerza necesaria para subir un peso se reduce a la mitad por cada una de las poleas móviles que tenga.

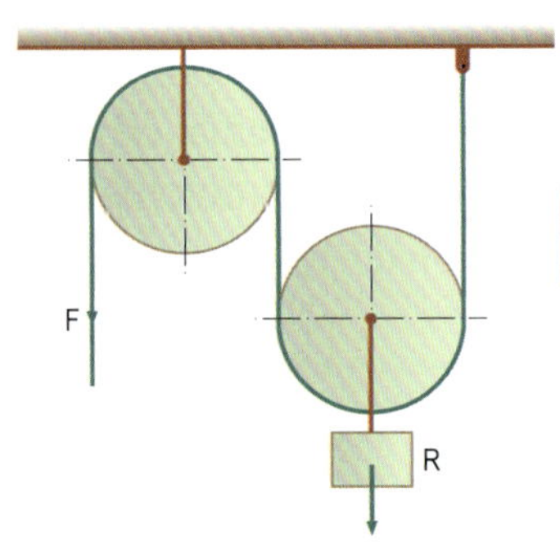

$$F = \frac{R}{n}$$

donde n es el número de poleas móviles del sistema

Mecanismos de transmisión circular

Los **mecanismos de transmisión circular** son los más utilizados, ya que permiten transmitir fácilmente el movimiento de los motores, que es casi siempre circular.

Antes de ver con detalle cada uno de los mecanismos de transmisión circular, es necesario conocer dos conceptos de gran importancia en la transmisión de movimiento: el **par motor** y la **potencia** desarrollada por el par motor.

Para que se produzca un movimiento circular, debe existir un **momento** o **par de fuerzas** (**par motor**), cuyo valor es $\boldsymbol{M = F \cdot r}$. Este valor se expresa en newtons metro (N·m).

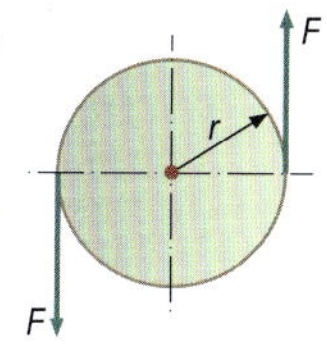

Como has visto en la unidad 1, la **potencia** es el trabajo realizado por unidad de tiempo y se mide en vatios (W). También se puede expresar con esta ecuación, que es la que utilizaremos en la transmisión de movimiento:

$$P = \frac{W}{t} = \frac{F \cdot s}{t} = F \cdot v$$

Para el caso de un movimiento circular, se cumple que $v = \omega \cdot r \Rightarrow P = F \cdot \omega \cdot r$, y en referencia al momento de fuerza, se cumple que $P = M \cdot \omega$, donde en este caso, para que la potencia se mida en vatios, el valor de la velocidad angular (ω) debe darse en radianes por segundo (rad/s):

$$1 \text{ r.p.m.} = \frac{2\pi \text{ rad}}{60 \text{ s}} \Rightarrow P = M \cdot \frac{2\pi n}{60}$$

donde n es la velocidad con que gira el mecanismo, en revoluciones por minuto (r.p.m.).

Son mecanismos de transmisión circular las **ruedas de fricción**, el **sistema de poleas y correa**, el **engranaje** y el **sistema de tornillo sin fin y corona**.

- Las **ruedas de fricción** son dos ruedas, situadas una junto a la otra. Se transmite el movimiento entre las dos ruedas (conductora y conducida) por fricción entre ambas.

  Dado que no existe deslizamiento entre una rueda y la otra, ambas deben tener la misma velocidad lineal: $v_1 = v_2$. Para una rueda que gira, se cumple que:

  $$v = \omega \cdot r \Rightarrow \omega_1 \cdot r_1 = \omega_2 \cdot r_2 \Rightarrow i = \frac{\omega_1}{\omega_2} = \frac{r_2}{r_1}$$

  La **relación de transmisión** (*i*) es la relación que existe entre las velocidades de rotación de las dos ruedas conectadas. Suele ser la velocidad de la rueda conductora entre la conducida, de acuerdo con la norma UNE 18-004-79 (dicha norma establece, además, que los elementos conducidos se denotan con números pares y los conductores con números impares). Análogamente, se cumple que $M_2 = i\,M_1$, donde M_1 y M_2 son los pares motores de los ejes conductor y conducido, respectivamente.

Ruedas de fricción exteriores

Ruedas de fricción interiores

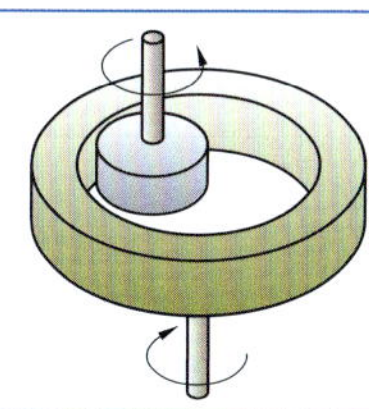

Ruedas de fricción troncocónicas

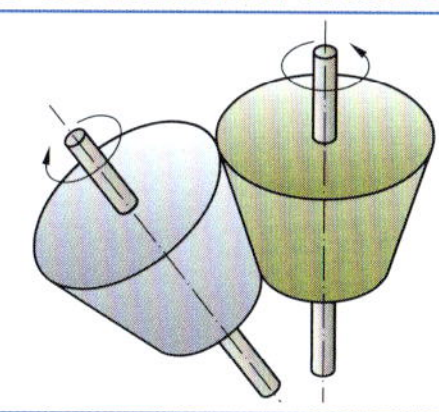

- El **sistema de poleas y correa** está formado por dos poleas unidas mediante una correa que pasa por las acanaladuras de ambas. A diferencia de las ruedas de fricción, permite la transmisión de movimiento entre ejes alejados. Además, sirve para transmitir potencias mayores que las de las ruedas de fricción.

  Las correas de transmisión suelen adoptar formas distintas según la potencia que se vaya a transmitir. Pueden ser planas, redondas, trapezoidales o dentadas (estas últimas, para transmitir las potencias mayores).

  En este mecanismo también se cumple que:

  $$i = \frac{\omega_1}{\omega_2} = \frac{r_2}{r_1}$$

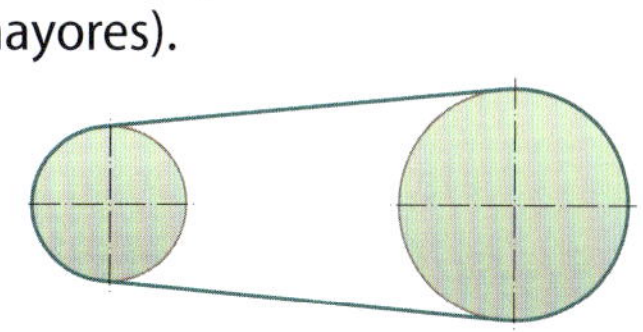

En los sistemas de poleas y correa se puede cruzar la correa para conseguir que las dos ruedas del sistema giren en el mismo sentido.

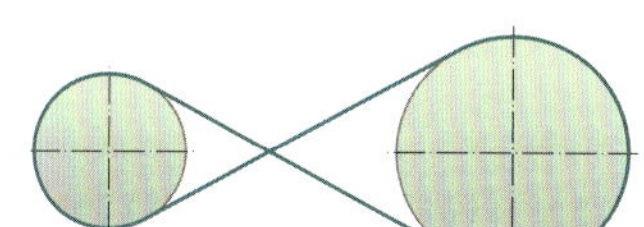

- Un **engranaje** es un mecanismo formado por al menos dos ruedas dentadas que engranan (encajan) diente a diente. La rueda mayor se denomina **corona**, y la menor, **piñón**.

  Este mecanismo permite transmitir grandes potencias, pero es caro y suele ser ruidoso.

  Para un engranaje se definen los siguientes parámetros:

  - **Diámetro primitivo (D_p).** Corresponde al diámetro que debería tener una rueda de fricción equivalente.
  - **Módulo (*m*).** Define el tamaño del diente y se obtiene como el cociente entre el diámetro primitivo (D_p) y el número de dientes del engranaje (*z*):

    $$m = \frac{D_p}{z}$$

    Para que dos ruedas engranen, deben tener el mismo módulo.
  - **Paso (*p*).** Es la distancia entre dos puntos iguales de dos dientes consecutivos:

    $$p = \pi \cdot m$$

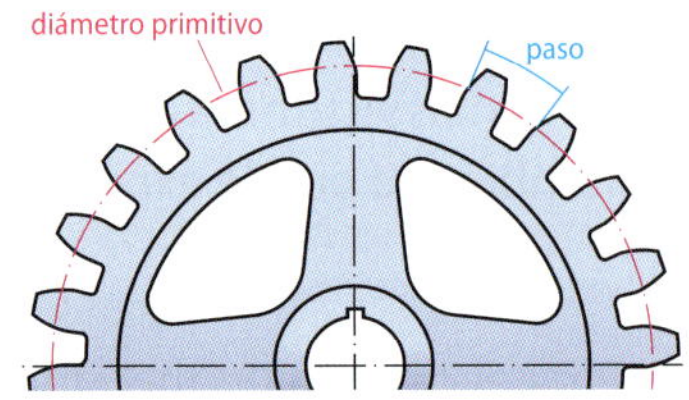

La relación de transmisión, para el caso de las ruedas dentadas, se establece en función del número de dientes de cada rueda. Se cumple que:

$$i = \frac{\omega_1}{\omega_2} = \frac{z_2}{z_1}$$

donde z_1 y z_2 son el número de dientes de las ruedas conductora y conducida, respectivamente.

- Cuando el número de ruedas dentadas es mayor de dos, el mecanismo se denomina **tren de engranajes**. Los trenes de engranajes pueden transmitir el movimiento entre ejes alejados y pueden ser simples o compuestos.

Tren de engranajes simples

Los ejes de los engranajes están fijos y cada eje lleva montada una única rueda dentada en él.

En este caso, la relación de transmisión se establece entre la rueda motriz y la conducida. Las ruedas intermedias no modifican la velocidad de salida del sistema ni intervienen en la relación de transmisión.

Se cumple que:

$$i = \frac{\omega_1}{\omega_2} = \frac{z_2}{z_1}$$

Tren de engranajes compuestos

Los ejes de los engranajes están fijos pero cada eje puede llevar más de un engranaje montado en él.

Se cumple que:

$$i = \frac{\omega_m}{\omega_c} = \frac{z_2 \cdot z_4 \cdot \ldots \cdot z_n}{z_1 \cdot z_3 \cdot \ldots \cdot z_{n-1}} = \frac{\text{producto de dientes de ruedas conducidas}}{\text{producto de dientes de ruedas motrices}}$$

donde ω_c y ω_m son las velocidades de giro de las ruedas conducida y motriz, respectivamente.

- El **sistema de piñón y cadena** está formado por dos ruedas dentadas (piñones) situadas a cierta distancia y unidas entre sí por medio de una cadena que engrana con los dientes de ambas ruedas. Es el mecanismo utilizado en la transmisión de movimiento entre los pedales y la rueda trasera de las bicicletas.

En algunos casos, el tornillo sin fin puede estar formado por más de una hélice simple, aunque no es lo habitual. En todo caso será siempre un número muy pequeño de hélices.

Se cumple que $i = z / n$, donde *z* es el número de dientes de la corona y *n* es el número de hélices del tornillo (generalmente es 1).

- El **sistema de tornillo sin fin y corona** está formado por un tornillo sin fin que engrana con una rueda dentada. El tornillo cuenta con un único diente en forma de hélice. Cuando el tornillo da una vuelta completa, la corona avanza un solo diente. Este mecanismo es un excelente reductor de velocidad y no es reversible.

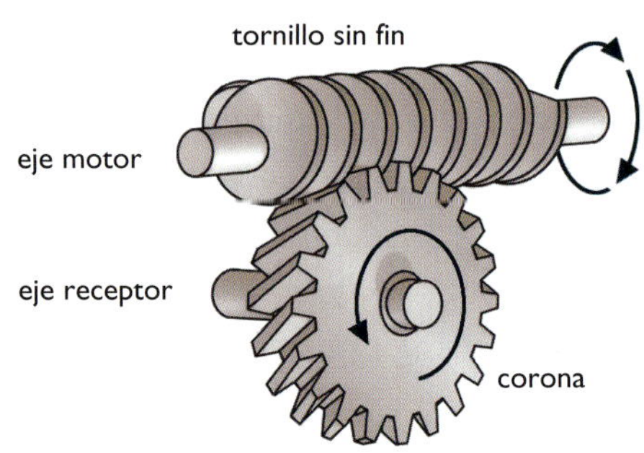

3. Mecanismos de transformación de movimiento

Los **mecanismos de transformación de movimiento** no sólo transmiten el movimiento al eje receptor sino que además lo transforman.

- El mecanismo **tornillo-tuerca** está formado por un tornillo (o husillo) y una tuerca. El movimiento de la tuerca es circular y el del tornillo es lineal de avance.

  Este sistema es un muy buen reductor de la velocidad, ya que permite transmitir grandes empujes.

  El trabajo necesario para hacer girar la tuerca es igual al trabajo realizado por el tornillo en su avance:

$$F \cdot 2 \cdot \pi \cdot L = F_{avance} \cdot p$$

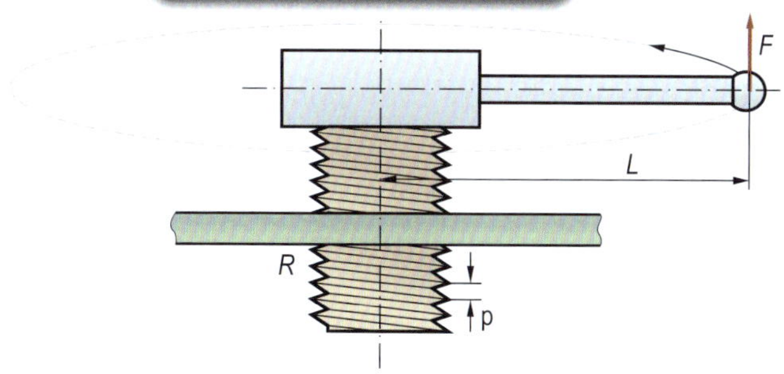

Los gatos mecánicos utilizan el sistema tornillo-tuerca.

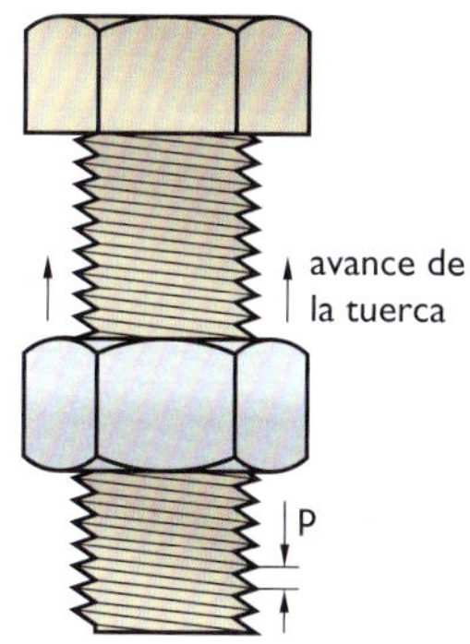

- El mecanismo **piñón-cremallera** está formado por una rueda dentada (piñón) que engrana con una barra dentada (cremallera).

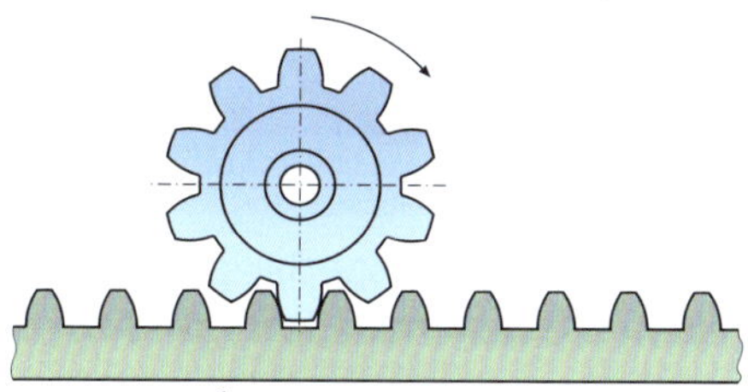

Es un mecanismo muy preciso (debido al engrane diente a diente), que permite transmitir grandes potencias y que es reversible (esto es, el piñón puede hacer avanzar a la cremallera o el avance de la cremallera puede hacer girar al piñón).

Para este mecanismo se cumple que:

$$L = p \cdot z \cdot \omega$$

donde L es el avance de la cremallera (en mm/min), p es el paso del piñón (en mm), z es el número de dientes del piñón y ω es la velocidad del piñón (en r.p.m.).

EJERCICIOS

2. ✦✦ La relación de transmisión, en un sistema de transmisión de ruedas de fricción interiores, es $i = 1/3$. Sabiendo que la rueda mayor es la motriz, tiene un diámetro de 6 cm y gira a 500 r.p.m., y que la menor tiene un diámetro de 2 cm, calcula la distancia entre los ejes y la velocidad de giro de la rueda menor. *(Solución: d = 2 cm; ω_2 = 1.500 r.p.m.)*

3. ✦✦ Indica cómo construir un mecanismo multiplicador de velocidad con un engranaje de 10 dientes y otro de 40 dientes. Señala cuál de los dos es el motor y cuál el conducido y calcula la relación de transmisión. *(Solución: engranaje motor = 40 dientes; engranaje conducido = 10 dientes; i = 0,25)*

4. ✦✦ ¿Cuántas vueltas dará un tornillo sin fin si la corona a la que está engranado, que tiene 40 dientes, da tres vueltas completas? *(Solución: 120 vueltas)*

- El mecanismo **biela-manivela** está formado por una barra rígida (biela) articulada en uno de sus extremos y unida a una manivela. En su otro extremo, la biela suele ir unida a un pistón o émbolo.

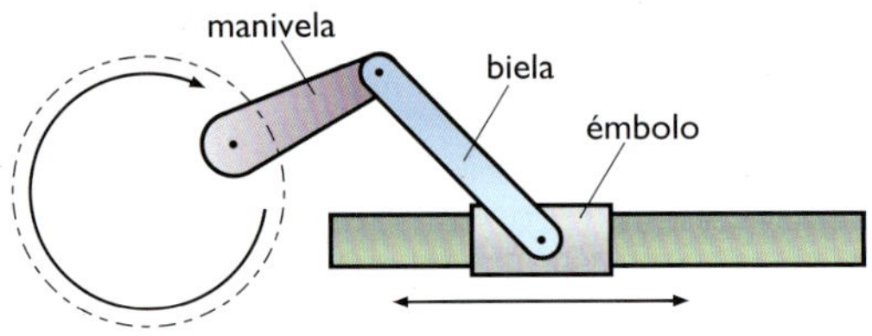

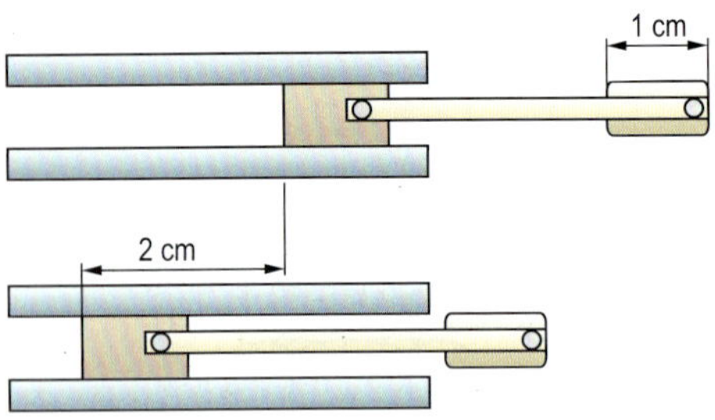

Este mecanismo permite la transformación del movimiento circular de la manivela en lineal alternativo para el émbolo. Es reversible, esto es, la manivela puede accionar la biela (como en el caso de una máquina de coser) o la biela puede hacer girar la manivela (como en el caso del motor de un automóvil).

Se denomina **carrera** la longitud recorrida por la biela, cuando la manivela ha girado 180°; esta longitud se corresponde con el doble de la longitud de la manivela.

En algunas ocasiones, se necesita que se muevan varias bielas accionadas a la vez. En este caso, todas las manivelas de las bielas se cambian por un eje acodado denominado **cigüeñal**, que permite transmitir el movimiento a todas las bielas cuando es requerido.

- La **leva** es una pieza de contorno especial, generalmente ovoide, que está en contacto con un elemento denominado **seguidor** por medio de un muelle. Cuando la leva gira, acciona el seguidor de la leva y transforma el movimiento circular de la leva en lineal alternativo en el seguidor.

  Este mecanismo se utiliza en programadores de lavadoras, carretes de pesca, motores de combustión para abrir y cerrar válvulas, etc.

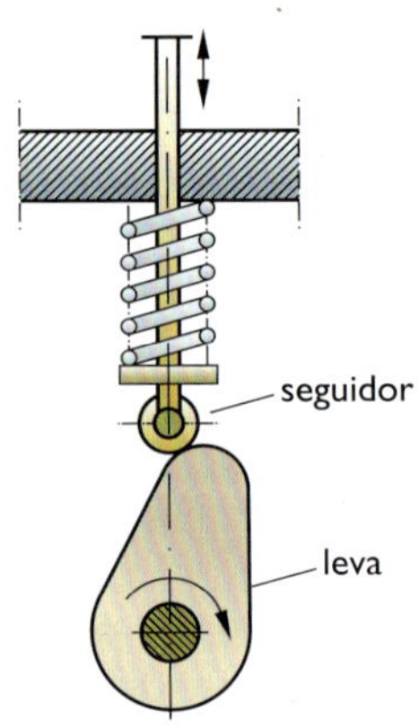

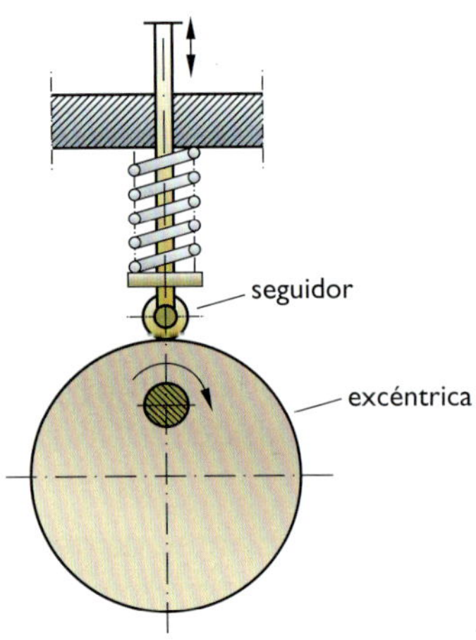

- La **excéntrica** es un mecanismo muy parecido en su funcionamiento a la leva. En este caso, la forma de la excéntrica es circular, pero su eje de giro no coincide con su centro geométrico.

  Este mecanismo transforma el movimiento circular de la excéntrica en lineal alternativo. Podemos encontrar este mecanismo en las máquinas de coser de pedal.

4. Otros mecanismos

Existe otro conjunto de mecanismos que, además de transmitir el movimiento, permiten controlarlo o facilitarlo.

- La **cuña** es un mecanismo formado por una pieza con forma de prisma triangular, generalmente de madera o de metal. Se conoce desde la antigüedad.

  Ejerciendo la fuerza en la dirección de su ángulo más agudo, la cuña distribuye esa fuerza en los dos sentidos perpendiculares a su movimiento.

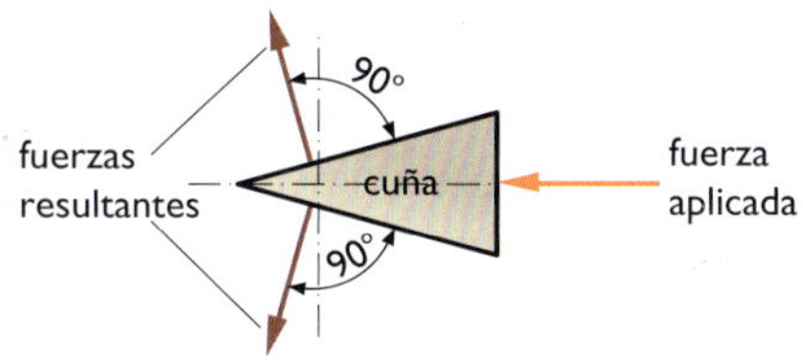

Cuña de sujeción.

  Podemos encontrar cuñas en muchos objetos de uso cotidiano. Por ejemplo, en los cuchillos y las tijeras, la arista afilada de la cuña permite separar en dos la pieza que se desea cortar.

- Una **rampa** es un plano inclinado que permite reducir el esfuerzo necesario para elevar objetos pesados.

  Las rampas se basan en el mismo fundamento físico que las cuñas. Sus primeros usos conocidos datan del antiguo Egipto, en el que su utilizaron para la construcción de las pirámides.

  Actualmente resultan indispensables para facilitar a las personas con movilidad reducida el acceso a sitios elevados. Aunque el camino que se ha de recorrer sobre una rampa es mayor que el desplazamiento en vertical, el esfuerzo que hay que hacer es menor.

Rampa para subir escaleras.

- La **rueda loca** es una rueda (puede ser dentada y se denomina entonces **piñón loco**) que se sitúa entre las dos ruedas de un mecanismo de ruedas de fricción o de un engranaje para conseguir que el sentido de giro de la rueda de entrada sea el mismo que el de la rueda de salida. No modifica la velocidad de salida del sistema.

- El **trinquete** es un mecanismo que ayuda a controlar el movimiento en los engranajes, permitiéndolo en un sentido e impidiéndolo en el otro.

  Está formado por una rueda dentada con dientes en forma de sierra y un gatillo que se ocupa de trabar el giro de la rueda e impedir así el movimiento en el sentido no permitido.

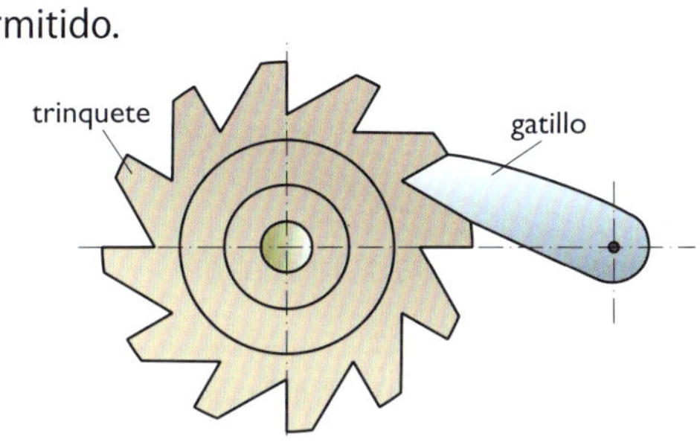

  Se utiliza, por ejemplo, en los relojes, para evitar que las manecillas giren en sentido antihorario.

5. Unión de elementos mecánicos

Todos los elementos y piezas de una máquina deben estar unidos para proporcionar el trabajo deseado. En algunos casos será necesario unir los elementos y piezas simples de la máquina mediante uniones fijas o desmontables. En otros casos será necesario unir árboles de transmisión o ejes entre ellos mediante acoplamientos.

Tipos de uniones

Fijas

Las **uniones fijas** se utilizan cuando no va a ser necesario cambiar o reponer elementos o piezas de la máquina o cuando, por motivos de seguridad, es necesaria una gran estabilidad. Para unir de forma fija los elementos de las máquinas se pueden utilizar pegamentos o soldaduras. Si la unión es entre elementos o piezas de poco espesor se pueden usar remaches.

Chapa unida mediante remaches.

Desmontables

Las **uniones desmontables** sirven para poder separar los elementos de las máquinas. Se utilizan cuando va a ser necesario reponer algún componente de la máquina o limpiarlo regularmente. Si bien existen muchas formas de unir temporalmente los elementos mecánicos, los más utilizados en la industria son los elementos roscados (tornillos, pernos, bulones...).

Acoplamientos

Los **acoplamientos** o uniones entre árboles de transmisión permiten dar continuidad al movimiento entre dos puntos alejados en una máquina. Estas uniones pueden ser rígidas, móviles o embragues.

- Los **acoplamientos rígidos** sirven para unir los ejes rígidamente, es decir, de modo que no haya ningún desplazamiento entre los dos elementos unidos. Son sencillos y económicos. Los más comunes son las bridas y los platos, que se unen entre sí por medio de tornillos.

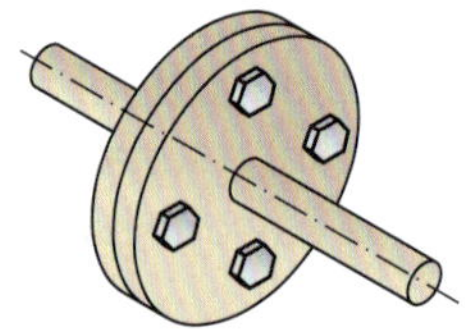
Acoplamiento rígido con platos.

- Los **acoplamientos móviles** permiten un cierto grado de movilidad de un eje respecto del otro. Los más utilizados son:
  - **Junta elástica.** Los ejes se unen por medio de una junta de caucho que admite pequeños giros entre ellos.
  - **Junta Oldham.** El doble desplazamiento del plato central sobre los exteriores permite transmitir el movimiento entre ejes que no sean coaxiales.
  - **Junta cardán (o universal).** Permite transmitir el movimiento entre dos ejes que formen un cierto ángulo (este ángulo puede variar durante la transmisión). Es una junta articulada, formada por una cruz central unida a dos horquillas solidarias cada una con un eje.

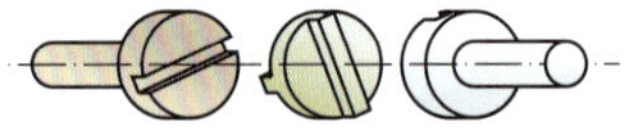
Junta Oldham.

Junta cardán.

- Los **embragues** son acoplamientos que permiten unir o separar los ejes que relacionan. Pueden ser gobernados (si la unión y separación es a criterio del usuario) o automáticos (si se produce de forma automática al variar alguna de las condiciones de trabajo).

  Los embragues más utilizados son:
  - **De fricción.** La unión entre los árboles se produce por medio de dos discos que tienen contacto entre sí y posibilitan la unión.
  - **De dientes.** Los árboles terminan en dientes que engranan entre sí, lo cual posibilita la unión de los ejes.
  - **Hidráulicos.** El encargado de unir la transmisión entre los ejes es un fluido viscoso que arrastra el movimiento de un árbol hasta el otro.

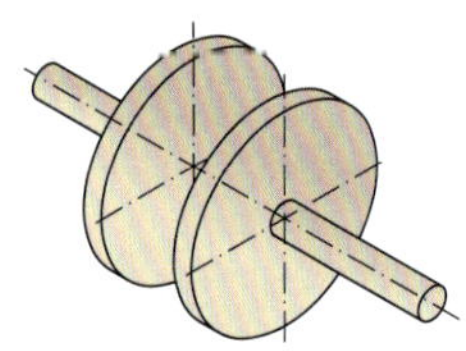
Embrague de fricción.

6. Acumulación y disipación de energía

Las máquinas utilizan energía para producir un trabajo. Sin embargo, la energía utilizada no es siempre constante, en ocasiones se producen pérdidas energéticas o desajustes inesperados. Para conseguir un flujo constante de energía, las máquinas utilizan acumuladores y disipadores energéticos.

Los **acumuladores** permiten almacenar energía para utilizarla más adelante y homogeneizar los movimientos en una máquina.

- **Volante de inercia.** Permite almacenar energía en forma de energía cinética. Está formado por un disco macizo y pesado que se acopla a un eje para garantizar un giro regular. Este volante es un elemento pasivo, sólo aporta inercia al sistema.

  A veces, el giro de los ejes en las máquinas no es constante debido a aumentos y descensos en el par motor causante del movimiento. En estos casos, aunque cese el par motor, el volante de inercia continúa girando y mantiene el giro del eje. Así, el volante de inercia se encarga de frenar el eje cuando éste tiende a acelerarse o de mantenerlo en funcionamiento cuando tiende a pararse.

- **Acumuladores elásticos.** Son elementos que, al deformarse por la acción de alguna fuerza, acumulan energía elástica y después, cuando la fuerza deja de actuar, la liberan y recuperan su forma inicial. La energía liberada permite suavizar el movimiento de los ejes. Los muelles y los flejes son acumuladores elásticos.

Bicicleta de spinning con volante de inercia en la parte delantera. El peso del volante de inercia influye en el par motor necesario para arrancar.

Fleje espiral.

Los **disipadores energéticos** permiten parar el movimiento de una máquina, cuando es necesario, disipando la energía, generalmente por rozamiento, y transformándola en calor. Los más utilizados son los frenos de tambor y los de disco.

- **Frenos de tambor.** El tambor es una pieza móvil que gira junto con la rueda. Cuando se quiere detener el movimiento, unas piezas denominadas **zapatas** entran en contacto con el tambor y detienen el giro de la rueda. Las zapatas tienen forma de media luna, son de acero y están recubiertas en su cara externa por los **ferodos**, que efectúan el frenado por fricción con el tambor.

Freno de tambor. En amarillo se observan las zapatas de frenado. En su cara más externa se encuentran los ferodos.

- **Frenos de disco.** En este sistema existe un disco que gira solidario a la rueda. Cuando se quiere detener el movimiento, dos piezas simétricas denominadas **pastillas** entran en contacto con el disco por sus dos caras y detienen el giro de la rueda.

Freno de disco con zapatas.

La tecnología **ABS** evita que las ruedas derrapen tras una frenada brusca. Funciona junto con los sistemas de frenado tradicionales, controlando la presión realizada sobre los frenos mediante sensores, aumentándola o disminuyéndola, para evitar el bloqueo de las ruedas.

7. Aplicación con mecanismos: el automóvil

Una de las máquinas más utilizadas es el **automóvil**. El automóvil utiliza la energía química procedente de la combustión de un combustible fósil para producir un movimiento que se transmite desde el motor de combustión hasta las ruedas.

En este apartado vamos a detenernos en algunos de los mecanismos y elementos fundamentales en los automóviles.

En primer lugar, veamos cómo funciona un **motor de combustión de cuatro tiempos** (el más utilizado en los automóviles):

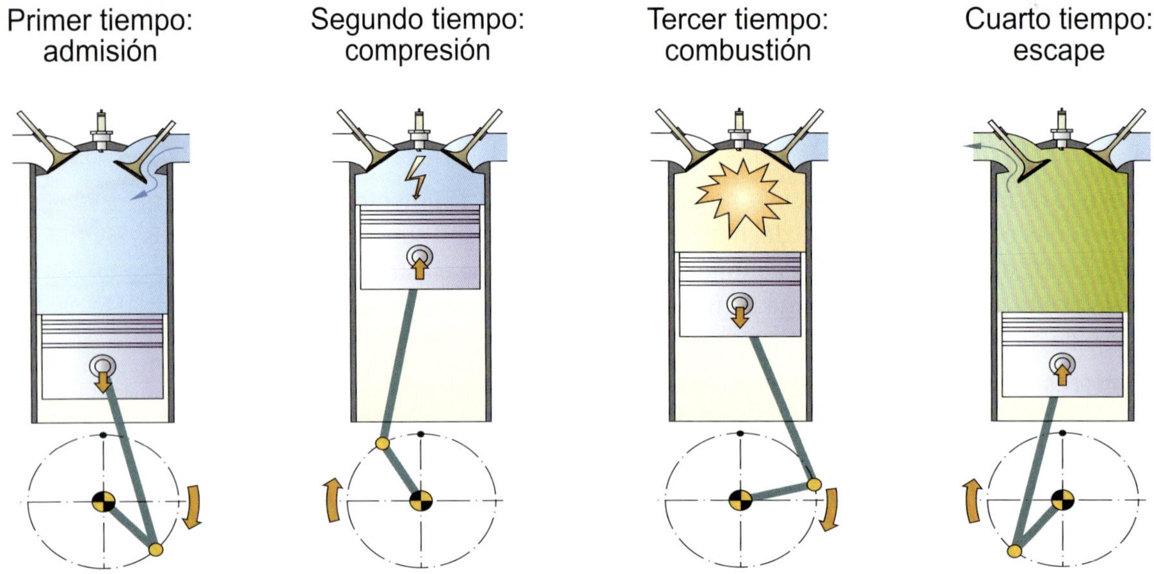

1. **Admisión.** La válvula de admisión se abre y entra la mezcla de aire y combustible en el cilindro. La mezcla empuja y baja el pistón.
2. **Compresión.** Las válvulas (de admisión y de escape) están cerradas. Sube el pistón y se comprime la mezcla (combustible y aire).
3. **Combustión.** La mezcla de combustible y aire explota o se incendia. Se liberan gases que se expanden y hacen que baje el pistón.
4. **Escape.** Se abre la válvula de escape, sube el pistón y se expulsan los gases de la combustión al exterior. Comienza entonces un nuevo ciclo.

Este proceso se produce en cada uno de los cilindros que forman el motor.

La siguiente imagen muestra la parte central del motor de un automóvil (culata, bloque y cigüeñal):

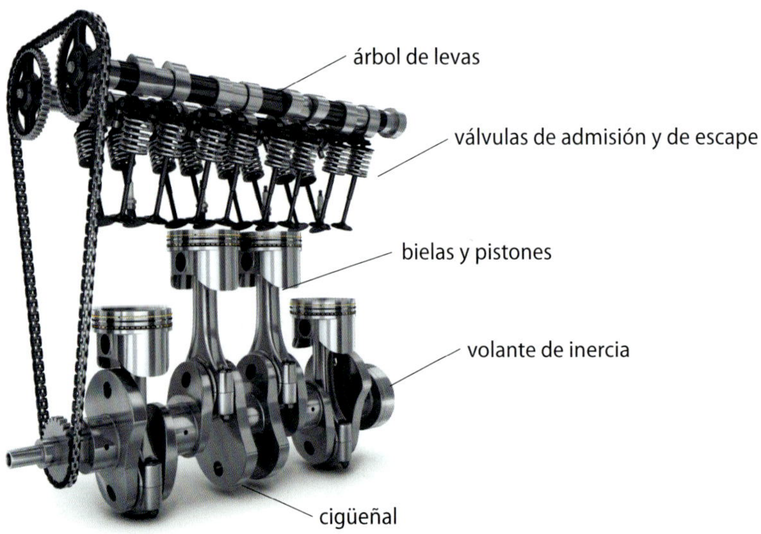

- Al girar el **árbol de levas**, se abren y se cierran las **válvulas** de admisión de combustible y escape de gases, hacia los **cilindros**.
- Cada uno de los **pistones** sube y baja cuatro veces dentro del cilindro.
- A continuación del **volante de inercia** se sitúa el **embrague**, el cual transmite el movimiento del motor, que se obtiene en el **cigüeñal**, a la caja de cambios. El embrague suele estar formado por discos intercalados entre el volante motor y el árbol primario de la caja de cambios. Cuando el disco de embrague está acoplado al eje motor, decimos que el motor está embragado.
- La **caja de cambios** (o de velocidades) permite cambiar de marcha. El motor funciona siempre de la misma manera, pero en algunas ocasiones será necesario que el vehículo vaya más o menos deprisa o con más o menos fuerza. Para ello, la caja de cambios dispone de tres ejes con engranajes denominados **árbol primario**, **árbol intermedio** y **árbol secundario**.

  Según qué piñones del árbol secundario engranen con los del árbol intermedio (por medio de la palanca de cambio de marchas), se obtendrán las diferentes velocidades de salida.

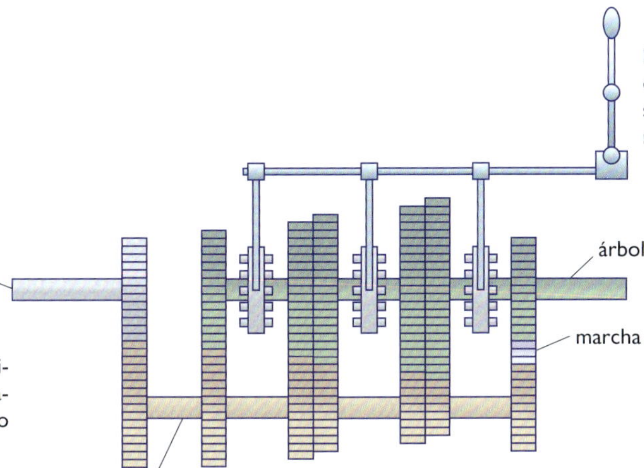

Mediante la **palanca de cambio de marchas**, se seleccionan los piñones del árbol secundario que engranan con el árbol intermedio.

En el **árbol primario** se recibe el movimiento del cigüeñal a través del embrague. Este árbol engrana con el intermedio por medio de un piñón fijo.

En el **árbol intermedio** existen otros piñones que engranan con los piñones del árbol secundario.
A través del **árbol secundario** sale el movimiento hacia las ruedas.

- El árbol secundario transmite el movimiento del motor de forma longitudinal al vehículo. Este movimiento llega a través del piñón de ataque a la corona del **grupo cónico o diferencial**, con la que engrana, lo cual transforma el movimiento en transversal al vehículo y en la dirección del eje de las ruedas.

  Cuando el vehículo toma una curva, las dos ruedas no dan el mismo número de vueltas (porque, si lo hiciesen, la rueda exterior iría a rastras o la interior patinaría). Para conseguir esto, el diferencial cuenta con dos engranajes, denominados *satélites*, que giran solidarios a la corona, y otros dos engranajes, denominados *planetarios*, que engranan con los satélites y transmiten el movimiento a los ejes de las ruedas. De esta manera, el eje de cada rueda puede girar de forma independiente y ajustar su velocidad.

Práctica 1. Simulación de mecanismos con Yenka

En esta práctica vamos a trabajar con **Yenka**, una aplicación de licencia freeware que podemos utilizar para simular y aprender el funcionamiento de los mecanismos (entre otras opciones).

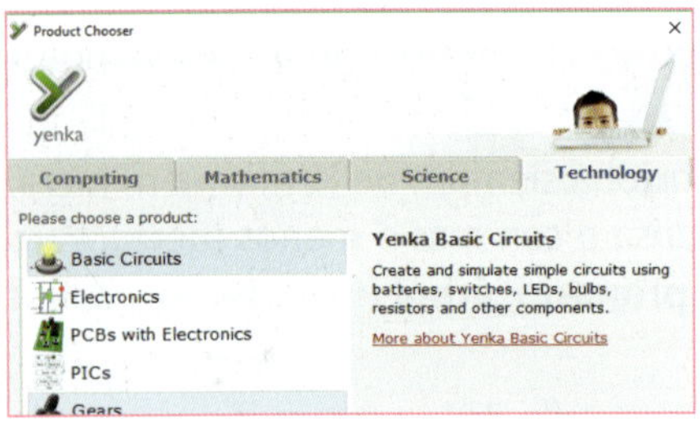

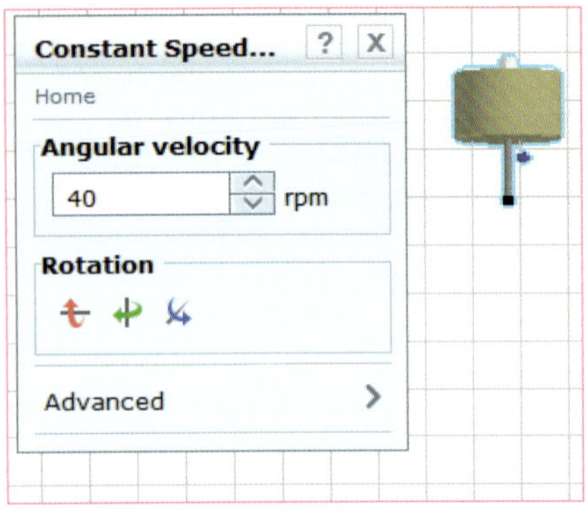

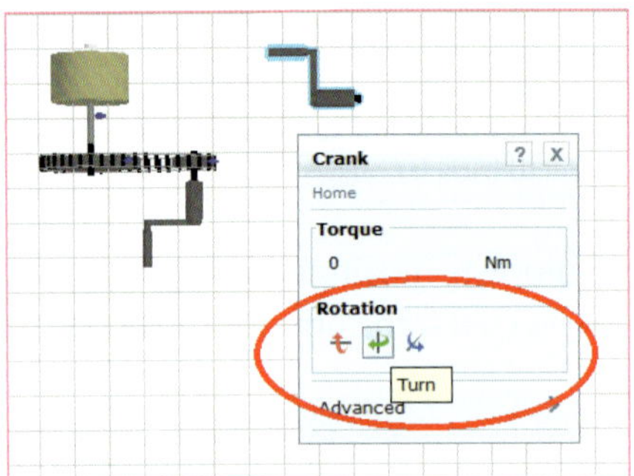

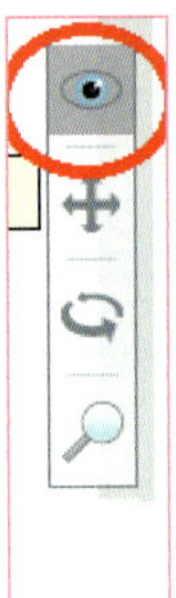

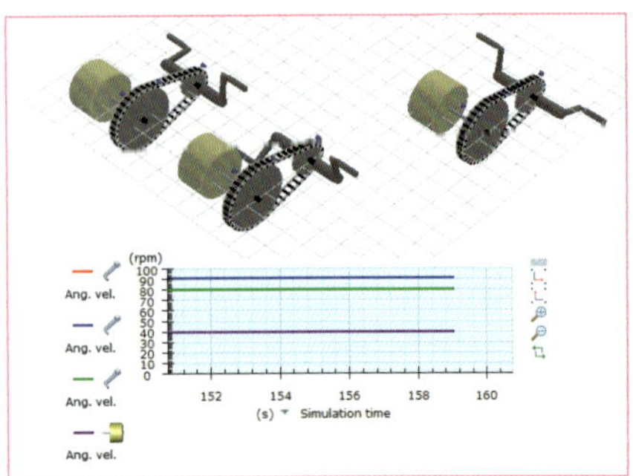

Entra en *www.yenka.com* y descarga la versión Yenka con cualquiera de las licencias posibles: escolar (de pago), de prueba (15 días) o de uso en casa (gratuita).

Una vez instalada la aplicación, selecciona en la solapa **Technology** la opción **Gears** y pulsa **OK**.

Las bicicletas llevan un **sistema de piñón y cadena** para transmitir el movimiento de los pedales a la rueda trasera. La rueda dentada a la que se conectan los pedales se denomina *plato*; la rueda dentada situada en la rueda trasera se denomina *piñón*. Las bicicletas tienen generalmente varios piñones y platos de distinto tamaño situados concéntricamente. De esta forma, el ciclista puede elegir la combinación de plato y piñón que mejor se adaptará al terreno por el que va a desplazarse, y así obtener reducciones o multiplicaciones de velocidad o potencia.

En este ejercicio vamos a representar una bicicleta con un único plato de 32 dientes y tres piñones de 12, 14 y 16 dientes, para ver su funcionamiento y la velocidad angular desarrollada en cada caso.

1. Haz clic en **New** para abrir un proyecto nuevo. En la pantalla que aparece, selecciona dentro de la opción **Inputs** la imagen de un motor y arrástrala hasta la ventana de trabajo. Haz doble clic sobre el motor y ajusta su velocidad a **40** r.p.m.
2. Arrastra sobre el eje del motor un sistema de piñones y cadena (*chain drive*).
3. Haz doble clic sobre este mecanismo y ajusta el número de dientes en las opciones **Gear 1** y **Gear 2**. En **Gear 1** pon **32** dientes (plato) y en **Gear 2** pon **12** dientes (piñón pequeño). Observa cómo giran los engranajes.
4. De nuevo en **Inputs**, selecciona y arrastra una manivela (*crank*) sobre el eje del piñón. Luego arrastra otra manivela y ajústala al otro lado del eje del piñón. Puede ser necesario que cambies la posición de la manivela. Para ello, haz doble clic sobre la manivela y luego sobre los **iconos de rotación** hasta que la manivela quede bien situada sobre el eje del piñón.
5. Repite los pasos 1 a 4 para incluir las otras dos combinaciones del plato: con el piñón de 14 dientes y con el piñón de 16 dientes.
6. Haz clic en el **ojo** que aparece en la zona inferior derecha de la pantalla para modificar la vista de los mecanismos. Selecciona **Angled View**.
7. En la opción **Presentation** de la barra de herramientas, selecciona **Graph** y arrastra la gráfica sobre el texto.
8. Haz doble clic sobre la gráfica para que aparezcan las opciones de ésta y selecciona **Traces**. Marca **Show trace 1**, **Show trace 2**, **Show trace 3** y **Show trace 4**. En las opciones que aparecen sobre la gráfica, une la diana señalada en **rojo** con la manivela que gira con el plato de 12 dientes. Haz doble clic en **Property** y selecciona **Angular velocity**.
9. Repite esta operación uniendo ahora la diana **azul** con la manivela del piñón de 14 dientes, la diana **verde** con la manivela del piñón de 16 dientes y la diana **morada** con un motor cualquiera de los mecanismos.
10. Observa cómo se muestran las velocidades angulares con que giran los distintos elementos.
11. Es posible que sea necesario ajustar los ejes para poder ver las gráficas. Para ello, haz doble clic en la gráfica, selecciona **Y-Axis** y sube la unidad máxima del eje Y hasta el valor de 100.
12. Guarda el ejercicio como **UD03_P1_nombreapellido.yka**.

Práctica 2. Relaciones de transmisión. Calculadora con Scratch

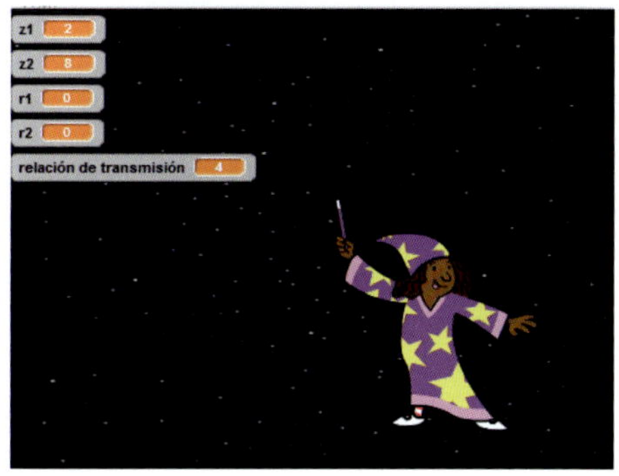

Vamos a programar una calculadora que nos permita obtener los valores de la relación de transmisión en un engranaje o en un sistema de ruedas de fricción, ambos de dos ruedas. Para ello usaremos la versión web del programa **Scratch**.

Entra en *scratch.mit.edu* y regístrate. También puedes trabajar directamente sin registrarte.

1. En la barra de menús, haz clic en **Crear**.
2. Debajo de la barra de menús aparece una ventana en la que podemos poner título a nuestro proyecto. Llámalo **UD03_P2_nombreapellido**.
3. En **Fondo nuevo**, haz clic sobre el icono de la izquierda para selecciona un fondo de la biblioteca. Escoge **stars**.
4. En **Nuevo objeto**, haz clic sobre el icono de la izquierda para añadir un personaje de la biblioteca. Escoge a **Wizard 1**.
5. En el bloque **Datos**, crea cinco variables: **z1**, **z2**, **r1**, **r2** y **relación de transmisión**.
6. Copia a continuación el código de la figura siguiente:

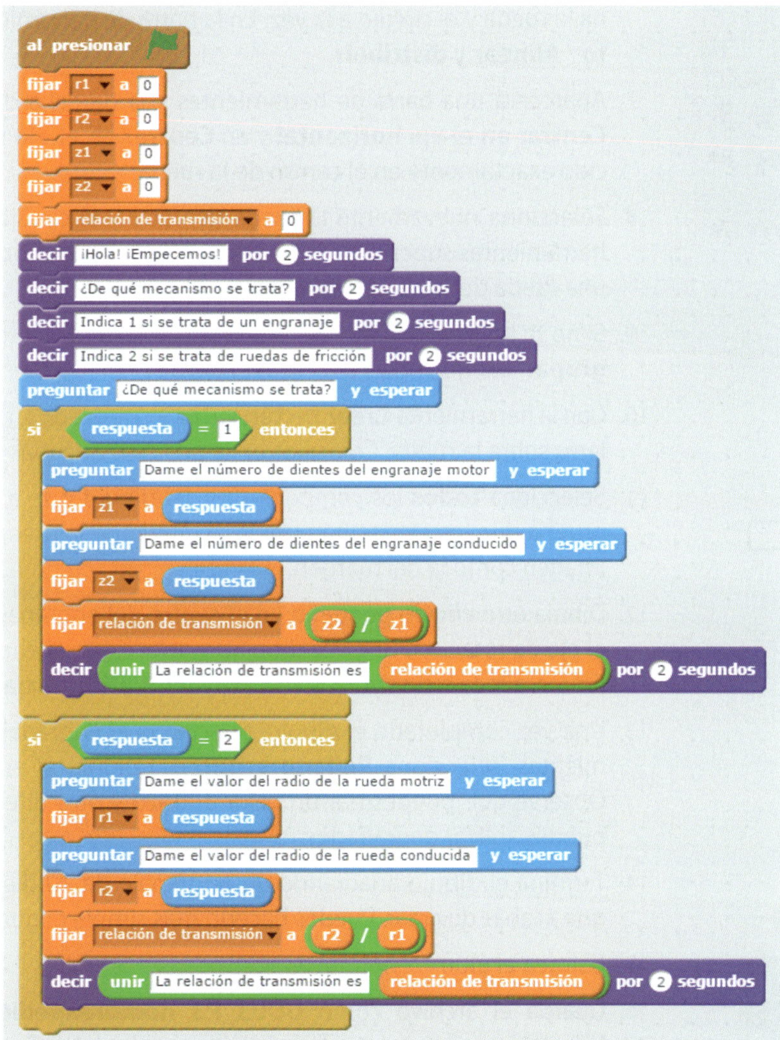

7. Comprueba el funcionamiento del programa. Observa que debes indicar de qué mecanismo se trata escribiendo un 1 o un 2.
8. Descarga el proyecto **UD03_P2_nombreapellido.sb2** en tu ordenador yendo a **Archivo** / **Descargar a tu computadora** y guárdalo en la carpeta habitual.

Práctica 3. Diseño de mecanismos con Inkscape

Inkscape es una herramienta de dibujo libre para crear gráficos vectoriales. En esta práctica la utilizaremos para diseñar un mecanismo de engranajes.

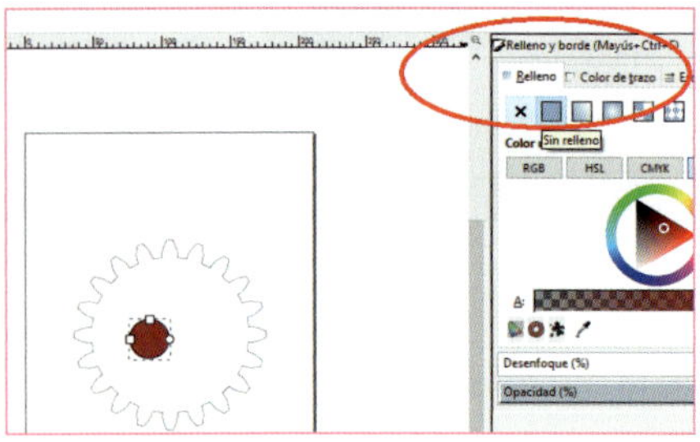

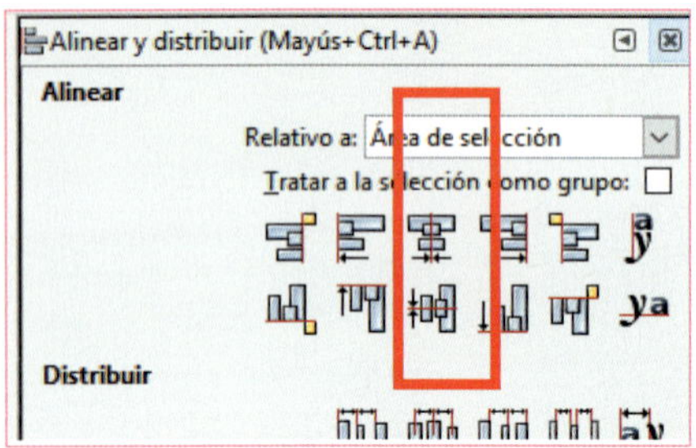

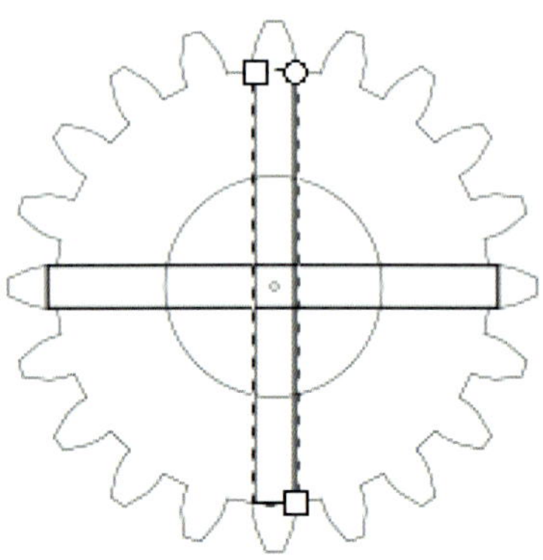

1. Entra en *inkscape.org/es*, descarga la última versión estable del programa y sigue los pasos indicados para su instalación.
2. Una vez abierto el programa, en la barra de herramientas superior, ve a **Extensiones** / **Generar** / **Rueda dentada**. Escoge entonces **Rueda dentada**.
3. Aparecerá una pantalla para que indiques el número de dientes de la rueda dentada y otra serie de parámetros. Escoge **20** dientes y no modifiques ningún parámetro más.
4. En la barra de herramientas lateral, selecciona la herramienta **Crear círculos, elipses y arcos** y crea un círculo pequeño sobre el centro de la rueda anterior.
5. Haz clic con el botón derecho sobre el círculo y elige **Relleno y borde**. Quita el color de relleno haciendo clic en la cruz y selecciona un color de trazo negro.
6. Con la herramienta de **selección** y la tecla **Shift** (mayúsculas) pulsada, selecciona la rueda y el círculo a la vez. En la barra de herramientas superior, ve a **Objeto** / **Alinear y distribuir**.
7. Aparecerá una barra de herramientas a la derecha de la pantalla. Haz clic en **Centrar en el eje horizontal** y en **Centrar en el eje vertical** para situar el círculo exactamente en el centro de la rueda.
8. Selecciona nuevamente la rueda dentada y el círculo a la vez. En la barra de herramientas superior ve a **Trayecto** / **Diferencia**. Comprueba que ha quedado una rueda dentada con un agujero en el centro.
9. Si no te ha funcionado, selecciona la rueda dentada sola y ve a **Objeto** / **Desagrupar**. Luego vuelve a realizar el paso 8.
10. Con la herramienta **Crear rectángulos y cuadrados**, traza dos ejes perpendiculares sobre la rueda. Colócalos en la posición que más te guste.
11. Selecciona **todos** los componentes del dibujo y ve a **Trayecto** / **Unión**. Comprueba que los ejes se han unido al dibujo de la rueda. Ahora debes tener una imagen como la del margen.
12. Dibuja otro círculo pequeño en el centro del engranaje, que servirá para situar el eje de rotación. Una vez dibujado, selecciona el engranaje y el círculo nuevo juntos, alinea sus centros y ve a **Trayecto** / **Diferencia**.
13. Una vez completado el dibujo, selecciona el engranaje y, en la barra de herramientas, selecciona **Relleno y borde**. Colorea el engranaje como prefieras. Observa que puedes dar un color al trazo y otro diferente al relleno. También puedes aplicar degradados.
14. Termina el dibujo añadiendo un engranaje de 10 dientes que engrane con el que acabas de crear. Puedes hacerlo más simple o igual que el anterior.
15. Colorea el último engranaje.
16. Guarda el archivo como **UD03_P3_nombreapellido.svg**. Los archivos SVG se pueden abrir con cualquier aplicación de diseño e impresión 3D. En ese caso se les puede dar volumen, es decir, convertirlos en objetos 3D, y guardarlos con formato STL.

Práctica 4. Impresión 3D de mecanismos

En esta práctica vamos a utilizar un repositorio de piezas 3D para imprimir nuestros propios mecanismos. Los repositorios contienen piezas que el usuario puede descargar en formato STL para poder utilizarlas después con un laminador e imprimirlas. El repositorio que usaremos, por ser el más conocido, es **Thingiverse**.

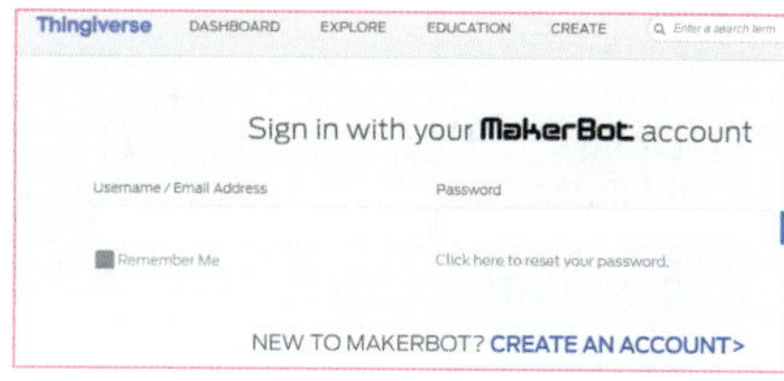

1. Entra en *www.thingiverse.com* y haz clic en **Sign In / Join**. Haz clic en **Create an account** para crearte una cuenta de usuario y sigue los pasos que se indican hasta el final.

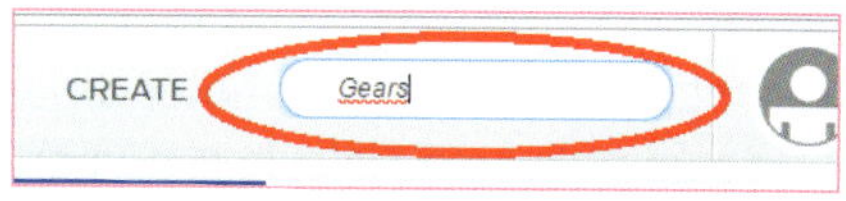

2. Una vez creada la cuenta, accede con tu nombre de usuario y contraseña. En el buscador de la barra de herramientas superior escribe "Gears" (engranajes). Puedes buscar en español, pero obtendrás menos resultados.
3. Aparecerán muchas imágenes de engranajes. En el lateral izquierdo, en el apartado **Refine your search**, selecciona **Customizable**. Los modelos customizables pueden ser modificados y adaptados fácilmente.

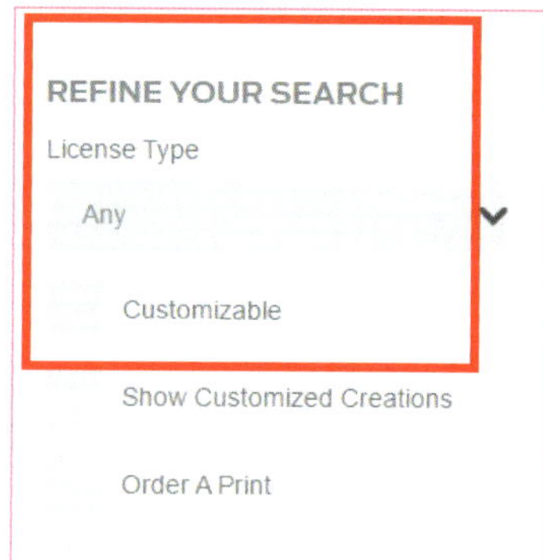

4. De entre todos los modelos que se muestran, escoge "Customizable rack and pinion by rushman" y haz clic en **Open in Customizer**.
5. Cambia el número de dientes del piñón a **20** dientes y ajusta el diámetro primitivo del piñón a **250**.
6. Haz clic en **Create Thing**. En el cuadro de texto que aparece, modifica el nombre de la pieza y guárdala como **UD03_P4_nombreapellido**. No dejes seleccionada la opción **Publish New Thing** y marca en cambio **Email me when it's done**. Haz clic en **Create Thing**.
7. El programa te indicará que tu pieza se está generando. Cuando termine de generarse, recibirás un correo que te avisará de que ha terminado. También puedes ver la pieza generada haciendo clic en la pestaña **Queue**.

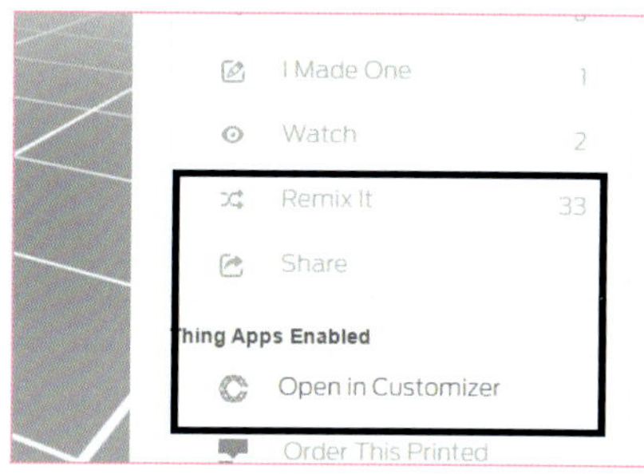

8. Haz clic en **View Thing** y selecciona **Download this Thing**. A continuación, elige **Download All Files**. Selecciona en qué carpeta se descargarán los archivos y haz clic en **Aceptar**.
9. Ahora que ya tienes el archivo STL de las piezas que vas a imprimir, abre el archivo desde el laminador **Repetier-Host**.
10. Si tienes instalado el software de laminación y configurada la impresora, ve al punto 16. Si no es así, continúa en el punto 11.
11. Si no dispones del software de laminación Repetier-Host, descárgalo en la web *www.repetier.com*, sección **Download**, y sigue los pasos para instalarlo.

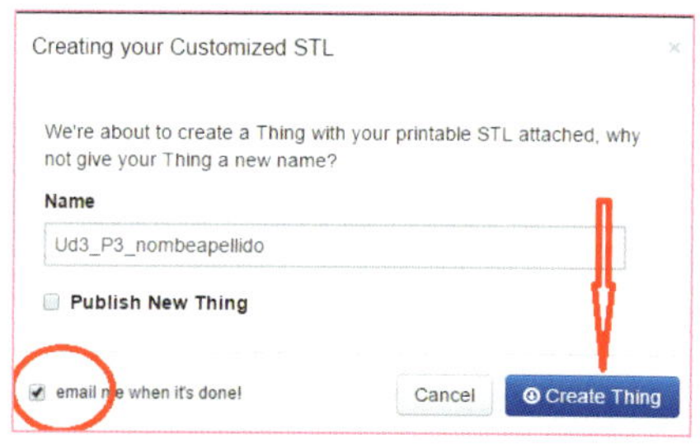

12. Tendrás que cargar los parámetros de impresión en Repetier-Host. Necesitarás cargar el archivo de configuración del **Slic3r** (un archivo con extensión **.ini** que nos debe proporcionar el fabricante). Para ello, haz clic en la pestaña **Slic3r** en la parte derecha y pulsa el botón **Configuración**.
13. En **File / Load Config Bundle**, selecciona el archivo **.ini** de configuración que te debe haber proporcionado el fabricante.
14. Finalmente, antes de imprimir, configura la impresora con los parámetros que te haya proporcionado el fabricante.
15. Una vez descargado e instalado el software de laminación y configurada la impresora, abre el archivo STL que vas a imprimir.

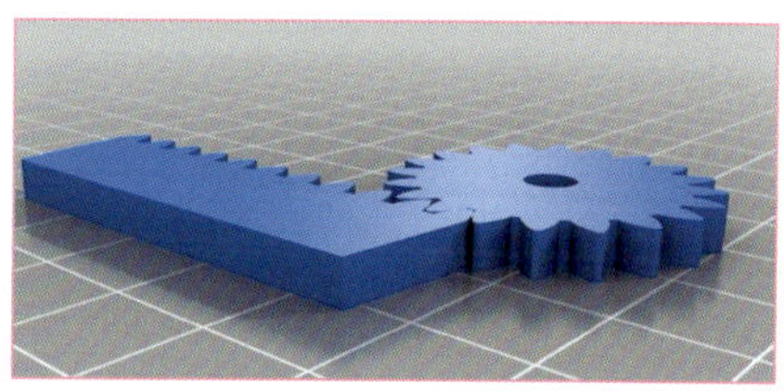

16. Haz clic en **Slice con Slic3r** para generar el archivo GCODE. Guarda el fichero en la tarjeta MicroSD haciendo clic en **Save to file** e introduce la tarjeta en la impresora 3D para su impresión.

Ejercicios resueltos

1. ✦ Unas tijeras cortan un objeto que opone una resistencia de 20 N. La distancia del fulcro al lugar donde se aplica la resistencia es de 10 cm y la fuerza se realiza a 5 cm del fulcro. ¿Qué fuerza se debe hacer para cortar el objeto? ¿Qué tipo de palanca es?

Datos

$R = 20$ N $b_r = 10$ cm

$b_p = 5$ cm

Incógnita

$P = ?$

Solución

Aplicando la ley de la palanca:

$$P \cdot b_p = R \cdot b_r \Rightarrow P = \frac{R \cdot b_r}{b_p} = \frac{20\ \text{N} \cdot 10\ \text{cm}}{5\ \text{cm}} = 40\ \text{N}$$

Es una palanca de primer grado, porque tiene el fulcro entre la potencia y la resistencia.

2. ✦ Disponemos de un motor capaz de desarrollar una fuerza de 20.000 N y queremos elevar una carga de 6.500 kg utilizando un polipasto. Calcula el número de poleas móviles que debe tener el polipasto.

Datos

$F = 20.000$ N

$R = 6.500$ kg

Incógnita

$n = ?$

Solución

La carga que hay que subir es: $R = P = m \cdot g = 6.500 \cdot 9{,}8 = 63.700$ N

Para calcular el número de poleas:

$$F = \frac{R}{n} \Rightarrow n = \frac{R}{F} = \frac{63.700\ \text{N}}{20.000\ \text{N}} = 3{,}18$$

Dado que el número de poleas no puede tener un valor decimal, se necesitan 4 poleas móviles para subir la carga indicada.

3. ✦✦ La relación de transmisión de un sistema de ruedas de fricción exteriores es 5:1 y la distancia entre sus ejes es de 60 mm. Calcula los radios de las ruedas y la velocidad de giro de la rueda conducida, si la conductora gira a 2.500 r.p.m.

Datos

$i = 5{:}1$

distancia ejes = 60 mm

$\omega_1 = 2.500$ r.p.m.

Incógnitas

$r_1 = ?$ $r_2 = ?$

$\omega_2 = ?$

Solución

$$i = \frac{\omega_1}{\omega_2} = \frac{r_2}{r_1} = \frac{5}{1} \Rightarrow r_2 = 5 \cdot r_1$$

Como, además, se cumple que $r_1 + r_2 = 60$ mm, resolviendo el sistema de las dos ecuaciones resulta que $r_1 = 10$ mm y que $r_2 = 50$ mm.

Para calcular la velocidad de giro de la rueda conducida, de la misma ecuación de la relación de transmisión tenemos que:

$$i = \frac{\omega_1}{\omega_2} = \frac{5}{1} \Rightarrow \omega_2 = \frac{\omega_1}{5} = 500\ \text{r.p.m.}$$

4. ✦✦✦ En un sistema formado por dos poleas y una correa, el diámetro de la polea motriz es de 10 cm y el de la conducida es de 30 cm. El árbol de entrada gira a 3.000 r.p.m. y transmite un par motor de 500 N·m. Calcula la relación de transmisión, la velocidad de la rueda conducida, el par motor en el eje de salida y las potencias en ambos ejes.

Datos

$d_1 = 10$ cm

$d_2 = 30$ cm

$\omega_1 = 3.000$ r.p.m.

$M_1 = 500$ N·m

Incógnitas

$i = ?$ $\omega_2 = ?$

$M_2 = ?$ $P_1 = ?$

$P_2 = ?$

Solución

Como el radio es la mitad del diámetro ($r_1 = 5$ cm, $r_2 = 15$ cm), tenemos que:

$$i = \frac{r_2}{r_1} = \frac{15}{5} = \frac{3}{1}$$

A partir de i, tenemos que:

$$i = \frac{\omega_1}{\omega_2} = \frac{3}{1} \Rightarrow \omega_2 = \frac{\omega_1}{3} = 1.000\ \text{r.p.m.}$$

La relación entre los pares motores cumple que: $M_2 = i \cdot M_1 = 3 \cdot 500 = 1.500$ N·m

Para calcular las potencias, tenemos que $P = M \cdot \frac{2\pi n}{60}$, con lo que para cada rueda:

$$P_1 = 500\ \text{N·m} \cdot \frac{2\pi \cdot 3.000}{60} = 1{,}57 \cdot 10^5\ \text{W}$$

$$P_2 = 1.500\ \text{N·m} \cdot \frac{2\pi \cdot 1.000}{60} = 1{,}57 \cdot 10^5\ \text{W}$$

Ambas potencias resultan iguales, ya que se ha supuesto un sistema ideal, con un rendimiento del 100%.

5. ✦ Calcula si es posible el engrane entre una rueda dentada de 36 dientes y 90 mm de diámetro primitivo y una de 24 dientes y 60 mm de diámetro primitivo.

Datos

$z_1 = 36$ $D_{p1} = 90$ mm
$z_2 = 24$ $D_{p2} = 60$ mm

Incógnitas

$m_1 = ?$ $m_2 = ?$

Solución

Para que dos ruedas engranen, el módulo debe ser el mismo.

$$m_1 = \frac{D_{p1}}{z_1} = \frac{90}{36} = 2{,}5 \qquad m_2 = \frac{D_{p2}}{z_2} = \frac{60}{24} = 2{,}5$$

Como ambos módulos son iguales, el engrane es posible.

6. ✦✦ En el tren de engranajes de la figura, calcula la relación de transmisión y la velocidad de salida del sistema, sabiendo que la rueda conductora tiene una velocidad de $\omega_1 = 2.500$ r.p.m.

Datos

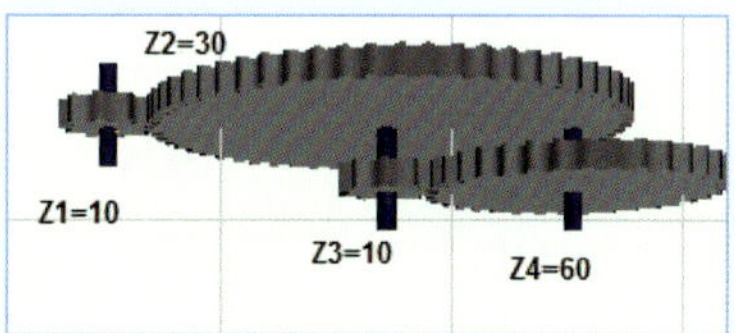

$\omega_1 = 2.500$ r.p.m.

Incógnitas

$i = ?$
$\omega_4 = ?$

Solución

Se trata de un tren de engranajes compuesto, que podemos representar esquemáticamente así:

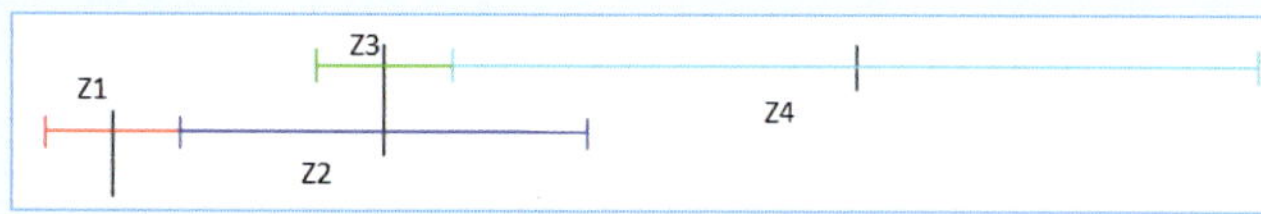

Las ruedas conductoras son la 1 y la 3, y las conducidas la 2 y la 4, con lo que:

$$i = \frac{z_2 \cdot z_4}{z_1 \cdot z_3} = 18$$

$$i = \frac{\omega_1}{\omega_4} \Rightarrow \omega_4 = \frac{\omega_1}{18} = 139 \text{ r.p.m.}$$

7. ✦ El husillo de un tornillo sin fin tiene dos hélices, gira a 150 r.p.m. y engrana con una corona de 60 dientes. Calcula la relación de transmisión y la velocidad de giro de la corona.

Datos

$\omega_1 = 150$ r.p.m.
$z_1 = 2$ $z_2 = 60$

Incógnitas

$i = ?$
$\omega_2 = ?$

Solución

$$i = \frac{\omega_1}{\omega_2} = \frac{z_2}{z_1} = \frac{60}{2} = 30$$

$$\omega_2 = \frac{\omega_1}{i} = \frac{150}{30} = 5 \text{ r.p.m.}$$

Como se ve, el sistema de tornillo sin fin y corona es un excelente reductor de velocidad.

8. ✦✦ Calcula el desplazamiento de la broca de una taladradora al dar una vuelta a la manivela si el piñón tiene 30 dientes y un paso de 4,5 mm.

Datos

$z = 30$
$p = 4{,}5$ mm

Incógnita

$L = ?$

Solución

La longitud recorrida por la cremallera es $L = p \cdot z \cdot \omega$.

Como dicha longitud (L) se mide en mm/min y ω se mide en r.p.m., tenemos que:

$$\frac{L}{\omega} = p \cdot z = 4{,}5 \cdot 30 = 135 \text{ mm/rev}$$

9. ✦ Calcula la fuerza que hay que hacer para apretar un tornillo de paso 0,8 mm, si el material opone una resistencia de 200 N utilizando una llave fija que mide 10 cm.

Datos

$p = 0{,}8$ mm $R = 200$ N
$L = 10$ cm

Incógnita

$F = ?$

Solución

El trabajo necesario para hacer girar la tuerca es $W = F \cdot 2 \cdot \pi \cdot L$, que deberá ser igual al trabajo de avance del tornillo.

$$W = p \cdot R = 8 \cdot 10^{-4} \cdot 200 = 0{,}16 \text{ J}$$

Así, pues: $0{,}16 = F \cdot 2 \cdot \pi \cdot 0{,}1 \Rightarrow F = 0{,}25$ N

10. ✦✦✦ Una caja de velocidades dispone de dos árboles de transmisión sobre los que hay engranajes fijos (señalados con una X) y engranajes que se pueden desplazar longitudinalmente (señalados con una barra: /). Está conectada a un motor que gira a 3.000 r.p.m. y desarrolla una potencia de 36,8 kW. Las características de cada engranaje se muestran en el esquema. Calcula la velocidad de salida del sistema para cada combinación de engranajes posible y el par motor en cada caso.

Datos

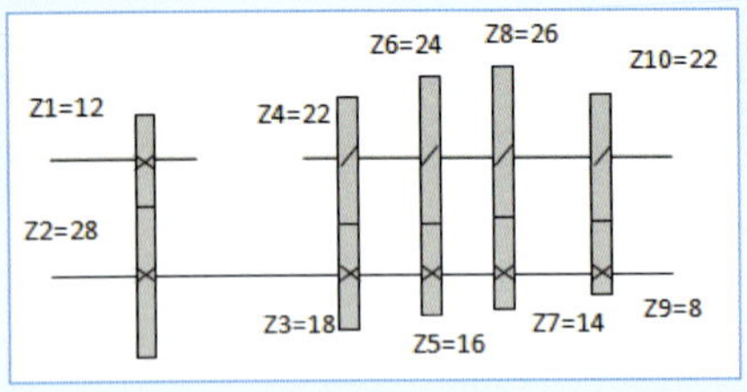

$\omega_{entrada} = 3.000$ r.p.m. $P = 36{,}8$ kW

Incógnitas

$\omega_{salida} = ?$ $M = ?$
(para cada combinación de engranajes posible)

Solución

Para el motor se cumple que:

$$P = M_{motor} \cdot \omega \Rightarrow M_{motor} = \frac{P}{\omega} = \frac{36.800 \text{ W}}{\frac{3.000 \cdot 2\pi}{60}} = 117{,}14 \text{ N·m}$$

Para cada combinación de engranajes tendremos que:

1. Engranan el engranaje 1 con el 2 y el 3 con el 4.
   a) $i = \frac{Z_2 \cdot Z_4}{Z_1 \cdot Z_3} = 2{,}85$
   b) $\omega_{salida} = \frac{\omega_{entrada}}{i} = 1.053$ r.p.m.
   c) $M = i \cdot M_{motor} = 333{,}9$ N·m

2. Engranan el engranaje 1 con el 2 y el 5 con el 6.
   a) $i = \frac{Z_2 \cdot Z_6}{Z_1 \cdot Z_5} = 3{,}5$
   b) $\omega_{salida} = \frac{\omega_{entrada}}{i} = 857$ r.p.m.
   c) $M = i \cdot M_{motor} = 410$ N·m

3. Engranan el engranaje 1 con el 2 y el 7 con el 8.
   a) $i = \frac{Z_2 \cdot Z_8}{Z_1 \cdot Z_7} = 4{,}3$
   b) $\omega_{salida} = \frac{\omega_{entrada}}{i} = 698$ r.p.m.
   c) $M = i \cdot M_{motor} = 504$ N·m

4. Engranan el engranaje 1 con el 2 y el 9 con el 10.
   a) $i = \frac{Z_2 \cdot Z_{10}}{Z_1 \cdot Z_9} = 6{,}4$
   b) $\omega_{salida} = \frac{\omega_{entrada}}{i} = 469$ r.p.m.
   c) $M = i \cdot M_{motor} = 750$ N·m

Se puede observar que, para velocidades más pequeñas, el par motor desarrollado es mayor.

11. ✦✦ Se quiere transmitir el giro de un motor que gira a 1.500 r.p.m. hasta un eje situado a 30 cm de distancia mediante dos ruedas de fricción. Se quiere que la velocidad del eje de salida sea la mitad que la del eje del motor. Calcula la relación de transmisión y los radios de las ruedas que cumplen esa transmisión.

Datos

$\omega_1 = 1.500$ rpm
$r_1 + r_2 = 30$ cm

Incógnita

$i = ?$ $r_1 = ?$
$r_2 = ?$

Solución

La relación de transmisión es: $i = \frac{\omega_1}{\omega_2} = \frac{1.500}{750} = 2$

Dado que $i = \frac{r_2}{r_1} = 2 \Rightarrow r_2 = 2r_1$; así pues, la rueda conducida deberá tener el doble de tamaño que la conductora.

Como se tiene que cumplir también que $r_1 + r_2 = 30$ cm, entonces deducimos que $r_1 = 10$ cm y $r_2 = 20$ cm.

Repasa

- Todas las máquinas están formadas por tres componentes: **elemento motor**, **elemento receptor o conducido** y **elemento transmisor y/o transformador del movimiento**.

MECANISMOS

Mecanismos de transmisión de movimiento

- Lineal:
  a) Palanca $P \cdot b_p = R \cdot b_r$
  b) Polea $F = \frac{R}{n}$
- Circular:
  a) Ruedas de fricción $i = \frac{\omega_1}{\omega_2} = \frac{r_2}{r_1}$
  b) Poleas y correa $i = \frac{\omega_1}{\omega_2} = \frac{r_2}{r_1}$
  c) Engranaje $i = \frac{\omega_1}{\omega_2} = \frac{z_2}{z_1}$ $m = \frac{D_p}{z}$ $p = \pi \cdot m$
  d) Tren de engranajes $i = \frac{\omega_m}{\omega_c} = \frac{z_2 \cdot z_4 \cdot ... \cdot z_n}{z_1 \cdot z_3 \cdot ... \cdot z_{n-1}} = \frac{\text{producto de dientes de ruedas conducidas}}{\text{producto de dientes de ruedas motrices}}$
  e) Piñón y cadena
  f) Tornillo sin fin y corona $i = \frac{z}{n}$

Mecanismos de transformación de movimiento

a) Tornillo-tuerca $F \cdot 2 \cdot \pi \cdot L = F_{avance} \cdot p$
b) Piñón-cremallera $L = p \cdot z \cdot \omega$
c) Biela-manivela
d) Cigüeñal
e) Leva
f) Excéntrica

Otros mecanismos

a) Cuña
b) Rampa
c) Rueda loca
d) Trinquete

- **Potencia** desarrollada por el par motor: $P = F \cdot \omega \cdot r = M \cdot \omega = M \cdot \frac{2\pi n}{60}$
- Relación entre **pares motores**: $M_2 = i\, M_1$
- Las **uniones de elementos mecánicos** pueden ser **fijas**, **desmontables** o **acoplamientos** (rígidos, móviles y embragues).
- Los principales **acumuladores de energía** utilizados en los sistemas mecánicos son los **volantes de inercia** y los **acumuladores elásticos**.
- Los principales **disipadores de energía** utilizados en los sistemas mecánicos son los **frenos de disco** y los **frenos de tambor**.
- Los **motores de los automóviles** tienen mecanismos singulares, como la caja de cambios, el diferencial o grupo cónico, el árbol de levas o las bielas y pistones.

ACTIVIDADES DE REFUERZO

1. ✦ Explica qué son el elemento motor y el elemento conducido en una máquina.
2. ✦ ¿Qué es una palanca? Pon un ejemplo de cada tipo de palancas (de primer, segundo y tercer grado).
3. ✦ Describe cómo es un polipasto y de qué manera ayuda a subir pesos. ¿Ayuda igual una polea simple?
4. ✦ Explica qué son los mecanismos de transmisión circular y pon tres ejemplos de estos mecanismos.
5. ✦ ¿Qué mecanismos se pueden utilizar para transmitir el movimiento entre ejes alejados? ¿Qué diferencias presentan entre ellos?
6. ✦ ¿Por qué se dice que el sistema de tornillo sin fin y corona es un excelente reductor de velocidad?
7. ✦ ¿Qué diferencias hay entre una leva y una excéntrica? ¿A qué tipo de mecanismos pertenecen ambas?
8. ✦✦ Explica el funcionamiento del volante de inercia y pon un ejemplo de dónde se utiliza.
9. ✦✦ Explica el funcionamiento del diferencial o grupo cónico de un vehículo.
10. ✦✦ Explica el funcionamiento de los frenos de tambor. ¿Por qué se dice que son disipadores de energía?
11. ✦✦ ¿Qué es un embrague? Pon un ejemplo de su uso.
12. ✦✦ ¿Para qué se utilizan los acoplamientos entre ejes? Indica dos elementos utilizados en los acoplamientos móviles y explica su función.
13. ✦ Explica el funcionamiento de un trinquete y anota el nombre de algún aparato en que se use.
14. ✦ Explica el funcionamiento de una cuña cuando forma parte de un calzado y cuando la utilizamos para sujetar una puerta.
15. ✦✦ Explica el funcionamiento de la caja de cambios de un automóvil.
16. ✦ Explica el funcionamiento del mecanismo biela-manivela y pon un ejemplo de su uso.
17. ✦✦ ¿Para qué sirve el árbol de levas en el motor de un coche?
18. ✦ ¿Qué es un cigüeñal?
19. ✦ ¿Cómo puedes hacer un mecanismo reductor de velocidad con dos ruedas de distinto tamaño?

ACTIVIDADES PRÁCTICAS

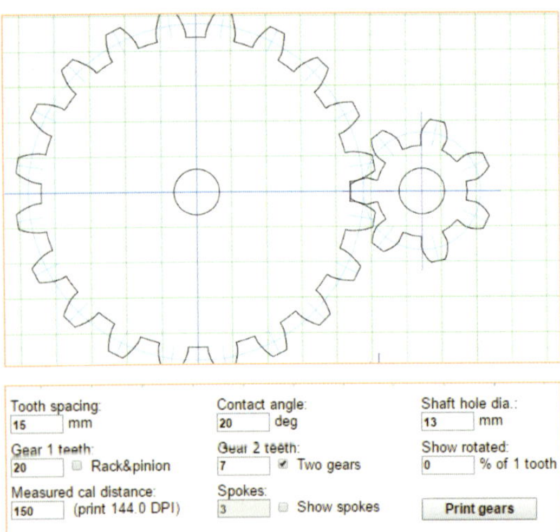

Woodgears es una página dedicada al trabajo con madera que permite hacer plantillas de engranajes simples.

1. Entra en *woodgears.ca/gear_cutting/template.html*.
2. Observa que en la página aparecen dos engranajes y una serie de parámetros que puedes modificar: número de dientes, tamaño del agujero central, diámetro primitivo, ángulo de contacto, etc.
3. Si marcas la casilla **Rack & pinion**, los engranajes se transforman en un mecanismo de piñón-cremallera.
4. Además, puedes hacer que se muestre una pequeña simulación marcando la casilla **Animate**.
5. Una vez generados los engranajes, puedes imprimirlos haciendo clic en la opción **Print gears**.
6. Modifica los parámetros a tu gusto e imprime el resultado. Después podrás cortar los engranajes en materiales como madera, goma EVA, cartón, etc., para poder utilizarlos en algún proyecto que desees llevar a cabo.

PROBLEMAS

1. ✦✦ Un motor gira a 360 r.p.m. y sobre él se sitúa una polea de 20 mm de radio que se une mediante una correa a otra polea. Calcula el radio de la segunda polea si se necesita que gire a 90 r.p.m. Calcula también el par producido en la rueda conducida, si el par de la rueda conductora es de 50 N·m.

(Solución: $r_2 = 80$ mm; $M_2 = 200$ N·m)

2. ✦✦ Calcula las relaciones de transmisión y las cuatro velocidades de una caja de cambios como la de la figura, sabiendo que el motor gira a 3.500 r.p.m.

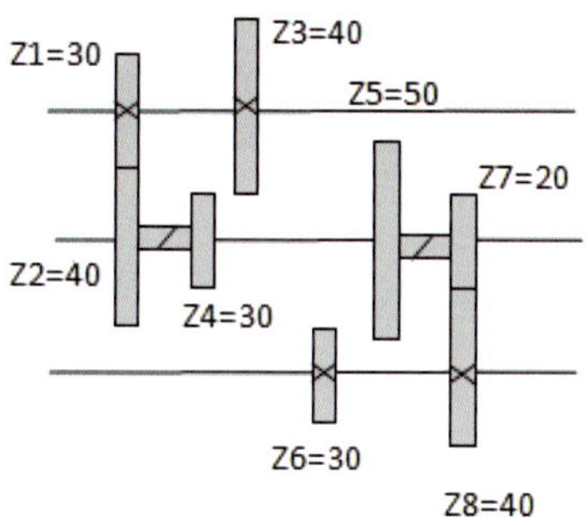

Solución:

a) z_1-z_2 y z_5-$z_6 \Rightarrow i = 0{,}8; \omega_{salida} = 4.375$ r.p.m.
b) z_1-z_2 y z_7-$z_8 \Rightarrow i = 2{,}6; \omega_{salida} = 1.346$ r.p.m.
c) z_3-z_4 y z_5-$z_6 \Rightarrow i = 0{,}45; \omega_{salida} = 7.778$ r.p.m.
d) z_3-z_4 y z_7-$z_8 \Rightarrow i = 1{,}5; \omega_{salida} = 2.333$ r.p.m.

3. ✦✦ Para el tren de engranajes de la siguiente figura, calcula la relación de transmisión y la velocidad de salida del sistema, sabiendo que el piñón 1 gira a 1.500 r.p.m.

(Solución: $i = 60$; $\omega_f = 25$ r.p.m.)

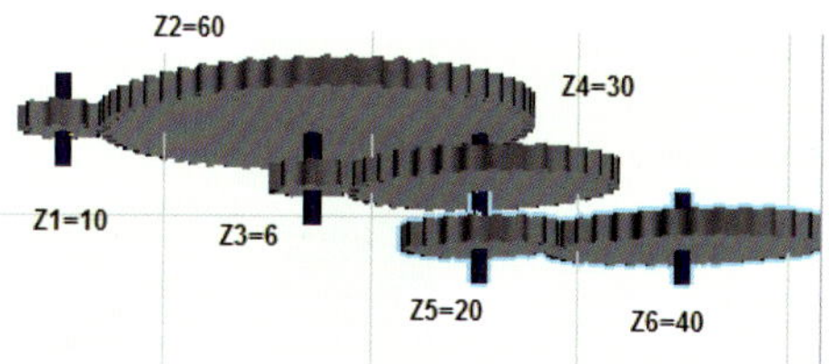

4. ✦ En un mecanismo piñón-cremallera, el piñón tiene 10 dientes y gira a 60 r.p.m. Si el paso es de 2 mm, ¿cuál será el avance de la cremallera? Exprésalo en milímetros por minuto.

(Solución: 1.200 mm/min)

5. ✦✦ Para elevar un coche que pesa 2.000 kg se utiliza un gato mecánico. El paso de la rosca es de 5 mm. Si el brazo de la fuerza es de 20 cm y se quiere levantar el coche 10 cm, calcula la fuerza necesaria para levantarlo y el trabajo total realizado.

(Solución: $F = 78$ N; $W = 1.960$ J)

6. ✦ Calcula si es posible el engrane entre una rueda dentada de 40 dientes y diámetro primitivo de 60 mm y una rueda de 30 dientes y diámetro primitivo de 45 mm.

(Solución: sí engranan, porque tienen el mismo módulo: $m = 1{,}5$)

7. ✦ Un tornillo sin fin de un diente gira a 1.500 r.p.m. y la corona con la que engrana lo hace a 5 r.p.m. Calcula la relación de transmisión del sistema y el número de dientes de la corona.

(Solución: $i = 300$, $z_{corona} = 300$)

8. ✦✦ Calcula la velocidad de salida del sistema de la siguiente figura si el motor proporciona una velocidad de 1.500 r.p.m. al engranaje 1 y desarrolla una potencia de 2.800 W. Calcula el par motor a la salida.

(Solución: $\omega_{salida} = 150$ r.p.m.; $M_{salida} = 178$ N·m)

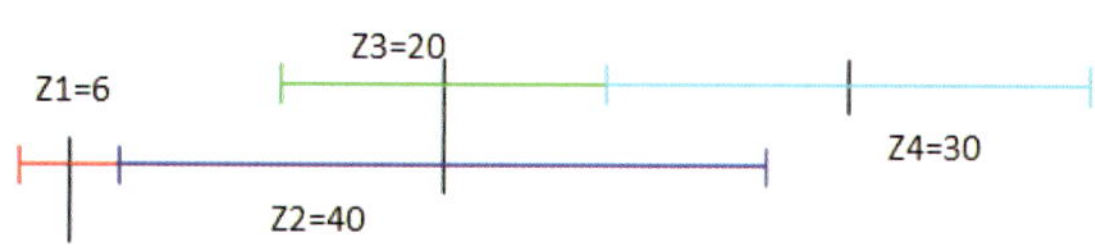

ACTIVIDADES DE AMPLIACIÓN

1. ✦✦ Busca información en Internet sobre los nuevos desarrollos para automóviles (transmisión de velocidad, conducción autónoma, sistemas de comunicación, etc.) y escribe una pequeña redacción sobre el avance que más te haya llamado la atención, explicando su funcionamiento y por qué te ha interesado.

4 Máquinas y sistemas: circuitos eléctricos, electrónicos, neumáticos e hidráulicos

"Los experimentos de Franklin con la electricidad llevaron a que un psicólogo llamado Galvani experimentara con sapos e intentara que las tormentas eléctricas revivieran sus cuerpos. A su vez, Galvani fue la inspiración para varios espectáculos con cuerpos humanos que volvían a la vida, y éstos llevaron a la creación de Frankenstein. Muchos piensan que en realidad el nombre viene del propio Franklin, de quien Mary Shelley tomó la idea."

Fuente: *www.vix.com*

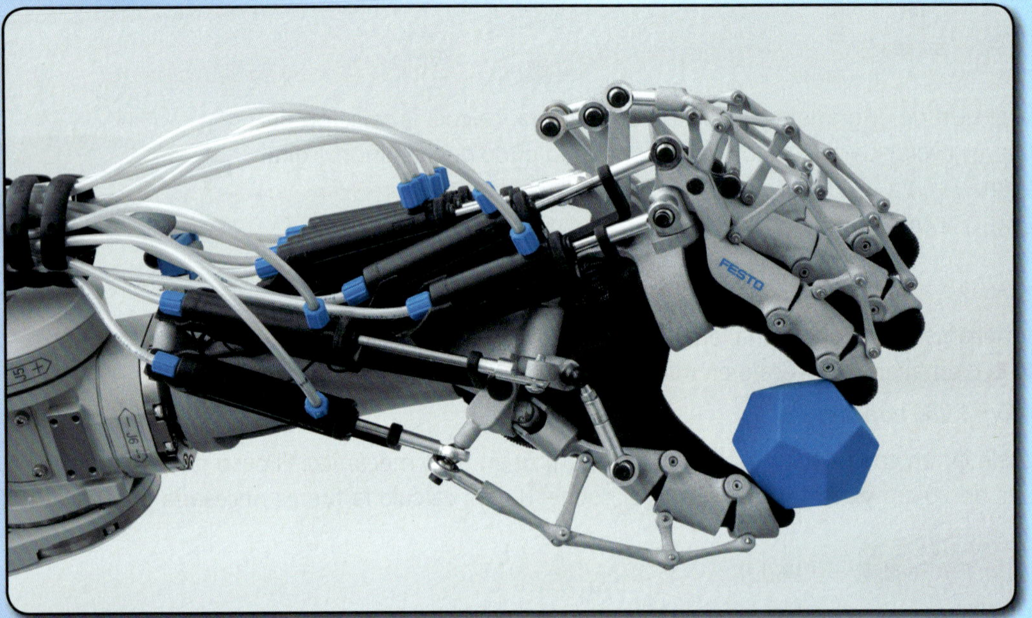

PARTE 1. CIRCUITOS ELÉCTRICOS Y ELECTRÓNICOS

Conoce
1. **Magnitudes eléctricas en corriente continua**
2. **Leyes de Kirchhoff**
3. **Corriente alterna**
4. **Balance de potencias**
5. **Componentes en corriente alterna**
6. **Instalaciones: elementos de mando y protección**
7. **Instalaciones: simbología y esquemas eléctricos**

Practica paso a paso
- **Práctica 1. Condensadores en corriente continua con Cocodrile Clips**
- **Práctica 2. Simulación de circuitos con Tinkercad Circuits (Autodesk)**

Taller
- **Práctica 1. El transistor como interruptor. Detector de luminosidad**
- **Práctica 2. El circuito integrado 555 como circuito monoestable**

Ejercicios resueltos (parte 1)

Repasa (parte 1)

PARTE 2. CIRCUITOS NEUMÁTICOS E HIDRÁULICOS

Conoce
8. **Neumática e hidráulica. Principios físicos de funcionamiento**
9. **Circuitos neumáticos**
10. **Simbología neumática**
11. **Producción y tratamiento del aire comprimido**
12. **Regulación y control: las válvulas**
13. **Distribución del aire comprimido**
14. **Actuadores neumáticos: motores y cilindros**
15. **Ejemplos de diseño de circuitos neumáticos**
16. **Oleohidráulica. Bombas hidráulicas**
17. **Control eléctrico de circuitos neumáticos e hidráulicos**

Practica paso a paso
- **Práctica 3. Simulación neumática: mando de un cilindro de simple efecto**
- **Práctica 4. Simulación neumática: mando de un cilindro de doble efecto mediante válvulas de selección y simultaneidad**

Ejercicios resueltos (parte 2)

Repasa (parte 2)

Refuerza

Parte 1. Circuitos eléctricos y electrónicos

1. Magnitudes eléctricas en corriente continua

Intensidad de corriente

Es la carga eléctrica (electrones) que pasa por la sección de un conductor en una unidad de tiempo. Se mide en **amperios** (A).

$$I = \frac{Q}{t}$$

Q = carga (en culombios: C)
t = tiempo (en segundos: s)

Resistencia

Es la oposición que ofrece un cuerpo al paso de la corriente eléctrica. Depende del material del que está hecho el conductor, su longitud y su sección. Se mide en **ohmios** (Ω).

$$R = \rho \frac{L}{S}$$

ρ = resistividad del material (en ohmios metro: Ωm)
L = longitud (en metros: m)
S = sección del conductor (en metros cuadrados: m^2)

Material	Resistividad (Ωm)
Grafeno	$1{,}00 \times 10^{-8}$
Plata	$1{,}59 \times 10^{-8}$
Cobre	$1{,}71 \times 10^{-8}$
Oro	$2{,}35 \times 10^{-8}$
Aluminio	$2{,}82 \times 10^{-8}$

Voltaje, tensión o diferencia de potencial

Es la energía necesaria para transportar una unidad de carga desde un punto hasta otro de un circuito. Se mide en **voltios** (V).

$$V = \frac{E}{Q}$$

E = energía (en julios: J)
Q = carga (en culombios: C)

Ley de Ohm

Esta ley relaciona las tres magnitudes anteriores: $V = RI$

Energía eléctrica y potencia

La **energía eléctrica** es la energía generada por las fuerzas de atracción y repulsión entre partículas.

La **potencia** es la energía que consume un receptor o suministra un generador en un período de tiempo determinado. Se mide en **vatios** (W).

$$P = \frac{E}{t} = VI = \frac{V^2}{R} = RI^2$$

La energía almacenada en una batería será el voltaje por la capacidad de carga de dicha batería.

Efecto Joule

Cuando los electrones se mueven por los conductores, parte de su energía cinética se transforma en calor por rozamiento. Es el denominado **efecto Joule**:

$$E = I^2 \times R \times t$$

donde E es la energía que se pierde (en julios: J)

Recuerda las equivalencias entre unidades:
1 cal = 4,18 J
1 kWh = $3{,}6 \cdot 10^6$ J
1 J = 0,24 cal

Asociación de receptores

Serie	Paralelo
$R_t = R_1 + R_2 + R_3 + \ldots$	$\frac{1}{R_t} = \frac{1}{R_1} + \frac{1}{R_2} + \frac{1}{R_3} + \ldots$
$V_t = V_1 + V_2 + V_3 + \ldots$	$V_t = V_1 = V_2 = V_3 = \ldots$
$I_t = I_1 = I_2 = I_3 = \ldots$	$I_t = I_1 + I_2 + I_3 + \ldots$

2. Leyes de Kirchhoff

Para resolver circuitos complejos podemos aplicar las **leyes de Kirchhoff**. Pero antes de desarrollarlas debemos conocer algunas definiciones previas:

- **Nudo.** Es un punto de la red donde confluyen tres o más conductores.
- **Rama.** Es un elemento o grupo de elementos de la red a los que se les puede asociar la misma intensidad, es decir, la parte de una red que hay entre dos nudos.
- **Malla.** Es todo circuito cerrado que se obtiene partiendo de un nudo y volviendo a él, es decir, un conjunto de ramas que forman un camino cerrado que se puede recorrer sin pasar dos veces por el mismo punto.

1ª ley de Kirchhoff

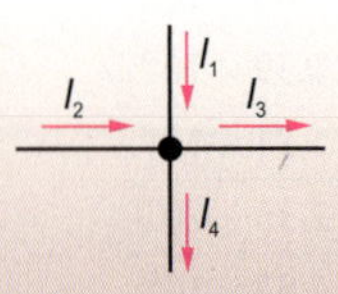

En cualquier **nudo**, la suma de las corrientes que entran en ese nudo es igual a la suma de las corrientes que salen. La suma algebraica de las intensidades que concurren en un nudo es nula (son intensidades positivas las que entran en el nudo y negativas las que salen):

$$\Sigma I = 0$$

$$I_1 + I_2 = I_3 + I_4$$

2ª ley de Kirchhoff

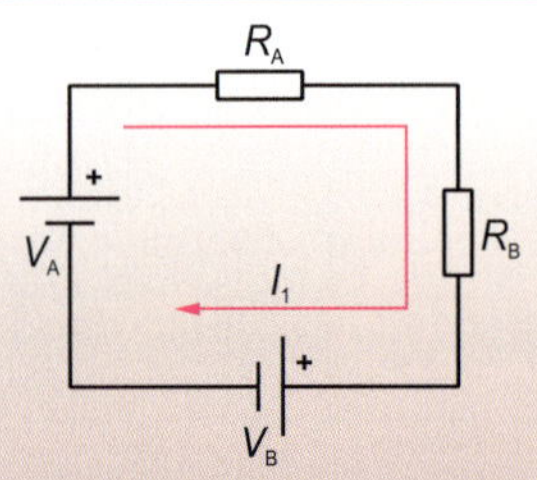

En un lazo cerrado (**malla**), la suma de todas las caídas de tensión es igual a la tensión total suministrada.

Al recorrer una malla, la suma de los voltajes de las pilas será igual a la suma de las caídas de tensión en las resistencias:

$$\Sigma V = \Sigma R_i I_i$$

$$V_A - V_B = R_A I_1 + R_B I_1$$

Cuando aplicamos Kirchhoff en varias mallas, podemos establecer los siguientes criterios:

- Definimos una corriente imaginaria en cada malla que circula en el sentido de las agujas del reloj.
- En cada malla, la suma de los voltajes de las pilas será igual a la suma de las caídas de tensión de las resistencias.
- Para la suma de voltajes de las pilas, se tiene en cuenta la colocación de éstas, de forma que si el polo positivo de la pila señala el sentido de la corriente, se sumará el voltaje, y si está en sentido contrario, se restará.
- Para la caída de tensión de las resistencias, tomaremos la corriente de dicha malla por las resistencias que la recorren, menos la corriente de la malla adyacente que tenga una rama en común por las resistencias que tenga en común.

Ejemplo de aplicación de las leyes de Kirchhoff

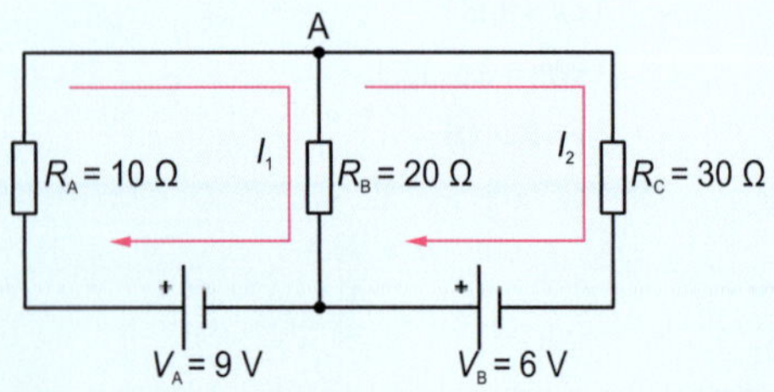

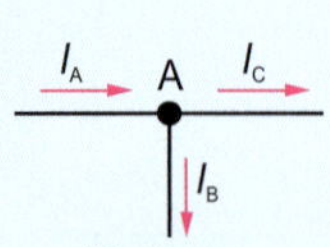

Nudo A.

Dibujamos en cada una de las mallas una intensidad en el sentido horario.

Aplicamos la segunda ley de Kirchhoff a cada una de las dos mallas:

$$\left.\begin{aligned} V_A &= I_1 (R_A + R_B) - I_2 R_B \\ V_B &= -I_1 R_B + I_2 (R_B + R_C) \end{aligned}\right\} \qquad \left.\begin{aligned} 9 &= I_1 (10 + 20) - I_2\, 20 \\ 6 &= -I_1\, 20 + I_2 (20 + 30) \end{aligned}\right\}$$

Resolvemos el sistema de dos ecuaciones y dos incógnitas:

$$I_1 = \frac{9 + I_2 20}{30} \Rightarrow 6 = -20\left(\frac{9 + I_2 20}{30}\right) + 50\, I_2 \Rightarrow I_2 = 0{,}327 \text{ A} \Rightarrow I_1 = 0{,}518 \text{ A}$$

Aplicamos la primera ley de Kirchhoff, sabiendo que $I_1 = I_A$ y que $I_2 = I_C$:

$$I_A = I_B + I_C \Rightarrow I_B = 0{,}518 - 0{,}327 = 0{,}191 \text{ A}$$

3. Corriente alterna

La **corriente alterna** es el flujo eléctrico periódico, alterno y cuya ley de variación en el tiempo es senoidal.

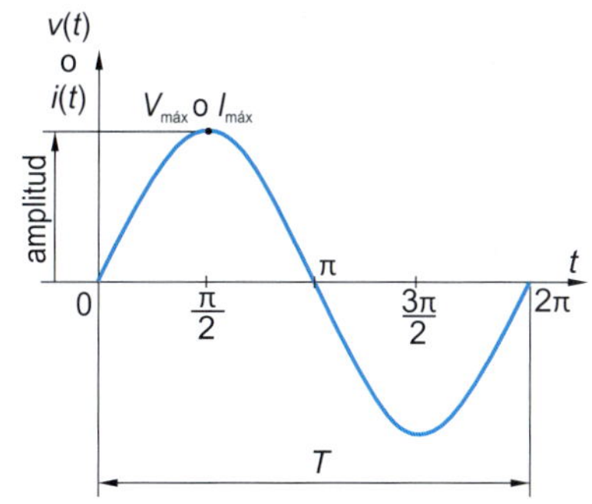

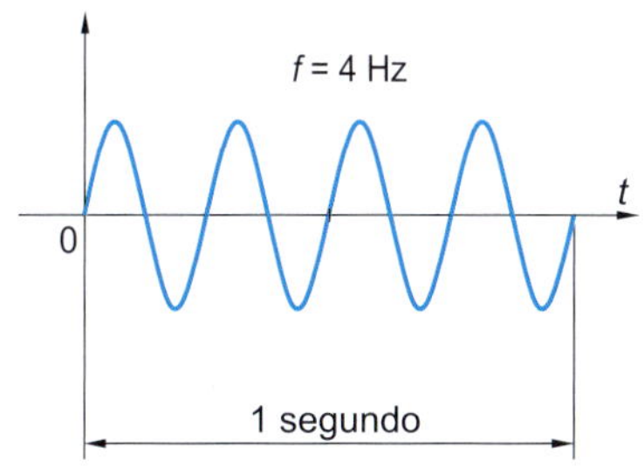

Principales parámetros

Los principales parámetros de la corriente alterna son:

- **Amplitud.** Es el valor máximo, tanto positivo como negativo, que puede llegar a adquirir la onda senoidal de una señal alterna.
- **Período (*T*).** Es el tiempo que tarda el valor de la señal en repetirse o realizar un ciclo completo. Es decir, si tomamos la circunferencia como referencia, sería el tiempo que tarda el radio del círculo en dar una vuelta completa. Se mide en **segundos** (s).
- **Frecuencia (*f*).** Es la cantidad de ciclos que se producen por unidad de tiempo, esto es, el número de veces que se repite la onda en un segundo. Se mide en **hercios** (Hz). La frecuencia es la inversa del período:

$$f = \frac{1}{T}$$

Valores fundamentales

Si suponemos una señal senoidal de tensión o intensidad como la que se muestra en la figura, podemos diferenciar los siguientes valores:

- **Valor instantáneo.** Es el valor que toma la señal en cada instante de tiempo.

$$v(t) = V_{máx}\,\text{sen}\,(\omega t)$$

donde ω es la velocidad angular o pulsación (en radianes por segundo: rad/s).

$$\omega = \frac{2\pi}{T} = 2\pi f$$

- **Valor máximo o valor de pico.** Es el mayor de todos los valores instantáneos que puede tomar la señal.
- **Valor eficaz.** Es aquel valor de una corriente alterna que produce los mismos efectos caloríficos sobre una resistencia que una corriente continua del mismo valor.

$$V_{ef} = \frac{V_{máx}}{\sqrt{2}} \qquad I_{ef} = \frac{I_{máx}}{\sqrt{2}}$$

Podemos representar vectorialmente un circuito de corriente alterna de la siguiente forma:

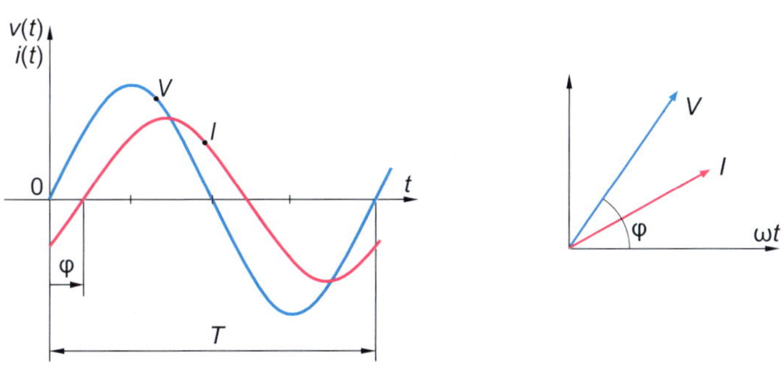

donde φ (phi) es el desfase entre la tensión y la corriente.

4. Balance de potencias

En corriente alterna, la potencia total de un circuito es la **potencia aparente**, que se descompone en **potencia activa** y **potencia reactiva**.

Potencia activa (*P*)

Es la potencia que se aprovecha como potencia útil. Es debida a los dispositivos resistivos. Su unidad es el **vatio** (W).

$$P = VI \cos \varphi$$

Potencia reactiva (*Q*)

Es la potencia que necesitan las bobinas y los condensadores para generar los campos magnéticos o eléctricos, pero que no se transforma en trabajo efectivo sino que fluctúa por la red entre el generador y el receptor. Repercute en el aumento de la potencia aparente que tenemos que transportar por la línea eléctrica. Su unidad es el **voltio-amperio reactivo** (VAr).

$$Q = VI \operatorname{sen} \varphi$$

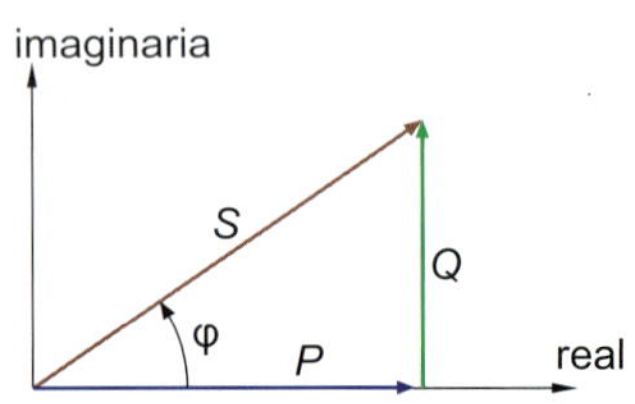

Representación del triángulo de potencias.

Potencia aparente (*S*)

Es la potencia total consumida por la carga y es el producto de los valores eficaces de tensión e intensidad. Implica un aumento de la intensidad que circula por la línea, lo que provoca una mayor sección de los conductores, mayores pérdidas de energía por efecto Joule, etc. Su unidad es el **voltio-amperio** (VA).

Se obtiene como la suma de las potencias activa y reactiva.

$$S = VI = \sqrt{P^2 + Q^2}$$

Factor de potencia (f.d.p.)

Es la relación entre la potencia activa y la potencia aparente. Representa la cantidad de energía que se convierte en trabajo.

$$\text{f.d.p.} = \cos \varphi = \frac{P}{S}$$

Escanea el código para entender mejor el **factor de potencia**.

El valor ideal del factor de potencia es 1: eso indicaría que toda la energía consumida se transforma en trabajo.

Los problemas de un factor de potencia bajo son:

- Un factor de potencia bajo origina, para una misma potencia, una mayor demanda de corriente, lo que implica cables de mayor sección.
- Cuanto más bajo es el factor de potencia, mayor es la potencia aparente, lo cual provoca una necesidad de mayor dimensión de los generadores.

Así, si nuestra instalación tiene un factor de potencia bajo, la compañía suministradora podrá repercutirnos costos extra por la energía reactiva que estamos consumiendo.

5. Componentes en corriente alterna

Los principales componentes en corriente alterna son la **resistencia** (**R**), la **bobina** (**L**) y el **condensador** (**C**).

Bobina

Es un conductor que se encuentra arrollado sobre un cilindro. El paso de la corriente por la bobina implica un efecto de autoinducción que hace que se oponga al paso de la corriente.

El valor de la impedancia (X_L) de la bobina se mide en ohmios (Ω) y es directamente proporcional al coeficiente de autoinducción (L), que se mide en henrios (H), y a la pulsación angular (ω):

$$X_L = \omega L$$

La bobina provoca que la corriente eléctrica esté 90° retrasada respecto a la tensión.

Condensador

Es un dispositivo pasivo capaz de almacenar energía. Está formado por un par de superficies conductoras separadas por un material dieléctrico que adquieren una determinada carga.

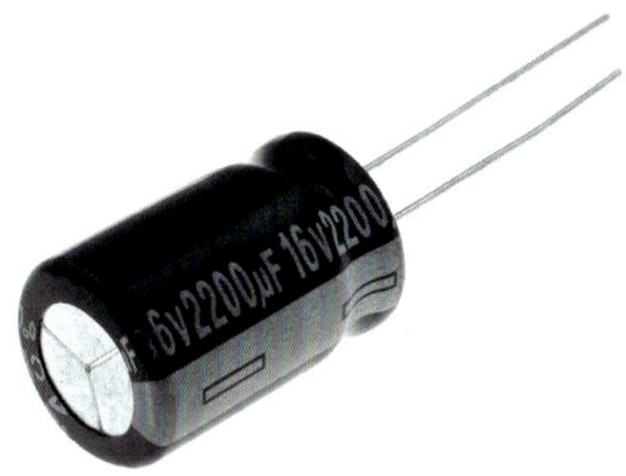

La capacidad del condensador es la relación entre la carga acumulada (Q) y la diferencia de potencial entre las superficies:

$$C = \frac{Q}{V}$$

donde:

- Q = carga acumulada (en culombios: C)
- C = capacidad (en faradios: F)
- V = voltaje, tensión o diferencia de potencial (en voltios: V)

El valor de la impedancia de un condensador en corriente alterna viene dado por la fórmula siguiente:

$$X_C = \frac{1}{\omega C}$$

El condensador provoca que la corriente eléctrica esté 90° adelantada respecto a la tensión.

Circuito RLC

La impedancia equivalente a los tres componentes en un circuito serie es la suma de la parte real y compleja de sus impedancias:

$$Z = \sqrt{R^2 + (X_L - X_C)^2}$$

donde el factor de potencia y el ángulo de desfase son, respectivamente:

$$\cos \varphi = \frac{R}{Z} \qquad \varphi = \arccos \frac{R}{Z}$$

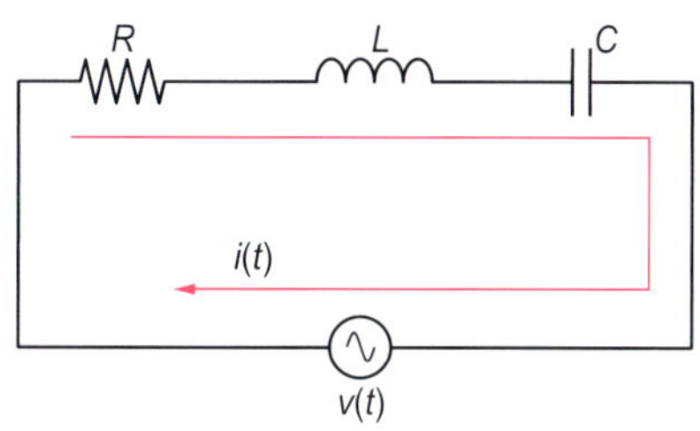

Dependiendo de la impedancia que predomine, el circuito puede ser:

- Inductivo, si $X_L > X_C$ (la intensidad estará retrasada respecto a la tensión).
- Capacitivo, si $X_C > X_L$ (la intensidad estará adelantada respecto a la tensión).
- Resistivo, si $X_L = X_C$.

Como hemos explicado en el apartado anterior, si el coseno de φ es bajo, deberemos corregirlo para no tener sobrecostes. Esto se consigue conectando un condensador en paralelo con el receptor.

6. Instalaciones: elementos de mando y protección

En cualquier instalación, desde la acometida hasta los elementos receptores, nos encontramos una serie de elementos de protección y control.

Elementos de control

Los elementos de mando más utilizados en una instalación son:

Interruptor	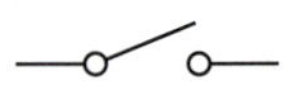	Pulsador	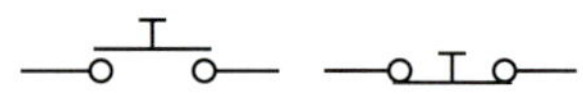 Pulsador NA. Pulsador NC.
Conmutador	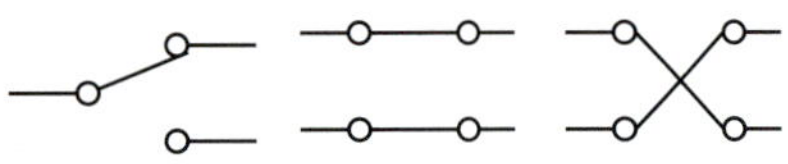	Relé	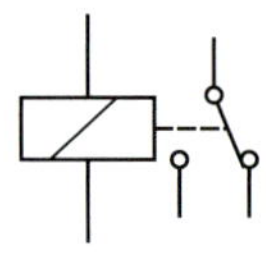

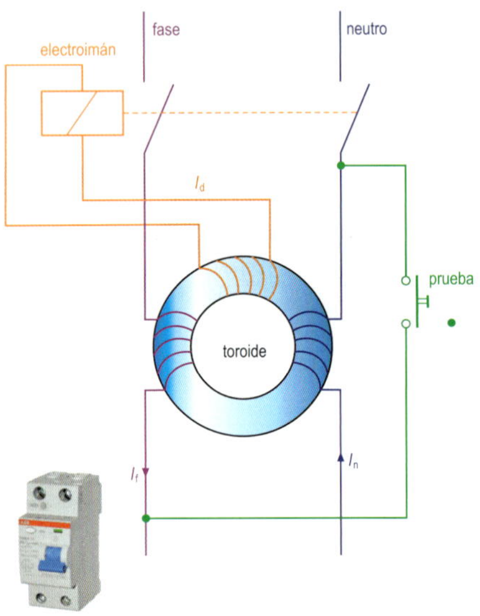

Interruptor diferencial general (IDG).

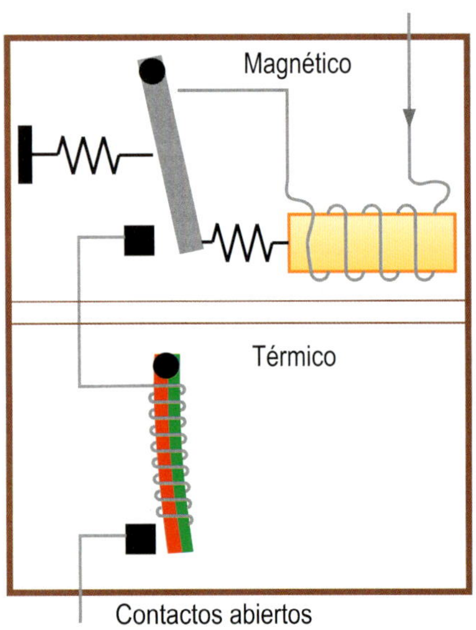

Interruptores generales automáticos (IGA).

Elementos de protección

Los principales elementos de protección que encontramos en una instalación son:

- **Interruptor general automático (IGA).** Protege la instalación de sobrecargas y cortocircuitos.
- **Interruptor diferencial general (IDG).** Protege a las personas de contactos indirectos, es decir, de fugas de corriente por fallo de aislamiento. Compara si la intensidad que entra en el circuito es igual a la que sale. En caso de derivación, la intensidad entrante y la saliente no son iguales y se activa el electroimán, que abre el circuito.
- **Pequeños interruptores automáticos (PIA) o magnetotérmicos.** Protegen individualmente los circuitos interiores de sobrecargas y cortocircuitos. Las sobrecargas provocan un calentamiento del bimetal que produce una deformación y que se abra el contacto. Cuando se produce un cortocircuito, la gran cantidad de corriente que circula por el conductor crea un campo magnético que provoca que se abra el circuito.
- **Fusibles.** Son conductores que permite el paso de la corriente hasta un cierto valor. Si se supera dicho valor, se rompen, para prevenir daños por exceso de corriente.

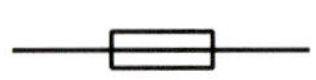

Fusible.

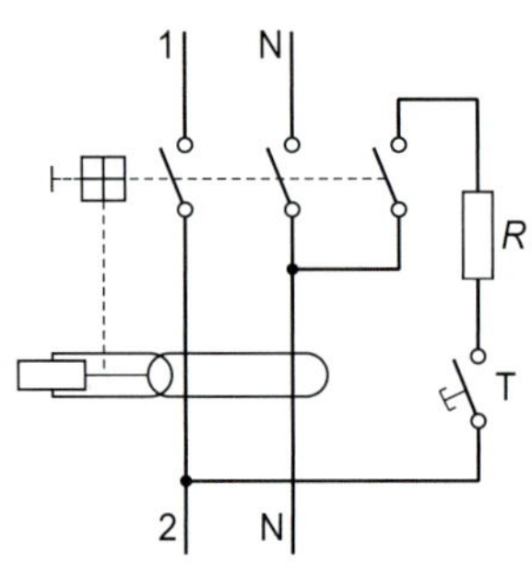

IDG.

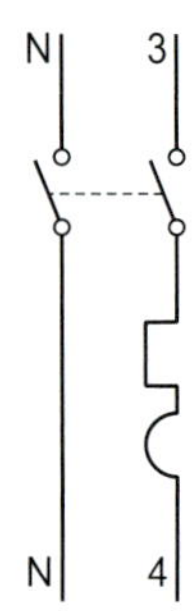

PIA.

7. Instalaciones: simbología y esquemas eléctricos

El uso de las **normas internacionales** a la hora de dibujar esquemas eléctricos elimina todo riesgo de confusión y facilita el estudio, el montaje y el mantenimiento de las instalaciones. Actualmente, la norma que rige es la UNE EN 60617.

Tipos de esquemas

Básicamente, existen dos tipos de esquemas: el **explicativo** (utilizado en el diseño) y el de **conexiones** (utilizado en la ejecución de la obra).

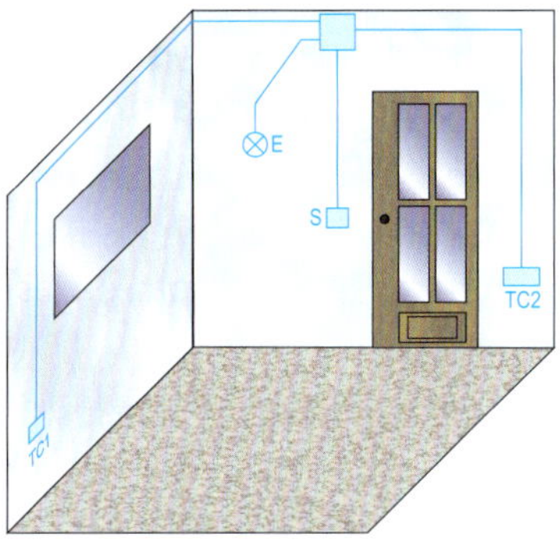

Dibujo en perspectiva.

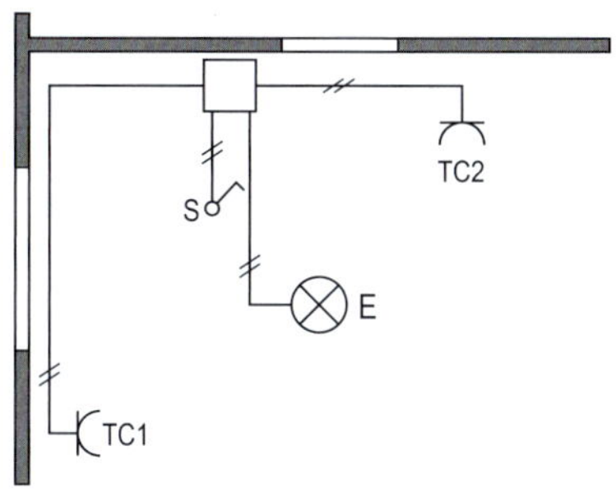

Esquema de conexiones topográfico unifilar.

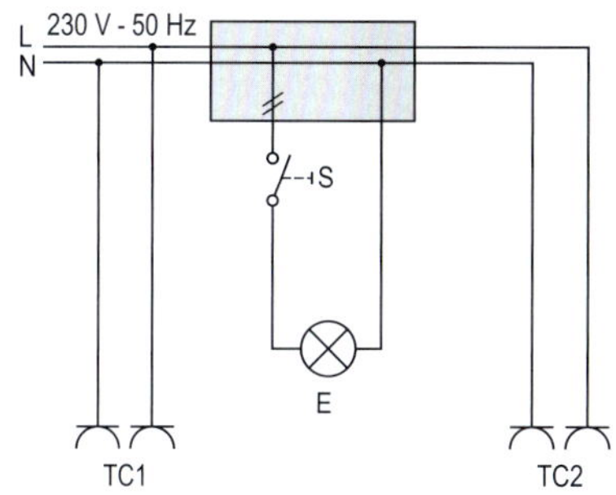

Esquema de conexiones multifilar.

Simbología

Símbolo	Nombre	Símbolo	Nombre	Símbolo	Nombre
 L1 3 N ~ 380 V, 50 Hz L2 L3 N	Conductor Conductor multifilar		Interruptor		Interruptor diferencial
	Conductor unifilar		Interruptor bipolar (unifilar)		Interruptor automático magnetotérmico
	Unión (punto de conexión)		Interruptor unipolar de dos posiciones o conmutador de vaivén		Fusible
	Terminal		Conmutador unipolar		Bocina
	Conexión en T		Conmutador intermedio o conmutador de cruce		Timbre o campana
	Lámpara		Base de toma de corriente hembra		Lámpara fluorescente
	Base de enchufe de telecomunicaciones		Base de toma de corriente con toma de tierra		Botón pulsador

Práctica 1. Condensadores en corriente continua con Cocodrile Clips

La siguiente actividad está pensada para que practiques con la aplicación **Crocodile Clips 3.2 (edición profesional)**. También puedes descargarte la versión **Yenka** (*www.yenka.com*) con cualquiera de las tres licencias posibles: escolar (de pago), de prueba (15 días) o de uso en casa (gratuita).

Un condensador es un componente electrónico pasivo con dos bornes que acumula energía eléctrica en forma de campo eléctrico.

Según su polaridad, se pueden distinguir dos tipos de condensadores: los **condensadores electrolíticos**, que son aquellos que tienen polaridad y cuyo material dieléctrico es un ácido liquido llamado *electrolito*, y los **condensadores sin polarizar**, como son los condensadores de papel, de cerámica o de poliéster.

Los condensadores se usan para **acumular energía** (por ejemplo, en los flashes de las cámaras de fotos) o para **filtrar las señales eléctricas** (por ejemplo, en las fuentes de alimentación que eliminan el rizado de la señal).

Habitualmente, los condensadores se cargan y descargan a través de una resistencia. Se conoce como **constante de tiempo** (τ) al producto de la capacidad del condensador (*C*) por el valor de la resistencia a través de la cual se carga o se descarga (*R*):

$$\tau = RC$$

Se establece que el tiempo total en que se carga o descarga un condensador es cinco veces la constante de tiempo:

$$T = 5RC$$

Cuando se conecta un condensador a una pila, circula intensidad de corriente mientras el condensador se cargue. Una vez cargado, el condensador, dentro de un circuito, se comporta como un interruptor abierto.

Si se conecta el condensador cargado a una bombilla, la bombilla lucirá mientras el condensador se vaya descargando y dejará de lucir cuando se haya agotado la carga del condensador.

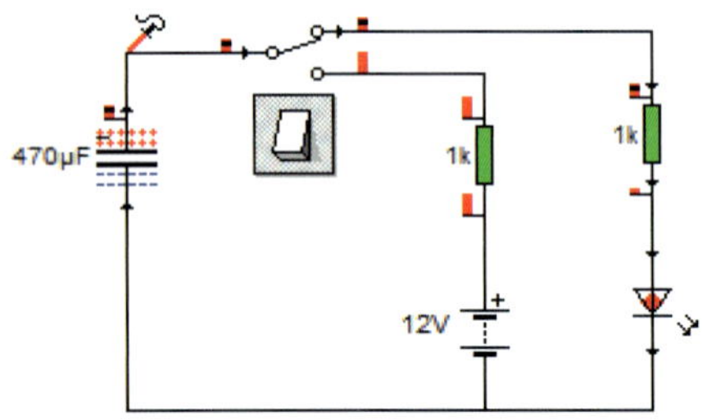

Circuito de carga.

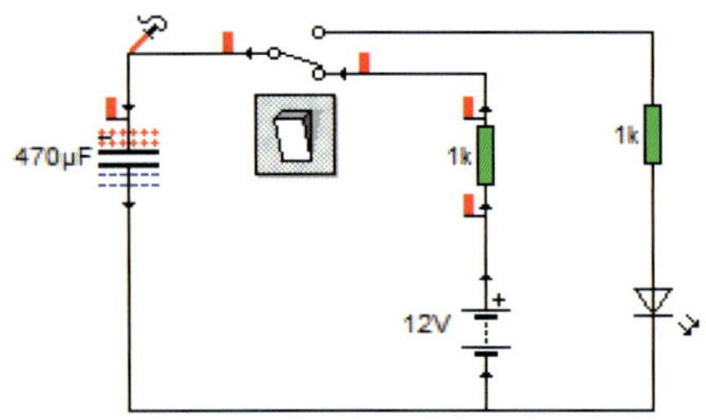

Circuito de descarga.

Carga y descarga de un condensador en corriente continua

Abre la aplicación Crocodile Clips o Yenka y crea el circuito de carga y descarga del condensador de la figura.

Una vez generado el circuito, selecciona la opción **Graph** para visualizar el ciclo de carga y descarga de un condensador en corriente continua. Coloca la sonda encima del condensador como se muestra en la figura. Haz clic sobre la zona de la gráfica para que aparezca la configuración del osciloscopio y ajusta la escala de tiempo para que aparezca como en la figura.

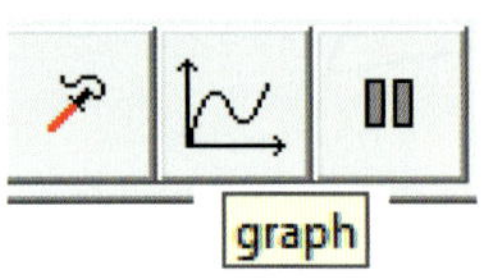

Guarda el archivo como **UD04_P1_nombreapellido.ckt**.

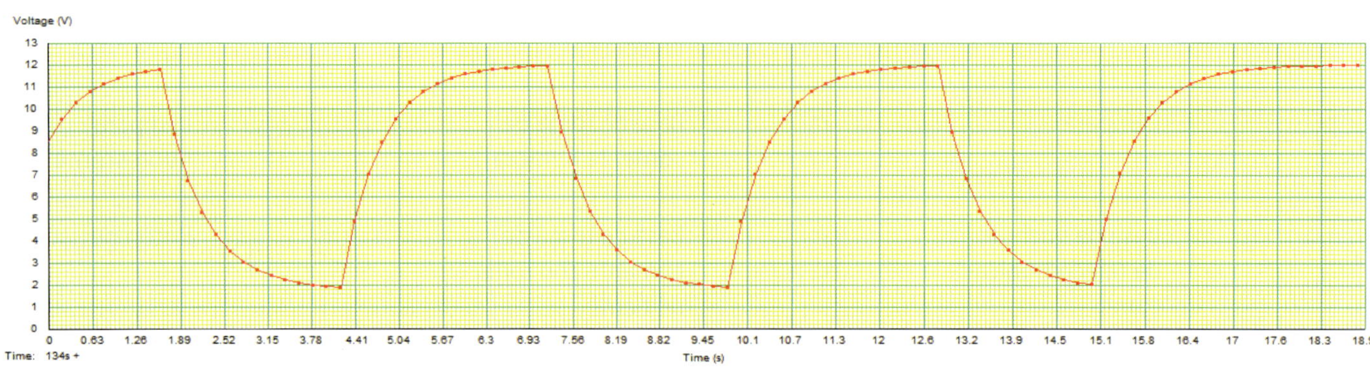

Práctica 2. Simulación de circuitos con Tinkercad Circuits (Autodesk)

Un divisor de tensión nos permite, a partir de una fuente de alimentación y resistencias, obtener cualquier tensión deseada. El circuito divisor de tensión más sencillo consiste en dos resistencias conectadas entre sí, y a una pila, de forma que el voltaje en los extremos de cada resistencia sea una parte de la tensión de la pila. La tensión V_{AB} puede calcularse fácilmente en función de las resistencias R_1 y R_2 aplicando la ley de Ohm.

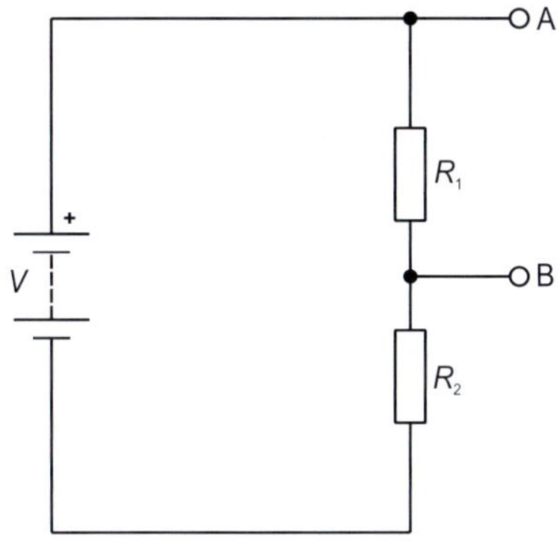

Así:

$$V_{AB} = V \cdot \frac{R_1}{R_1 + R_2}$$

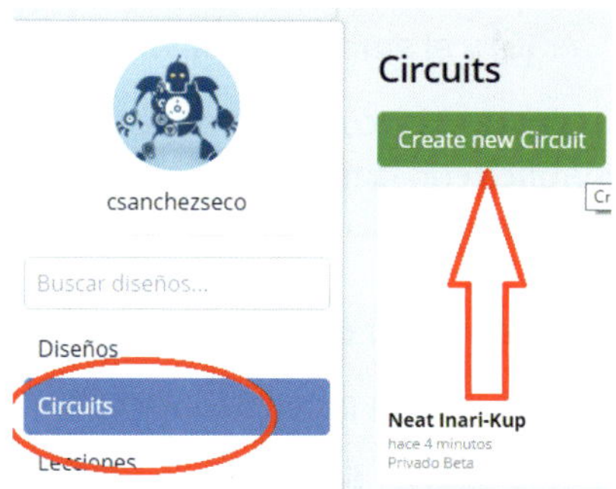

Tinkercad Circuits, de Autodesk (antes **123D**), es una aplicación web gratuita que permite crear y simular proyectos de Arduino y ponerlos en funcionamiento con el código correspondiente.

1. Entra en *www.tinkercad.com/circuits*. Haz clic en **Registrarse** y crea tu cuenta de usuario
2. Una vez registrado, accede a la aplicación con tu usuario y contraseña. Selecciona **Circuits** en el lateral de la izquierda.
3. Haz clic en **Create new Circuit** y comprueba que aparecen los componentes disponibles. Escoge **All components**.
4. En primer lugar, añade una pila de 9 V y colócala en el sitio adecuado
5. A continuación coloca una resistencia sobre la placa en cualquier posición. Ajusta su nombre, valor y unidad en la ventana **Resistor**. Completa los datos de la figura para que el valor de R_1 sea 220 Ω.
6. Monta como en la figura: las dos resistencias en serie, los cables y un multímetro conectado al divisor de tensión.
7. Pulsa **Start simulation** y comprueba la lectura del voltímetro o amperímetro cuando pulses el botón correspondiente sobre el multímetro.
8. Guarda el archivo como **UD04_P2_nombreapellido**.

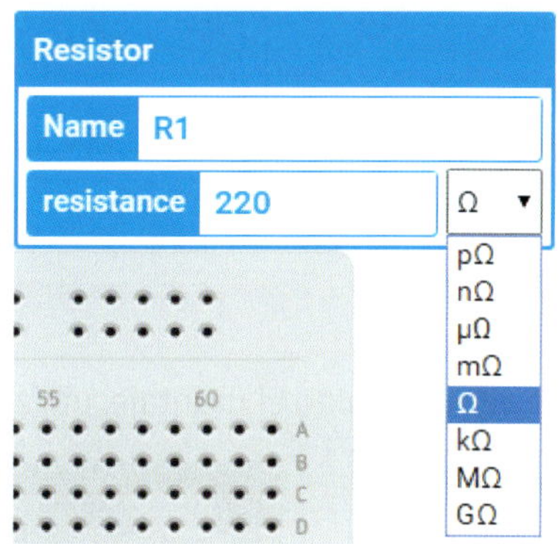

Desafíos

Desafío 1. Calcula, monta y simula un divisor de tensión que sirva para proteger un led. Aproxima la tensión que soporta a 2 V. Guarda el archivo como **UD04_P2_nombreapellido_desafio1**.

Práctica 1. El transistor como interruptor. Detector de luminosidad

Un **transistor** es un componente electrónico que se emplea para amplificar señales eléctricas o como interruptor. Tiene tres patillas: emisor (E), base (B) y colector (C).

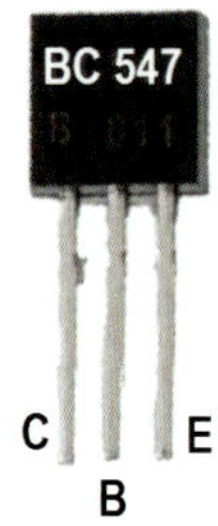

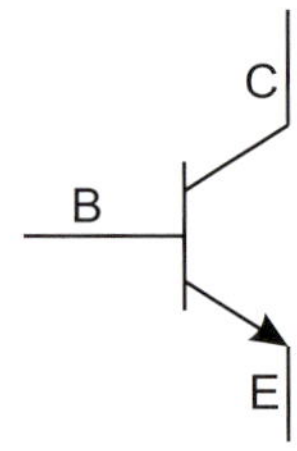

- **Transistor como interruptor.** El comportamiento de un transistor depende de la corriente que circula por su base (B). Cuando no circula corriente por la base ($I_b = 0$) o esta corriente es muy pequeña, decimos que el transistor está en corte. En tales condiciones, no circula corriente entre el colector (C) y el emisor (E) y el transistor funciona como un interruptor abierto.
- **Transistor como amplificador.** Cuando por la base del transistor circula una pequeña cantidad de corriente ($I_b > 0$), el transistor amplifica dicha corriente, haciendo que la corriente entre el colector (C) y el emisor (E) sea mayor.

El valor de esta corriente depende de la ganancia del transistor, que es una característica propia de cada tipo de transistor y se identifica con la letra β. Se cumple, entonces, que la corriente que circula por el colector es:

$$I_c = \beta \times I_b$$

Vamos a realizar el montaje de un sensor de luz (resistencia LDR) que en ausencia de luz active el transistor y encienda un led.

Para ello, realiza las conexiones como se muestra en la figura:

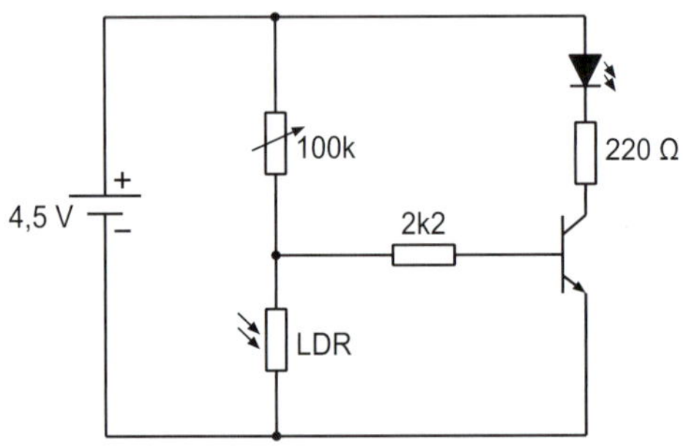

Una vez concluido el montaje, utiliza el polímetro para hacer las mediciones de corriente e intensidad del circuito.

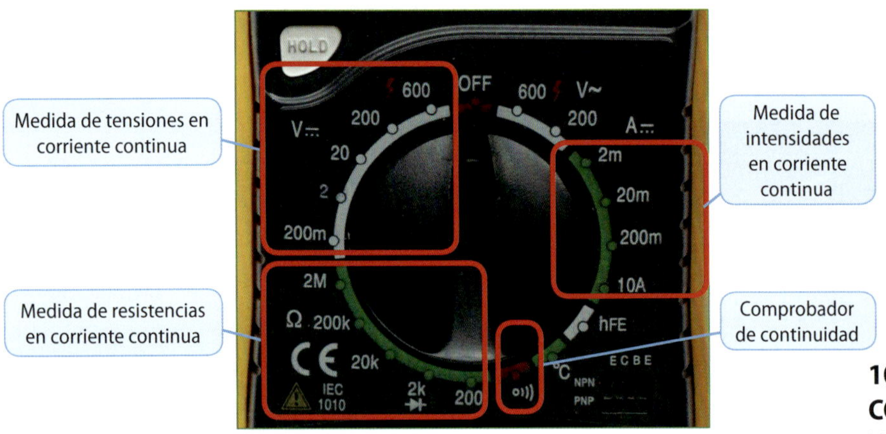

10ADC (rojo): medida de corrientes de hasta 10 A
COM (negro): terminal negativo
VΩmA (rojo): terminal positivo

Desafíos

Desafío 1. Mide con el polímetro la tensión existente entre el colector y el emisor del transistor cuando el led está apagado (transistor en corte) y cuando está encendido (transistor activo).

Práctica 2. El circuito integrado 555 como circuito monoestable

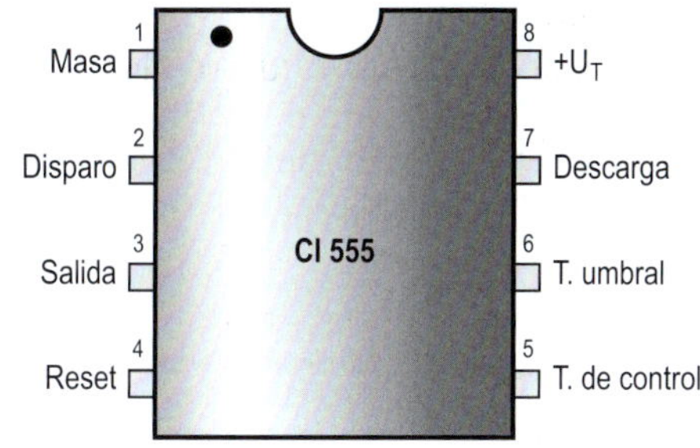

Un circuito integrado es una pastilla o chip en que se encuentran encapsulados miles de componentes electrónicos, como diodos, transistores, resistencias, etc., conectados entre sí formando circuitos electrónicos.

El circuito integrado 555 se utiliza como temporizador. Está formado por un conjunto de componentes integrados en una carcasa de color negro que tiene **ocho patillas**. Las más importantes son:

- **Terminal de disparo** (pin 2). Cuando la tensión en este terminal sea **inferior a 1/3 de V_{cc}** (tensión de alimentación del 555), la tensión en el terminal de salida será **+V_{cc}**.
- **Terminal de salida** (pin 3). Suministra tensión en dos valores (**V_{cc}** o **0 V**) a un circuito exterior cuyo funcionamiento se controla con el 555.
- **Terminal umbral** (pin 6). Cuando la tensión en este terminal sea **superior a 2/3 de V_{cc}**, la tensión de salida (en el pin 3) valdrá **0 V**.

Vamos a montar un circuito en el que al activar un pulsador se encienda un led y al soltarlo se quede activado (temporizado a la desconexión) durante un tiempo determinado por la resistencia de 10k y el condensador de 220 µF.

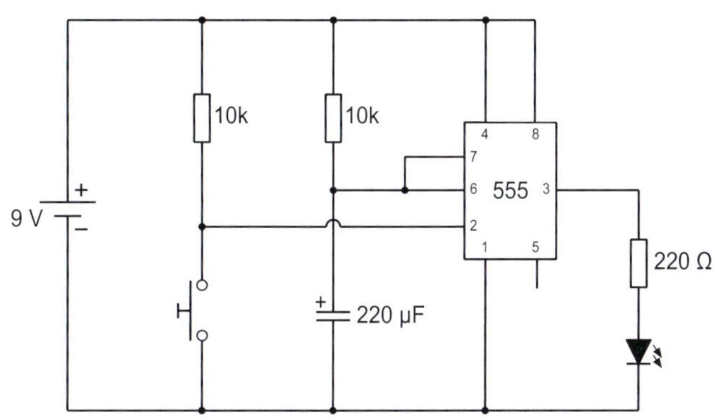

> **Desafíos**
>
> **Desafío 1.** Sabiendo que el tiempo de encendido del led se puede controlar modificando el valor de *C* y de *R* y que viene definido por la fórmula $T = 5RC$, calcula y comprueba el tiempo que estará el led encendido con los valores de tu circuito.

1. ✦ Calcula la resistencia de un cable de cobre que tiene una longitud de 300 metros y un diámetro de 6 mm. Repite el cálculo con un cable de aluminio.

Datos

$L = 300$ m $d = 6$ mm

$\rho_{Cu} = 1{,}71 \cdot 10^{-8}\ \Omega m$

$\rho_{Al} = 2{,}82 \cdot 10^{-8}\ \Omega m$

Incógnita

$R = ?$

Solución

Para el cable de cobre:

$$S = \pi r^2 = \pi\ 3^2\ mm^2 = 28{,}27\ mm^2 = 2{,}827 \cdot 10^{-5}\ m^2$$

$$R = \rho \frac{L}{S} = 1{,}71 \cdot 10^{-8}\ \Omega m \frac{300\ m}{2{,}827 \cdot 10^{-5}\ m^2} = 0{,}1814\ \Omega$$

Para el cable de aluminio:

$$R = \rho \frac{L}{S} = 2{,}82 \cdot 10^{-8}\ \Omega m \frac{300\ m}{2{,}827 \cdot 10^{-5}\ m^2} = 0{,}299\ \Omega$$

2. ✦ Dado el siguiente circuito mixto, calcula la resistencia equivalente del circuito y la intensidad y la tensión en cada resistencia.

Datos

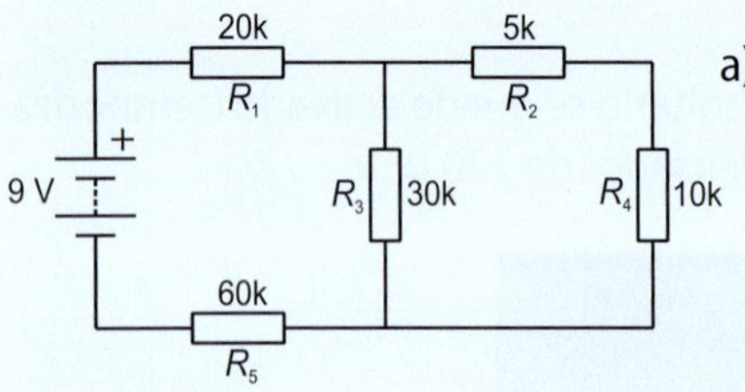

Incógnitas

$R_t = ?$ $V_i = ?$

$I_i = ?$

Solución

a) Agrupamos R_2 y R_4: $R_{24} = R_2 + R_4 = 5k + 10k = 15k$

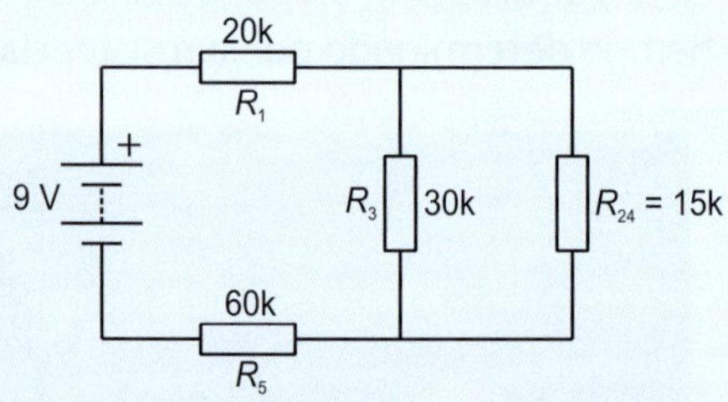

b) Agrupamos R_3 y R_{24}: $R_{234} = \dfrac{1}{\dfrac{1}{R_3} + \dfrac{1}{R_{24}}} = \dfrac{1}{\dfrac{1}{30} + \dfrac{1}{15}} = 10k$

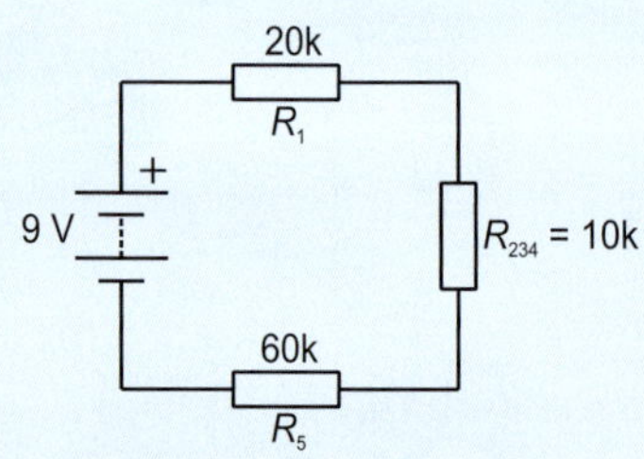

c) Circuito equivalente:

$$R_t = R_1 + R_{234} + R_5 = 20k + 10k + 60k = 90k$$

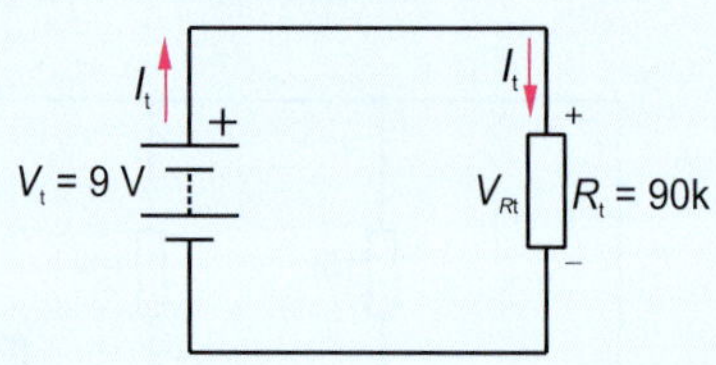

d) Calculamos la intensidad total:

$$I_t = \frac{V_t}{R_t} = \frac{9\ V}{90k} = 0{,}1\ mA$$

e) Por R_1: $I_1 = 0{,}1\ mA \Rightarrow V_1 = R_1 \times I_1 = 20k \times 0{,}1\ mA = 2\ V$

Por R_5: $I_5 = 0{,}1\ mA \Rightarrow V_5 = R_5 \times I_5 = 60k \times 0{,}1\ mA = 6\ V$

f) Entre los puntos A y B tendremos:

$V_3 = V_{234} = R_{234} \times I_t = 10k \times 0{,}1\ mA = 1\ V$ $I_3 = \dfrac{V_3}{R_3} = \dfrac{1\ V}{30k} = 0{,}033\ mA$

g) $I_{24} = I_{AB} - I_3 = 0{,}1\ mA - 0{,}033\ mA = 0{,}066\ mA$

h) En R_2 y R_4, conectadas en serie, quedará:

$I_2 = 0{,}066\ mA = I_4$

$V_2 = R_2 \times I_2 = 5k \times 0{,}066\ mA = 0{,}33\ V$ $V_4 = R_4 \times I_4 = 10k \times 0{,}066\ mA = 0{,}66\ V$

3. ✦✦ Calcula las intensidades por cada resistencia utilizando las leyes de Kirchhoff.

Datos

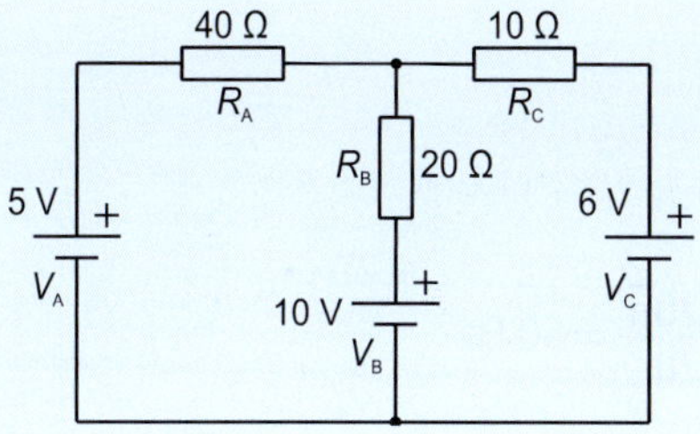

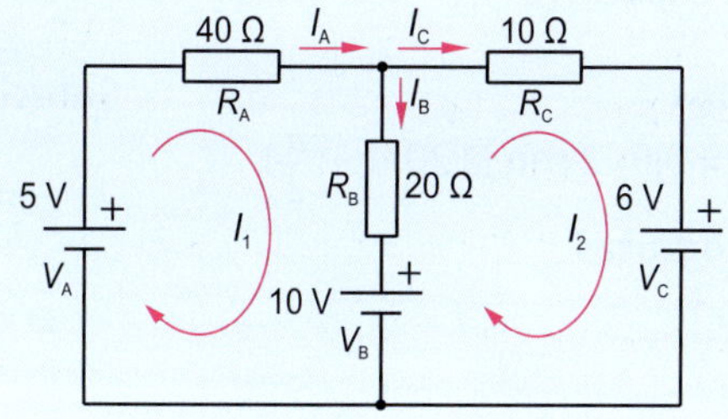

Incógnitas

$I_A = ?$

$I_B = ?$

$I_C = ?$

Solución

Aplicamos la segunda ley de Kirchhoff a cada una de las dos mallas:

$$\left.\begin{aligned} V_A - V_B &= I_1 (R_A + R_B) - I_2 R_B \\ V_B - V_C &= -I_1 R_B + I_2 (R_B + R_C) \end{aligned}\right\} \qquad \left.\begin{aligned} 5 - 10 &= I_1 (40 + 20) - I_2 20 \\ 10 - 6 &= -I_1 20 + I_2 (10 + 20) \end{aligned}\right\}$$

$$\left.\begin{aligned} -5 &= 60 I_1 - 20 I_2 \\ 4 &= -20 I_1 + 30 I_2 \end{aligned}\right\}$$

Empezamos a resolver el sistema de dos ecuaciones y dos incógnitas despejando I_1 en la primera ecuación:

$$-5 = 60 I_1 - 20 I_2$$

$$-5 + 20 I_2 = 60 I_1$$

$$I_1 = \frac{-5 + 20 I_2}{60}$$

Sustituimos I_1 en la segunda ecuación:

$$4 = -20\left(\frac{-5 + 20 I_2}{60}\right) + 30 I_2$$

$$240 = -20 (-5 + 20 I_2) + 1.800 I_2$$

$$240 = 100 - 400 I_2 + 1.800 I_2$$

$$I_2 = 0{,}1 \text{ A}$$

Por lo tanto:

$$I_1 = \frac{-5 + 20 I_2}{60} = -0{,}05 \text{ A}$$

Dado que $I_1 = I_A$ y que $I_2 = I_C$, aplicamos la primera ley de Kirchhoff en el nudo A:

$$I_B = I_1 - I_2 \Rightarrow I_B = I_A - I_C$$

$$I_B = -0{,}05 - 0{,}1 = -0{,}15 \text{ A}$$

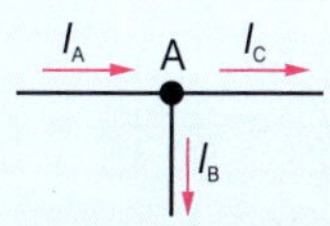

Nudo A.

Es decir:

$$I_A = -0{,}05 \text{ A}$$

$$I_B = -0{,}15 \text{ A}$$

$$I_C = 0{,}1 \text{ A}$$

4. ✦✦ Dada la ecuación de la intensidad instantánea de corriente alterna que mostramos en el apartado "Datos", calcula el valor eficaz de la corriente, la frecuencia y el ángulo de desfase entre la tensión y la corriente. Indica si es un circuito inductivo o capacitivo.

Datos

$i(t) = 0{,}5\sqrt{2}\ \text{sen}\,(120\pi t - \frac{\pi}{2})$

Incógnitas

$I_{ef} = ?$ $f = ?$

$\varphi = ?$

Solución

$$I_{ef} = \frac{I_{máx}}{\sqrt{2}} = 0{,}5\ \text{A}$$

$$\omega = \frac{2\pi}{T} = 2\pi f \Rightarrow f = \frac{\omega}{2\pi} = \frac{120\pi}{2\pi} = 60\ \text{Hz}$$

$$\varphi = \frac{\pi}{2} > 0$$

La tensión está adelantada respecto a la intensidad. Por tanto, el circuito es inductivo.

5. ✦ En el siguiente circuito, dibuja la $v(t)$ y la $i(t)$ con su desfase correspondiente. ¿Cuál será el valor de $V_{máx}$ si $V_{ef} = 230$ V?

Datos

$V_{ef} = 230$ V

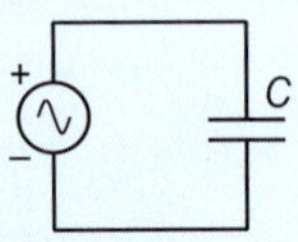

Incógnita

$V_{máx} = ?$

Solución

$$V_{ef} = \frac{V_{máx}}{\sqrt{2}} \Rightarrow V_{máx} = V_{ef}\sqrt{2} = 230\sqrt{2} = 325\ \text{V}$$

Como el circuito es puramente capacitivo, la tensión va 90° retrasada respecto a la intensidad. Por tanto:

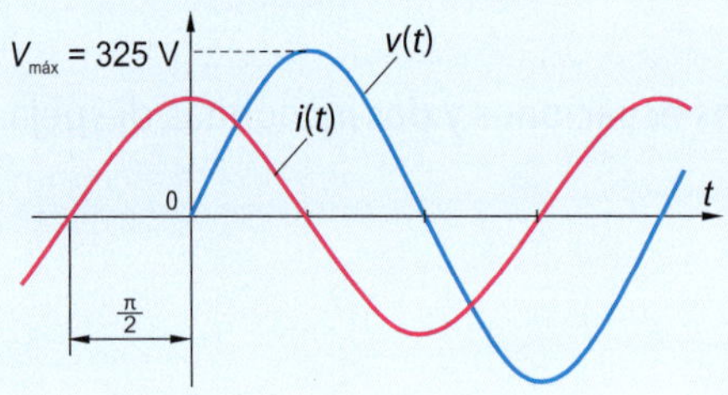

$v(t) = V_{máx}\ \text{sen}\,(\omega t)$

$i(t) = I_{máx}\ \text{sen}\,(\omega t + \frac{\pi}{2})$

6. ✦✦ En el siguiente circuito de corriente alterna conectado a 220 V eficaces y 50 Hz, tenemos conectados en serie una resistencia de 50 Ω, una bobina de 0,3 H y un condensador de 220 μF. Calcula el balance de potencias (activa, reactiva y aparente).

Datos

$V_{ef} = 220$ V

$f = 50$ Hz

$R = 50\ \Omega$

$L = 0{,}3$ H

$C = 220\ \mu$F

Incógnitas

$P = ?$

$Q = ?$

$S = ?$

Solución

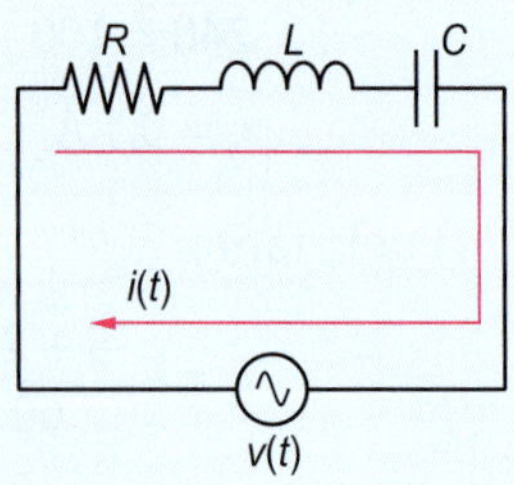

$$X_L = \omega L = 2\pi f L = 2\pi \cdot 50\ \text{Hz} \cdot 0{,}3\ \text{H} = 94{,}25\ \Omega$$

$$X_C = \frac{1}{\omega C} = \frac{1}{2\pi \cdot 50 \cdot 220 \cdot 10^{-6}\ \text{F}} = 14{,}47\ \Omega$$

Para la impedancia total:

$$Z = \sqrt{R^2 + (X_L - X_C)^2} = \sqrt{50^2 + (94{,}25 - 14{,}47)^2} = 94{,}15\ \Omega$$

$$\cos\varphi = \frac{R}{Z} = \frac{50}{94{,}15} = 0{,}53 \qquad \varphi = \text{arc cos}\ 0{,}53 = 57{,}99°$$

$$I = \frac{V}{Z} = \frac{220}{94{,}15} = 2{,}34\ \text{A}$$

Así, pues:

$$P = VI\cos\varphi = 220\ \text{V} \cdot 2{,}34\ \text{A} \cdot 0{,}53 = 272{,}84\ \text{W}$$

$$Q = VI\ \text{sen}\ \varphi = 220\ \text{V} \cdot 2{,}34\ \text{A} \cdot \text{sen}\ 57{,}99° = 436{,}54\ \text{VAr}$$

$$S = VI = 220\ \text{V} \cdot 2{,}34\ \text{A} = 514{,}8\ \text{VA}$$

Repasa (parte 1)

- **Intensidad de corriente**: es la carga eléctrica (electrones) que pasa por la sección de un conductor en una unidad de tiempo. $I = \frac{Q}{t}$
- **Resistencia**: es la oposición que ofrece un cuerpo al paso de la corriente eléctrica. Depende del material del que está hecho el conductor, su longitud y sección. $R = \rho \frac{L}{S}$
- **Voltaje, tensión o diferencia de potencial**: es la energía necesaria para transportar una unidad de carga desde un punto hasta otro de un circuito. $V = \frac{E}{Q}$
- **Ley de Ohm**: relaciona las tres magnitudes anteriores. $V = RI$
- La **energía eléctrica** es la energía generada por las fuerzas de atracción y repulsión entre partículas.
- La **potencia** es la energía que consume un receptor o suministra un generador en un período de tiempo determinado. $P = \frac{E}{t} = VI = \frac{V^2}{R} = RI^2$
- **Efecto Joule**: cuando los electrones se mueven por los conductores, parte de su energía cinética se transforma en calor por rozamiento. $E = I^2 \times R \times t$

Asociación de receptores

Serie	Paralelo
$R_t = R_1 + R_2 + R_3 + ...$	$\frac{1}{R_t} = \frac{1}{R_1} + \frac{1}{R_2} + \frac{1}{R_3} + ...$
$V_t = V_1 + V_2 + V_3 + ...$	$V_t = V_1 = V_2 = V_3 = ...$
$I_t = I_1 = I_2 = I_3 = ...$	$I_t = I_1 + I_2 + I_3 + ...$

Leyes de Kirchhoff

1ª ley de Kirchhoff: $\Sigma I = 0$

2ª ley de Kirchhoff: $\Sigma V = \Sigma R_i I_i$

Parámetros de corriente alterna

Amplitud, período (T), frecuencia (f)	$f = \frac{1}{T}$
Valor instantáneo, valor máximo, valor eficaz	$V_{ef} = \frac{V_{máx}}{\sqrt{2}}$ $I_{ef} = \frac{I_{máx}}{\sqrt{2}}$

Balance de potencias

Potencia activa	$P = VI \cos \varphi$
Potencia reactiva	$Q = VI \text{ sen } \varphi$
Potencia aparente	$S = VI = \sqrt{P^2 + Q^2}$
Factor de potencia	$\text{f.d.p.} = \cos \varphi = \frac{P}{S}$

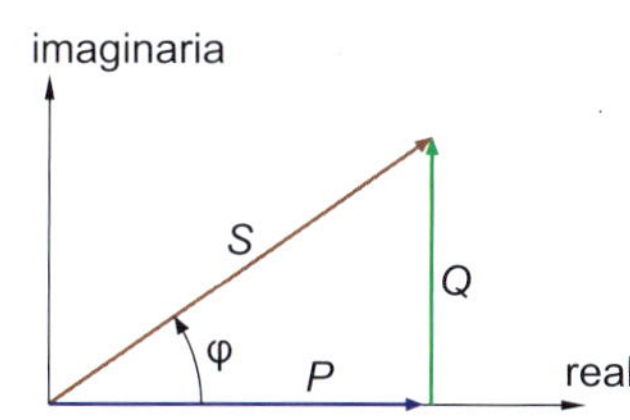

Componentes en corriente alterna

Impedancia de una bobina	$X_L = \omega L$
Impedancia de un condensador	$X_C = \frac{1}{\omega C}$
Impedancia de un circuito RLC en serie	$Z = \sqrt{R^2 + (X_L - X_C)^2}$
Factor de potencia y ángulo de desfase	$\cos \varphi = \frac{R}{Z}$ $\varphi = \arccos \frac{R}{Z}$

Parte 2. Circuitos neumáticos e hidráulicos

8. Neumática e hidráulica. Principios físicos de funcionamiento

Las máquinas de gran potencia, como las excavadoras, disponen de sistemas de accionamiento hidráulico.

Las puertas y rampas de acceso de los medios de transporte público suelen ser de accionamiento neumático.

El sistema de frenado de un coche es un circuito hidráulico que permite transmitir la fuerza ejercida sobre el pedal de freno hasta los cilindros de freno en las ruedas.

La **neumática** es el estudio y tratamiento del aire comprimido, realizado con circuitos e instalaciones neumáticas. La **hidráulica** es la rama de la física que estudia el comportamiento de los fluidos, en función de sus propiedades y de las fuerzas a las que están sometidos.

Los **circuitos neumáticos** se emplean para transmitir fuerzas y realizar trabajo por medio de aire comprimido.

Los **circuitos hidráulicos** utilizan aceite y fluidos sintéticos para este mismo fin, por lo que también son denominados *circuitos oleohidráulicos*.

En la actualidad, cualquier sistema de control puede emplear tanto circuitos eléctricos y electrónicos como neumáticos o hidráulicos, o también una combinación de todos ellos. Además, podemos encontrar sistemas neumáticos e hidráulicos en diversos ámbitos, ya que la energía proporcionada por el aire y los fluidos a presión puede aplicarse para acciones distintas, como perforar, levantar, excavar, impulsar, etc.

Principios físicos de funcionamiento

La neumática y la hidráulica se basan en principios físicos relacionados con los fluidos. El término *fluido* engloba los líquidos y los gases. El aire, el aceite y los compuestos sintéticos con los que trabajan los circuitos neumáticos e hidráulicos son fluidos.

Los **fluidos** son sustancias cuyas moléculas se mueven y cambian sus posiciones relativas con gran facilidad, deformándose continuamente bajo la acción de esfuerzos constantes. Por eso tienden a adoptar la forma del recipiente que los contiene.

Un sólido, por el contrario, puede resistir un esfuerzo constante si el esfuerzo aplicado no supera el límite elástico del material.

Aplicaciones de los circuitos neumáticos e hidráulicos

Transporte	**Industria (precisión)**	**Medicina (higiene)**
Camiones de basura Frenos Suspensión y amortiguación Accionamiento de puertas	Equipos de montaje Accionamientos de los robots Manipulación automática	Camas de hospitales Instrumental odontológico
Maquinaria (gran potencia)	**Aeronáutica**	**Otros**
Máquinas herramienta Tractores Grúas Excavadoras Perforadoras	Frenos Trenes de aterrizaje	Riego automático Limpieza

A continuación se recogen las magnitudes básicas y principios fundamentales relacionados con los fluidos.

Densidad. Relación con la compresibilidad en los fluidos

La **densidad** (*d*) es la propiedad de los materiales que se define como la relación entre la cantidad de masa y el volumen que ocupa. Matemáticamente:

$$d = \frac{m}{v}$$

La unidad de medida de la densidad en el Sistema Internacional es el **kg/m³**.

Si la densidad de un cuerpo se mantiene constante en el tiempo, aunque varíen las condiciones externas, se dice que ese cuerpo es **incompresible**. Los gases no cumplen esta propiedad, es decir, son **compresibles**. Los líquidos, sin embargo, se consideran incompresibles para el rango de condiciones que se usan en hidráulica.

Viscosidad

La **viscosidad** (μ) es la propiedad de los fluidos que representa la resistencia que ofrece una capa de fluido al circular sobre otra. Es una característica importante de los aceites, que sirve para clasificarlos, y varía con la temperatura.

Esta propiedad permite utilizar distintos fluidos como lubricantes, ya que les permite crear una película protectora que evita el desgaste de las piezas.

La unidad de medida de la viscosidad en el Sistema Internacional es el **pascal segundo** (Pa·s); y en el sistema cegesimal, el **poise** (P). La equivalencia es la siguiente:

$$1\ \text{P} = 0{,}1\ \text{Pa·s}$$

Presión

La **presión** (*P*) es la relación que existe entre una **fuerza** (*F*) y la **superficie** en la que se aplica (*S*):

$$P = \frac{F}{S}$$

La unidad de medida de la presión en el Sistema Internacional es el **pascal** (Pa).

$$1\ \text{Pa} = \frac{1\ \text{N}}{1\ \text{m}^2}$$

Existen muchas otras unidades de presión, derivadas de distintos usos en diversas ramas de la física. Por ejemplo, una **atmósfera** es la medida de la presión que ejerce la atmósfera al nivel del mar, y es igual a 1,01325 bares (si hacemos la aproximación, atmosfera y bar se pueden considerar equivalentes). La equivalencia entre algunas de las unidades de presión se recoge en la tabla 1.

Unidades de presión

pascal	1 Pa = 1 N/m²
atmósfera	1 atm = 1,01325 · 10^5 Pa = 1,01325 bar ≈ 1 bar ≈ 10.000 Pa
bar	1 bar ≈ 1 atm
milímetro de mercurio	1 atm = 760 mm de Hg

Tabla 1. Relación entre las distintas unidades de presión y sus aproximaciones.

Caudal

El **caudal** (*Q*) de un fluido es el **volumen** (*V*) de dicho fluido que atraviesa la sección del conducto por el que circula, por unidad de **tiempo** (*t*). Se relaciona con la **velocidad** de desplazamiento del fluido (*v*), siendo *L* y *S* la **longitud** recorrida en el conducto y su **sección**, respectivamente, según la expresión siguiente:

$$Q = \frac{V}{t} = \frac{S \cdot L}{t} = S \cdot v$$

donde hemos aplicado que la velocidad del fluido (*v*) será la longitud recorrida entre el tiempo empleado (*L* / *t*).

El caudal se mide en **m³/s** (metros cúbicos por segundo) en el Sistema Internacional. También es habitual expresarlo en **litros por unidad de tiempo**, ya que la relación entre las unidades de capacidad y las de volumen es que un litro es igual a un decímetro cúbico:

$$1\ \text{l} = 1\ \text{dm}^3$$

Ley de continuidad. Efecto Venturi

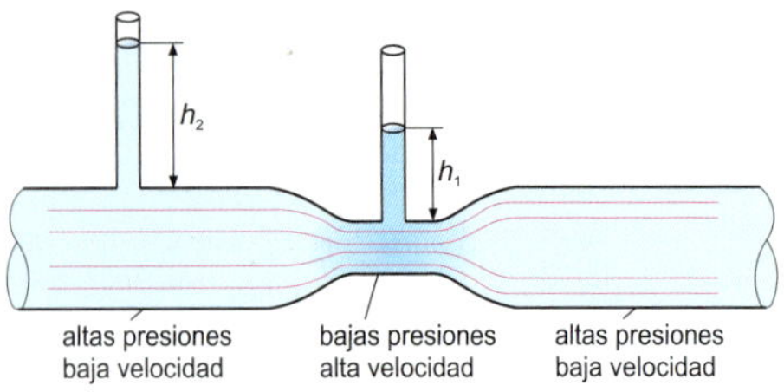

Efecto Venturi.

Escanea el código para ver una sorprendente demostración del **efecto Venturi**.

En un fluido incompresible, el caudal que atraviesa la sección de un conductor debe ser la misma, si no hay fuentes o sumideros de fluido. En ese caso:

$$Q_1 = Q_2 \Rightarrow \mathbf{S_1 \cdot v_1 = S_2 \cdot v_2}$$

donde S_1 y v_1 son la sección y la velocidad correspondientes al conductor, y S_2 y v_2 son las del estrechamiento del conductor (véase la figura).

La igualdad anterior se conoce como **ley de continuidad** e implica que las velocidades son inversamente proporcionales a las secciones en un fluido incompresible. Este fenómeno es fácil de observar, por ejemplo, cuando apretamos el extremo de una manguera llena de agua que fluye para que el agua llegue más lejos. La disminución de sección hace que aumente la velocidad del fluido.

Relacionado con la ley de continuidad, aparece el **efecto Venturi** para los fluidos en movimiento, que consiste en que disminuye la presión en el interior del fluido cuando aumenta la velocidad, al pasar por un lugar de menor sección.

Principio de Pascal

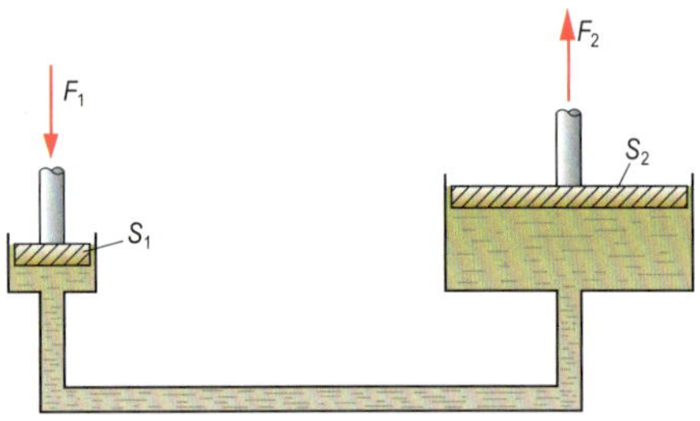

Cuando se aplica presión a un fluido contenido en un recipiente, la presión se transmite instantáneamente y por igual en todas las direcciones del fluido, lo que constituye el **principio de Pascal**.

Si lo aplicamos a un sistema como el de la figura, de dos pistones comunicados, aplicando la igualdad de presiones en todo el fluido ($P_1 = P_2$) se obtiene la siguiente relación:

$$\frac{F_1}{S_1} = \frac{F_2}{S_2}$$

De esta forma, si la superficie S_2 es el doble que la superficie S_1 y colocamos en ella un objeto, la fuerza (F_1) que tendremos que ejercer para levantar el objeto se reducirá a la mitad de la que tendríamos que hacer si no dispusiéramos del sistema (F_2). Es decir:

$$F_1 = \frac{F_2}{2}$$

Esto permite, en los sistemas hidráulicos, amplificar la fuerza realizada, en proporción a la relación de superficies.

EJERCICIOS

1. ✦ Explica la diferencia que existe entre la densidad y la viscosidad de un fluido.
2. ✦ Calcula la presión que ejerce una fuerza equivalente al peso de una persona de 80 kg, si la superficie sobre la que se realiza es de 0,5 m^2. Da el resultado en pascales y atmósferas. *(Solución: $P = 1.568\ N/m^2 = 1.568\ Pa = 1.568 \cdot 10^{-5}$ atm)*
3. ✦✦ Calcula el caudal de aire que supone la circulación de 100 litros de aire por una tubería de sección circular de 5 dm de radio en 10 segundos. ¿A qué velocidad circulará? ¿Y si la tubería tuviera 0,5 cm de radio? *(Solución: Q = 10 l/s; $v_1 = 0{,}13$ dm/s; $v_2 = 1.273$ dm/s)*
4. ✦✦ Calcula la fuerza necesaria para levantar un objeto de 30 N, situado en un pistón de 30 mm^2, unido mediante una tubería a otro pistón de 10 mm^2. *(Solución: 10 N)*

9. Circuitos neumáticos

Los circuitos neumáticos están compuestos por una serie de elementos que permiten transformar el aire atmosférico desde que es absorbido de la atmósfera hasta que se produce una acción del actuador.

A grandes rasgos, podemos señalar las siguientes fases en los circuitos neumáticos:

1. El **aire atmosférico** es sometido a un aumento de presión en un **compresor**, normalmente accionado por un motor eléctrico. Una vez comprimido, se almacena en un **depósito**.
2. El aire almacenado sufre un **tratamiento** o **acondicionamiento** para que llegue al circuito limpio, seco, lubricado y con la presión adecuada.
3. Desde ahí, es conducido a través de **tuberías** hacia los **cilindros** o **motores**, que son los componentes capaces de realizar un trabajo. Las **válvulas** se encargan de controlar el flujo de aire comprimido que entra y sale de los cilindros.

Las **ventajas de los sistemas neumáticos** son:

- La materia prima (el aire) es barata y abundante.
- El aire es también fácil de transportar y de almacenar.
- Las fugas no son peligrosas, tóxicas ni contaminantes.
- No hay riesgo de explosión.
- No hacen falta mecanismos complicados, ya que no es necesario realizar transformaciones energéticas intermedias.
- Son ideales en condiciones ambientales desfavorables.

El siguiente diagrama representa las transformaciones que sufre el aire atmosférico desde que es absorbido de la atmósfera hasta que produce una acción sobre la máquina.

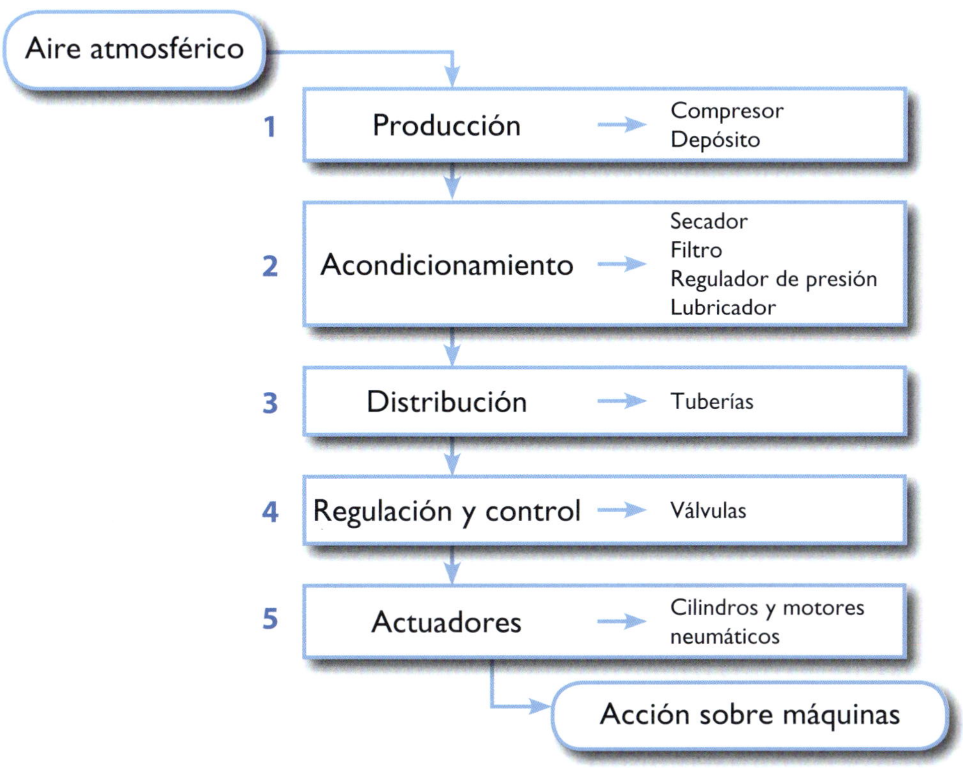

Compresor neumático.

Depósito de aire.

Cilindro.

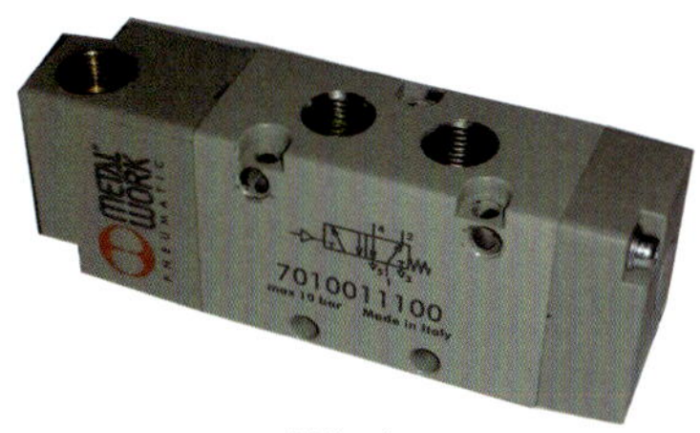

Válvula.

En los servicios de televisión a la carta podemos visualizar **programas sobre procesos industriales** en los que se muestran las aplicaciones de los circuitos neumáticos. Por ejemplo, *Fabricando. Made in Spain*, de RTVE:

10. Simbología neumática

Aquí se recogen los principales símbolos neumáticos usados para representar los componentes. Sus funciones y características se irán explicando a lo largo de la unidad.

La norma ISO 1219 recoge los símbolos que se deben utilizar en los esquemas neumáticos.

Producción y tratamiento del aire comprimido

Compresor	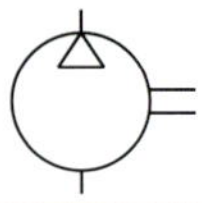	Regulador de presión	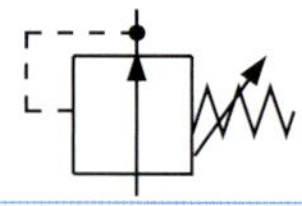
Depósito		Lubricador	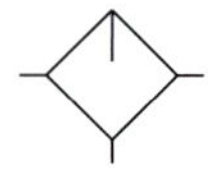
Secador	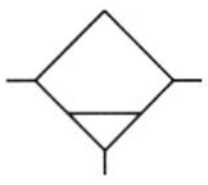	Unidad de mantenimiento	
Filtro	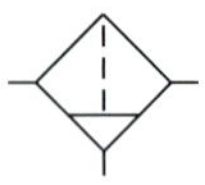	Fuente de presión	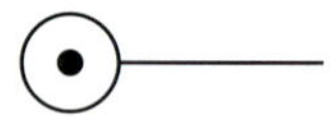

Actuadores

Motor neumático	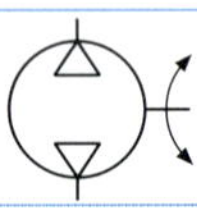	Cilindro de simple efecto	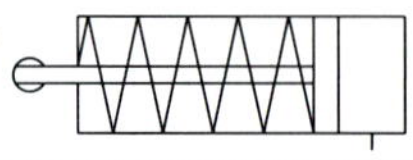	Cilindro de doble efecto	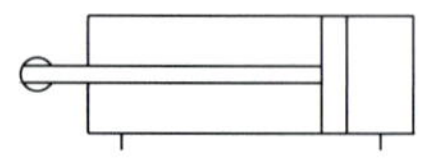

Válvulas

Válvula antirretorno	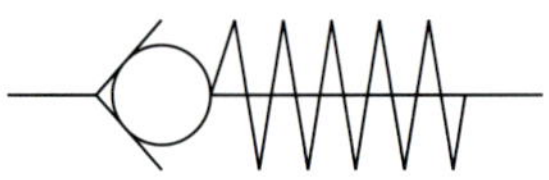	Válvula de escape rápido	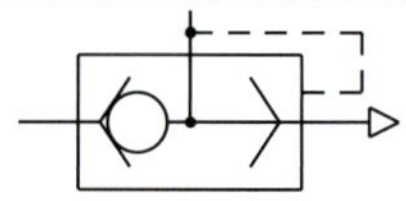
Válvula de cierre		Válvula selectora	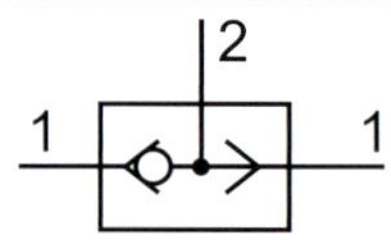
Válvula de simultaneidad	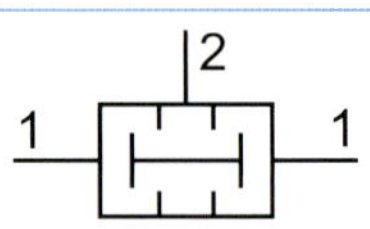	Válvula reguladora unidireccional	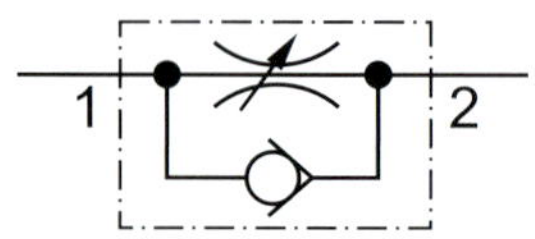

Válvulas distribuidoras (ejemplos)

Válvula 2/2 de mando manual y retorno por resorte	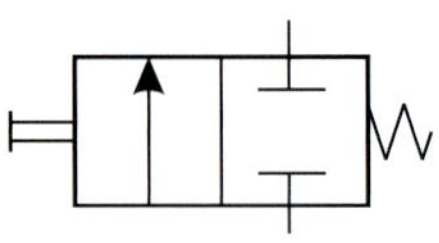	Válvula 4/2 de mando por pedal y retorno por resorte	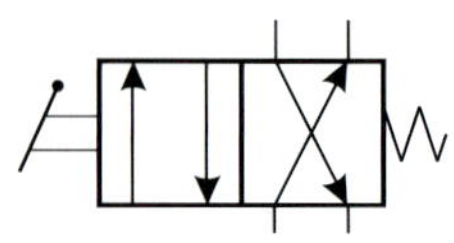

Accionamientos y retornos

Mando manual (en general)	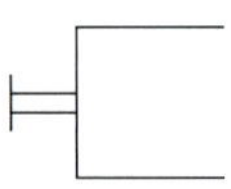	Por palanca o pedal	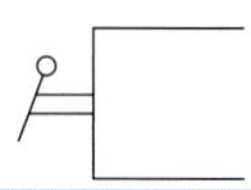
Por pulsador	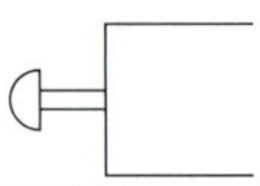	Eléctrico	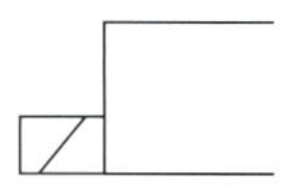
Por rodillo	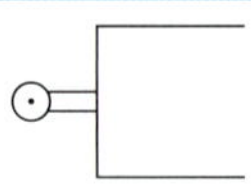	Retorno por resorte	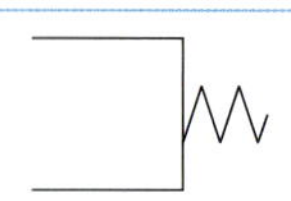
Neumático	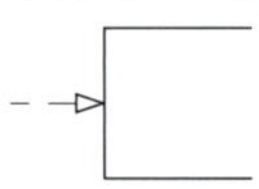		

11. Producción y tratamiento del aire comprimido

Hemos visto que el aire es tomado de la atmósfera, sometido a un aumento de presión (es decir, comprimido) y confinado en un espacio reducido como es un depósito. Ese aumento de presión produce la condensación del agua presente en la atmósfera, que podría estropear los elementos metálicos del circuito. Asimismo, el aire debe ser filtrado para eliminar las impurezas y, por último, lubricado y regulado para que tenga la presión exacta y necesaria en el circuito.

Todo este proceso constituye la **producción y tratamiento del aire comprimido**. Los elementos necesarios para llevarlo a cabo son los siguientes (al lado te mostramos su simbología):

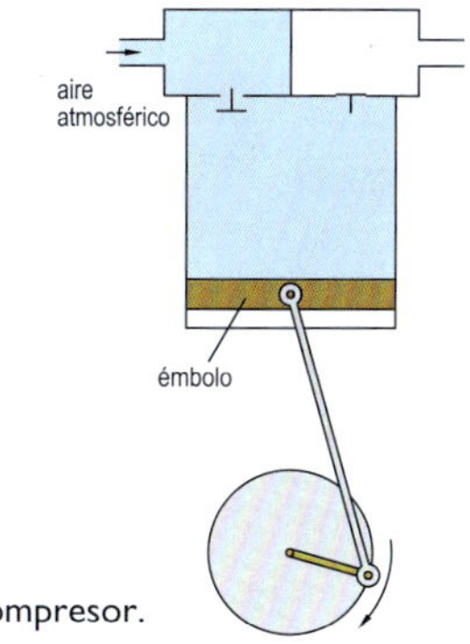

Funcionamiento de un compresor.

Compresor
Es el elemento encargado de elevar la presión del aire (presión atmosférica) a la presión de trabajo necesaria. En la figura se representa un compresor de pistón.

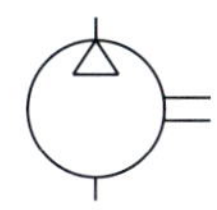

Depósito o acumulador
Su objetivo es almacenar aire comprimido para suministrarlo en el momento en que se necesite.

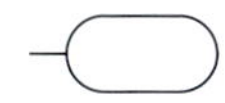

Secador
Sirve para reducir el contenido de vapor de agua existente en el aire. Contiene un material poroso (por ejemplo, dióxido de silicio) que absorbe la humedad del aire que pasa a través de él.

Filtro
Es el encargado de detener las impurezas que arrastra el aire.

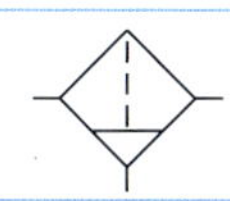

Regulador de presión
Tiene por objeto mantener el aire a una presión constante, que se determine como necesaria, evitando las variaciones que pueda ocasionar el consumo de aire de la instalación. Los reguladores de presión suelen incorporar un manómetro.

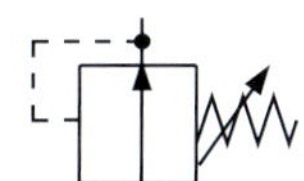
Regulador de presión.

Manómetro.

Lubricador
En su interior se desarrolla el último tratamiento del aire antes de que entre en el circuito: se mezcla el aire con aceite, para intentar aumentar la vida y el rendimiento de los circuitos neumáticos. Evita la corrosión y detiene el desgaste de piezas.

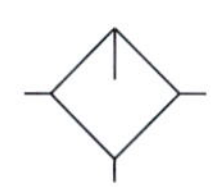

Unidad de mantenimiento
Está formada por los tres últimos elementos mencionados (filtro, regulador de presión y lubricador), por lo que se suele representar en un circuito con la simbología simplificada de la figura, en lugar de unir los tres símbolos correspondientes.

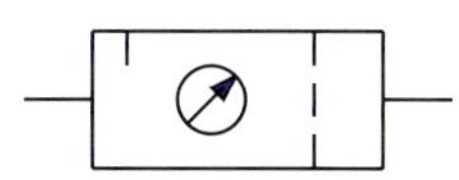

Si unimos todos los elementos que se necesitan para la producción y el tratamiento del aire comprimido, quedan así:

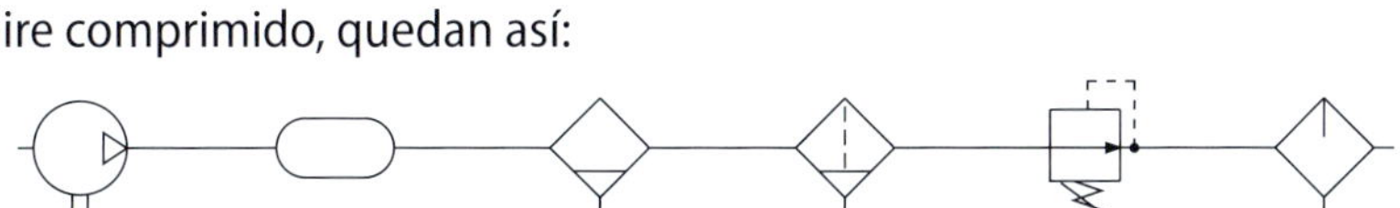

Todo el aire producido y tratado se suele representar de forma simplificada en los circuitos con el símbolo de **fuente de presión**. Es decir, el siguiente símbolo representa la unión de todos los anteriores:

Escanea el código para visualizar un vídeo sobre el proceso de **producción del aire comprimido**.

12. Regulación y control: las válvulas

Las **válvulas** son los elementos de un circuito neumático encargadas de la regulación y el control del circuito.

Existen válvulas de muchos tipos, en función de sus principales **funciones**:

- Determinar el camino que ha de tomar el aire comprimido para llegar a los cilindros (válvulas **distribuidoras**).
- Bloquear el paso del aire en un sentido (válvula **antirretorno**).
- Evacuar el aire comprimido rápidamente (válvula **de escape rápido**).
- Abrir o cerrar el paso del caudal de aire (válvula **de cierre**).
- Permitir la circulación del aire desde dos entradas opuestas a una salida común (válvula **selectora**).
- Permitir la circulación del aire a una salida común sólo si simultáneamente se activan dos entradas opuestas (válvula **de simultaneidad**).
- Regular el flujo en un sentido y dejarlo pasar libremente en el otro (válvula **reguladora unidireccional**).

En la siguiente tabla se resumen las **válvulas no distribuidoras**:

Nombre de la válvula	Símbolo	Función
Válvula antirretorno		Bloquear el paso del aire en un sentido.
Válvula de escape rápido	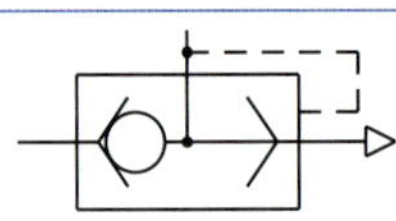	Evacuar el aire comprimido rápidamente.
Válvula de cierre		Abrir o cerrar el paso del caudal de aire.
Válvula selectora	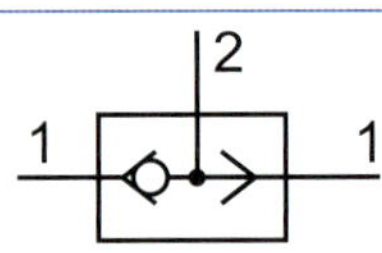	Permitir la circulación del aire desde dos entradas opuestas a una salida común.
Válvula de simultaneidad	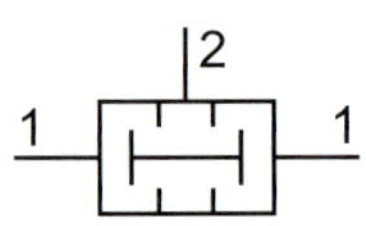	Permitir la circulación del aire a una salida común sólo si simultáneamente se activan dos entradas opuestas.
Válvula reguladora unidireccional	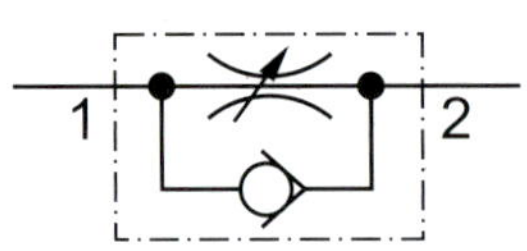	Regular el flujo en un sentido y dejarlo pasar libremente en el otro. (En la figura, dejaría pasar el aire libremente de 2 a 1 y lo ralentizaría de 1 a 2.)

Escanea el código para visualizar un vídeo explicativo sobre las **válvulas**.

Válvulas distribuidoras

Por su especial importancia analizaremos a continuación las **válvulas distribuidoras**. Estas válvulas tienen una simbología propia que indica:

1. El número de orificios o **vías** que tienen, que determinarán los distintos recorridos que son posibles en su interior
2. El número de **posiciones** que pueden tomar
3. El tipo de **accionamiento y retorno** que necesitan para pasar de una posición a otra

En las válvulas distribuidoras, el número de **posiciones** se señala por medio de cuadrados. Lo más habitual es que la válvula tenga dos posiciones (**reposo** y **trabajo**), que se indican con dos cuadrados:

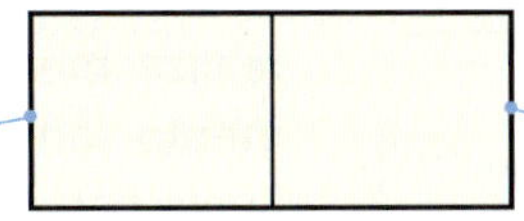

Las **vías** se representan cerradas o bien con flechas que representan el sentido de circulación de una vía a otra. Se representan en cada una de las posiciones de la válvula, de forma que el número de vías será el mismo, cambiando la circulación del aire en su interior:

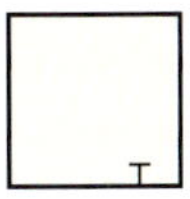
Vía cerrada.

Dos vías abiertas, aire circulando de una a otra.

La identificación de una válvula se realiza con un número de dos cifras, la primera de las cuales indica el número de **vías** y la segunda el número de **posiciones**:

Válvula 2/2 Válvula de dos vías y dos posiciones

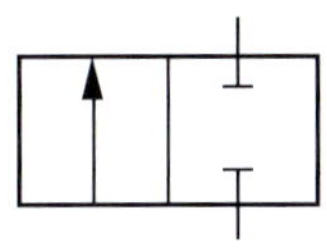

Válvula 3/2 Válvula de tres vías y dos posiciones

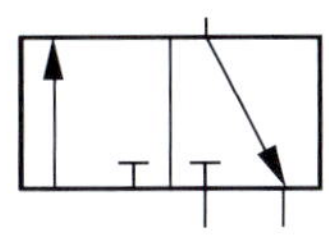

Válvula 4/2 Válvula de cuatro vías y dos posiciones

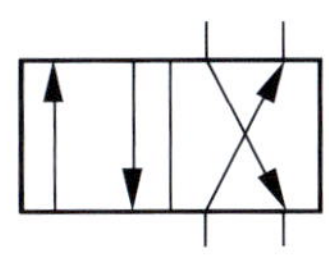

Accionamiento y retorno de válvulas

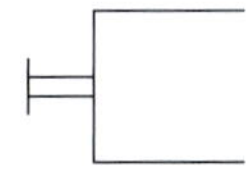
Mando manual (en general).

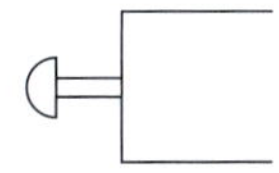
Por pulsador.

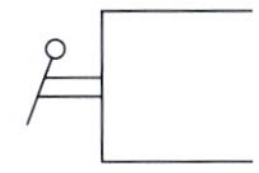
Por palanca o pedal.

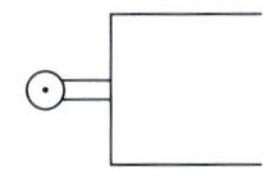
Por rodillo.

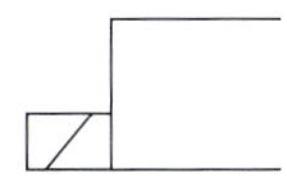
Eléctrico.

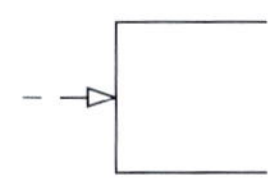
Neumático.

Retorno por resorte.

Ejemplos de válvulas con la simbología completa

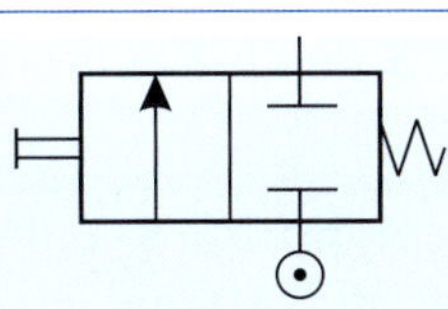

Válvula 2/2 de mando manual y retorno por resorte. En la posición de reposo (derecha) no hay paso de aire. Cuando se acciona el pulsador (posición izquierda), el aire comprimido entra en la válvula y llega al orificio superior, siguiendo la dirección de la flecha.

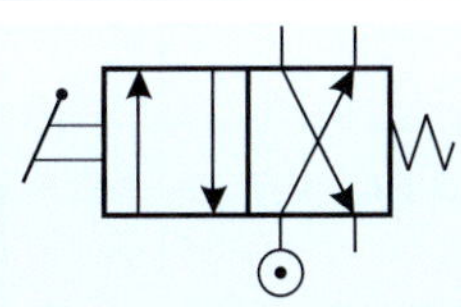

Válvula 4/2 de accionamiento por pedal y retorno por resorte. En la posición de reposo (derecha), el aire comprimido puede circular en las dos direcciones indicadas. Cuando se acciona el pedal (posición izquierda), la válvula cambia en su interior y permite la entrada y salida de aire según las flechas.

EJERCICIOS

5. ✦✦ Explica para qué sirven y cómo se representan las siguientes válvulas: antirretorno, de simultaneidad, reguladora unidireccional, selectora, de escape rápido.

6. ✦✦ Nombra las siguientes válvulas:

a) 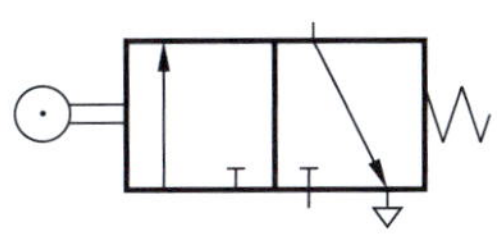

b) 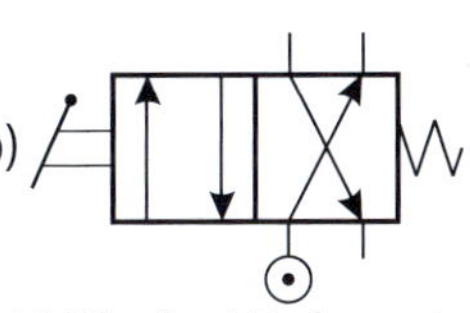

(Solución: a) Válvula 3/2 de accionamiento por rodillo y retorno por resorte. b) Válvula 4/2 de accionamiento por pedal y retorno por resorte.)

13. Distribución del aire comprimido

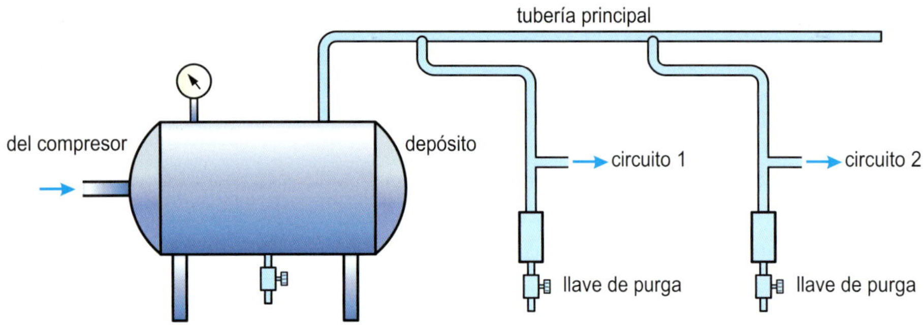

La **distribución** del aire comprimido se realiza mediante **tuberías**, que normalmente son de acero, cobre o polietileno. Suele haber una tubería principal, de las que derivan las tuberías secundarias. Se colocan con una leve inclinación (1 a 3%) para que, si se condensa el agua, caiga por gravedad hacia un punto donde pueda extraerse (**purgarse**). La velocidad de circulación del aire suele estar entre los 8 y los 15 m/s.

14. Actuadores neumáticos: motores y cilindros

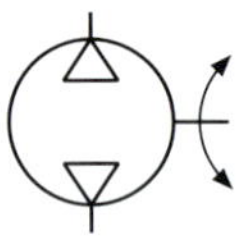
Motor neumático.

Los **actuadores neumáticos** son los componentes de un circuito encargados de transformar la energía del aire comprimido en movimiento, que se aprovecha para realizar un trabajo.

Existen dos tipos de actuadores neumáticos: los que producen movimiento rotativo (**motores** neumáticos) y los que producen movimiento lineal alternativo (**cilindros**), más extendidos y que analizaremos a continuación.

Los cilindros tienen forma de tubo y en su interior existe un **émbolo** unido a un **vástago** que se desplaza con movimiento rectilíneo alternativo y produce un trabajo.

Los cilindros neumáticos pueden ser de dos tipos:

- **Cilindro de simple efecto.** Tiene una conexión con el aire comprimido y un muelle o resorte incorporado en su interior. Cuando entra el aire comprimido en él, mueve el émbolo y el vástago realiza una **carrera**. En ese recorrido se aprovecha la fuerza del vástago. A continuación, el émbolo vuelve a su posición inicial (**retorno**) sin necesidad de otra fuerza, por efecto del muelle.

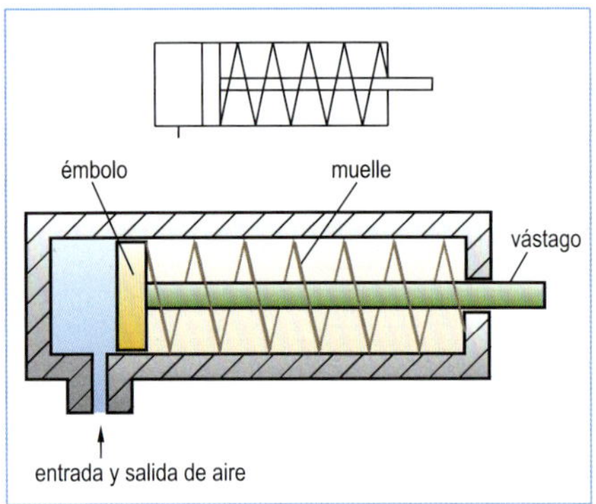

Cilindro de simple efecto.

Fuerza que realiza el vástago: $\boldsymbol{F = P \cdot S}$, donde *P* es la presión de aire suministrada y *S* es la superficie del émbolo.

Volumen de aire consumido por el cilindro: $\boldsymbol{V = S \cdot c}$, donde *S* es la superficie del émbolo y *c* es la carrera o recorrido del vástago.

- **Cilindro de doble efecto.** Es similar al cilindro de simple efecto, pero sin el muelle que produce el retorno. Tiene dos conexiones con el aire comprimido, una a cada lado del émbolo. En este caso se aprovecha la fuerza del vástago en las dos carreras (**avance** y **retroceso**), pero se necesita la fuerza del aire comprimido en ambas.

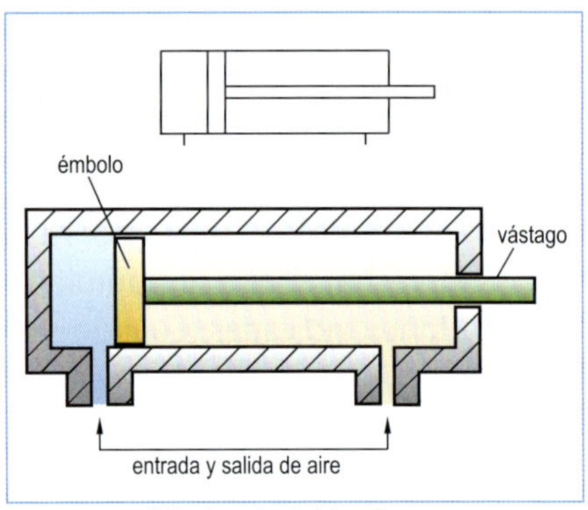

Cilindro de doble efecto.

Fuerza que realiza el vástago: en el **avance** es como en un cilindro de simple efecto; y en el **retroceso**: $F_{retroceso} = P \cdot (S - S_{vástago})$

Volumen de aire consumido por el cilindro: en el **avance** es como en un cilindro de simple efecto; y en el retroceso: $V_{retroceso} = (S - S_{vástago}) \cdot c$

Escanea el código para visualizar un vídeo explicativo sobre los **actuadores**.

15. Ejemplos de diseño de circuitos neumáticos

Control de un cilindro de simple efecto con una válvula 3/2 de accionamiento por pedal y retorno por resorte

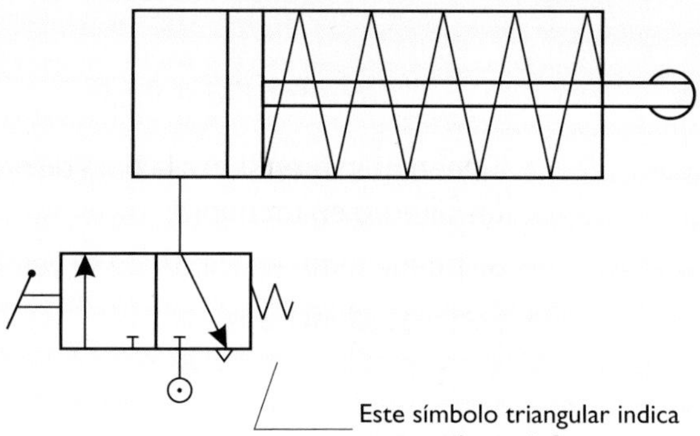

1. En la posición de reposo, no entra aire en el cilindro.
2. Cuando se acciona el pedal, el aire comprimido es conducido hacia el cilindro por la válvula, lo cual produce el avance del vástago, que se aprovechará para realizar un trabajo.
3. Cuando se deja de pisar el pedal, la válvula vuelve a su posición de reposo por efecto del resorte, deja de entrar aire comprimido, el vástago retrocede (también por efecto de su propio resorte) y el aire escapa libremente a la atmósfera a través de la válvula.

El trabajo realizado por el cilindro se puede utilizar para remachar, estampar, prensar, compactar...

Control de un cilindro de doble efecto con válvula 4/2 de accionamiento por pulsador y retorno por resorte

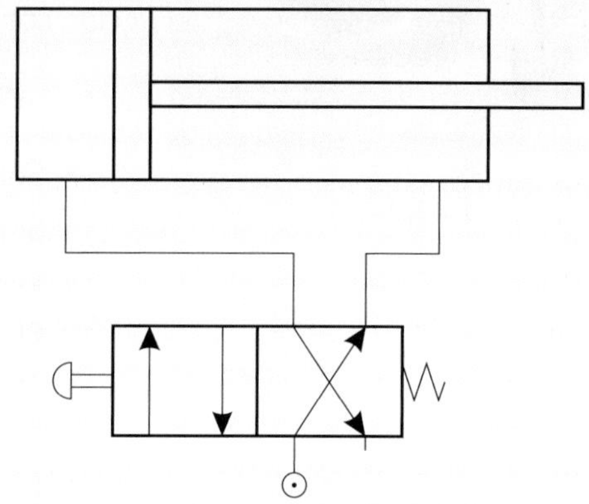

1. En la posición de reposo, el aire circula hacia el cilindro y produce el retroceso del vástago.
2. Cuando se acciona el pulsador, el aire comprimido produce el avance del vástago, que se aprovechará para realizar un trabajo.
3. Cuando se deja de pulsar, la válvula vuelve a su posición de reposo por efecto del resorte y el vástago retrocede de nuevo, con lo cual produce la segunda carrera, que también se aprovechará para realizar un trabajo.

El trabajo realizado por el cilindro se puede utilizar para abrir y cerrar puertas, empujar piezas en dos sentido en una cadena de montaje, clasificar o seleccionar objetos...

Control de un cilindro de simple efecto que solamente se activa si se accionan dos entradas a la vez, utilizando una válvula de simultaneidad

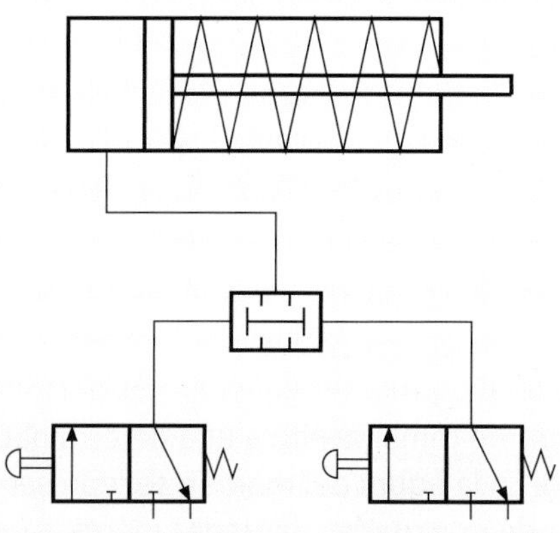

Cuando un operario debe usar una máquina en la que existe peligro de lesión, este sistema evita accidentes, es decir, es utilizado como sistema de seguridad. Como el cilindro sólo funciona al pulsar simultáneamente dos pulsadores separados, que accionan cada una de las válvulas, si se suelta un pulsador, el cilindro detiene su avance. De esta forma se obliga al operario a utilizar ambas manos.

Si lo que queremos es que el cilindro se accione desde dos puntos diferentes, entonces sustituiremos la válvula de simultaneidad por una válvula selectora y, en este caso, sólo será necesario accionar uno de los dos pulsadores para poner en funcionamiento el circuito:

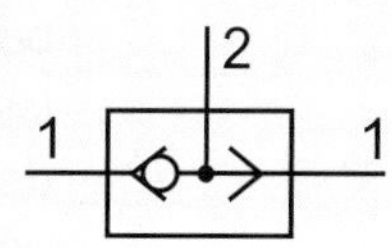

16. Oleohidráulica. Bombas hidráulicas

El tren de aterrizaje de los aviones utiliza circuitos oleohidraúlicos.

Los sistemas hidráulicos emplean como fluido un líquido, lo que permite intensificar las fuerzas de trabajo. Como hemos visto, emplean aceite mineral, por eso también se llaman *oleohidráulicos*.

A continuación se recogen las características de los circuitos hidráulicos en comparación con los neumáticos:

Circuitos neumáticos	Circuitos hidráulicos
• Son limpios y económicos. • Son más rápidos. • Permiten la acumulación de energía. • Tienen menos precisión en el control de los cilindros. • Producen mucho ruido. • Producen vibraciones. • Son menos contaminantes.	• Tienen gran precisión a la hora de detener un cilindro en un punto. • Se puede regular fácilmente su velocidad. • Son más silenciosos. • No producen vibraciones. • Es posible lubricar los elementos móviles. • Evitan la corrosión. • Son más contaminantes. • Pueden transmitir mayor presión y, por tanto, transmitir más fuerza.

Simbología propia de los circuitos oleohidráulicos

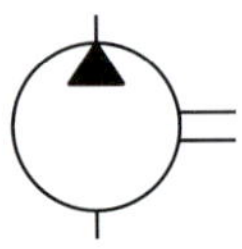
Bomba hidráulica.

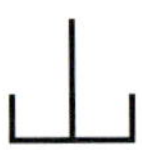
Descarga al depósito.

A grandes rasgos, podemos decir que la hidráulica se usa allí donde se requiere alguna de estas tres cosas:

- Transmisión de fuerzas mayores
- Velocidades lentas
- Detención de cilindros en un punto del recorrido

Por ejemplo, en la maquinaria de gran potencia, como es el caso de los brazos hidráulicos de las grúas, el accionamiento del tren de aterrizaje de los aviones o el freno y el embrague de los vehículos.

Los componentes de los circuitos hidráulicos son similares a los de los circuitos neumáticos; se diferencian principalmente en que la función del compresor la realiza una **bomba**. También difieren en que hay un circuito de **retorno** del aceite al depósito desde los puntos de escape y en que se trata de circuitos cerrados, como se indica en el siguiente esquema:

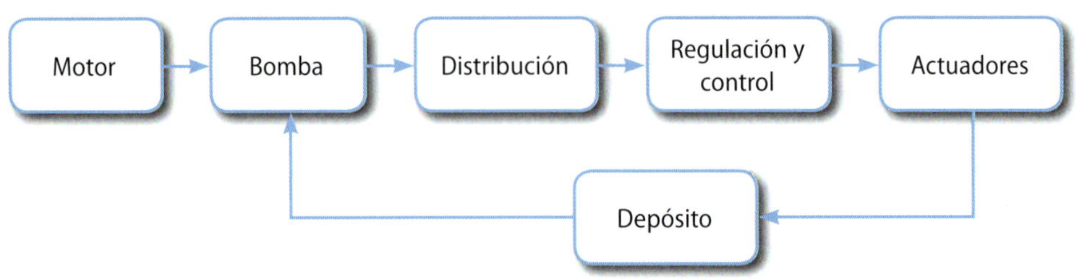

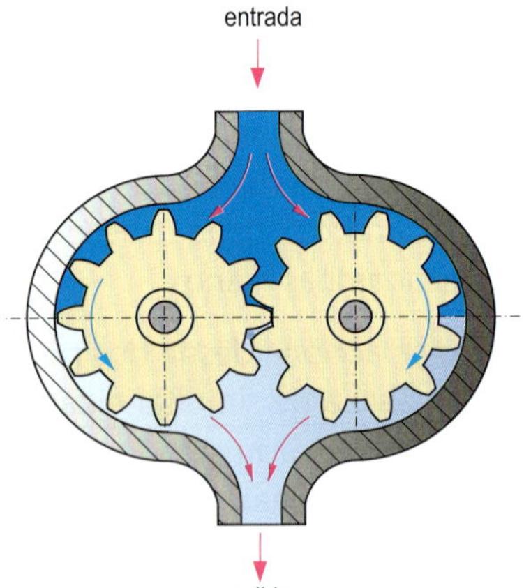

Bomba hidráulica de engranajes.

Las **bombas hidráulicas** tienen la función de tomar aceite a una determinada presión y elevarla hasta la presión de trabajo. En la figura del margen se representa una bomba hidráulica de engranajes. Consta de dos ruedas dentadas idénticas, una de las cuales, movida por un motor, hace que gire la otra. El movimiento genera una depresión en la cámara unida al depósito que aspira el fluido. Entonces éste es transportado a través de los dientes del engranaje hasta llegar al orificio de salida de la bomba, donde es impulsado.

Ejemplo de diseño de un circuito hidráulico

El circuito de la siguiente figura sirve como representación del circuito que impulsa una plataforma elevadora o gato hidráulico.

El pulsador de la izquierda impulsa la bajada. La válvula 3/2 de la izquierda cambia de posición respecto a la situación de reposo y permite el paso del aceite desde la bomba hasta la válvula 4/2. La válvula 4/2, accionada por el fluido a presión, permite el paso a la cámara izquierda del cilindro, que desplazará el vástago hacia la derecha, lo cual producirá que el mecanismo articulado baje la plataforma.

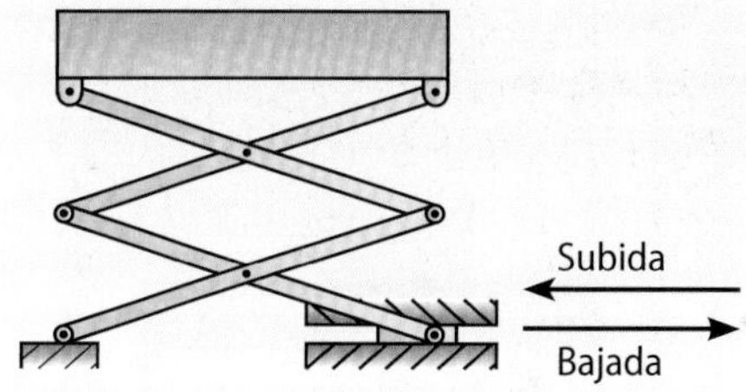

Esquema de funcionamiento del mecanismo de una plataforma elevadora, que le permite subir y bajar mediante un cilindro hidráulico.

De la misma forma, al accionar el pulsador de subida, la válvula de la derecha cambia de posición y permite el paso del fluido hasta la válvula 4/2. A su vez, llena de fluido la cámara derecha del cilindro, lo cual produce el movimiento del vástago hacia la izquierda, la elevación de la plataforma, y, por último, el paso del fluido hasta el depósito.

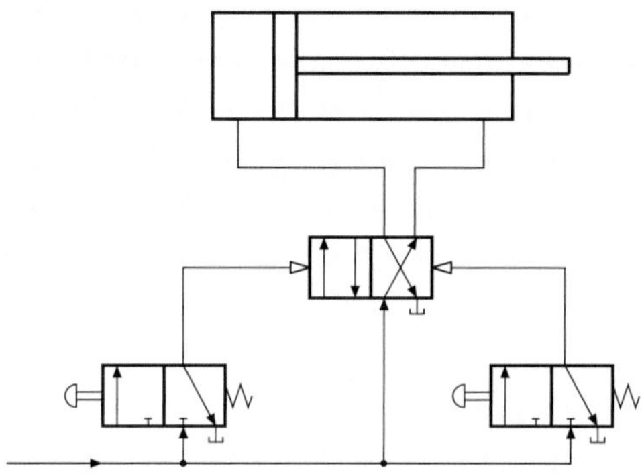

17. Control eléctrico de circuitos neumáticos e hidráulicos

El uso extendido de los sistemas neumáticos e hidráulicos controlados eléctricamente en la industria proviene de la necesidad de rapidez, bajo coste de producción y mayor calidad.

En el control manual, el operador decide qué acciones llevar a cabo. En el control eléctrico, es una señal eléctrica la que gobierna el sistema.

En el circuito neumático de la siguiente figura, utilizamos una válvula de accionamiento y retorno eléctrico, que gobierna un cilindro de doble efecto. Éste avanza su émbolo por medio del accionamiento del pulsador de la válvula de la izquierda. Una vez alcanza su posición final, retrocede por medio de un fin de carrera colocado en el recorrido del vástago, que acciona a su vez la válvula de la derecha.

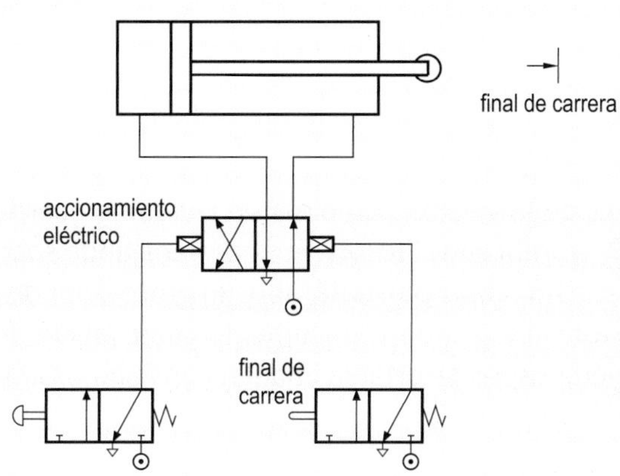

Práctica 3. Simulación neumática: mando de un cilindro de simple efecto

FluidSIM es el software de Festo (fabricante de componentes neumáticos e hidráulicos de origen alemán) para la creación, el aprendizaje y el estudio de la electroneumática. **Pneumatics** es la versión para simulación de circuitos neumáticos, e **Hydraulics** es la de circuitos hidráulicos.

Todas las funciones del programa son interactivas. Se basa en un intuitivo editor gráfico de circuitos con descripciones de los componentes, animaciones, fotos y vídeos. La versión demo tiene algunas limitaciones a partir de la versión 3.

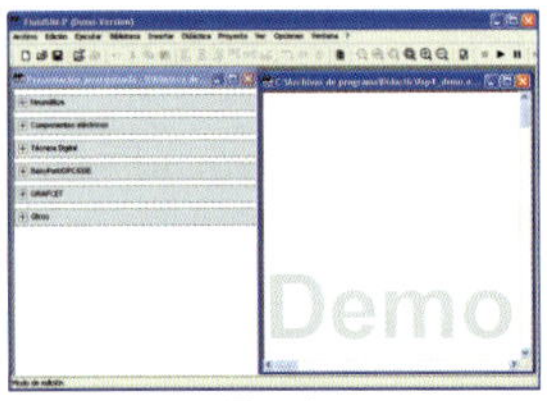

Fig. 1

FluidSIM se puede descargar en castellano desde varias ubicaciones. Por ejemplo, en *www.festo-didactic.com* puedes descargarte una versión demo, que te pedirá registrarte y te enviará un código de activación a tu dirección de correo electrónico.

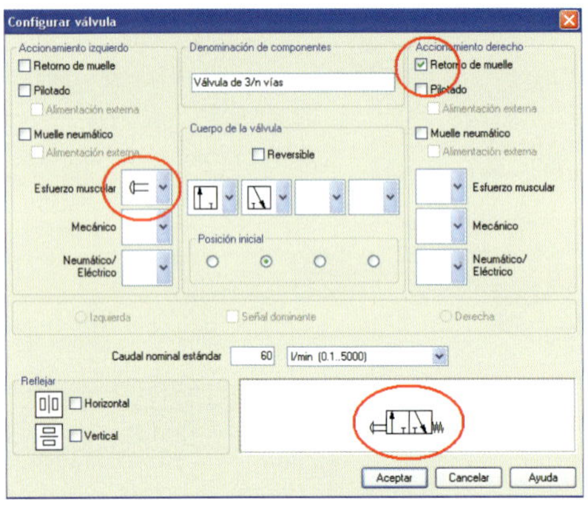

Fig. 2

Tras instalar el programa en el ordenador, nos aparecerá una ventana como la de la figura 1. En el menú de la izquierda aparecerá un listado de los componentes ordenados por categorías y en la ventana de la derecha tendremos nuestra hoja de trabajo.

Vamos a dibujar el **mando de un cilindro de simple efecto**.

El funcionamiento es el siguiente: cuando accionemos el pulsador, el aire entrará en el pistón y lo desplazará hacia la derecha; al soltarlo, el muelle hará retroceder el pistón.

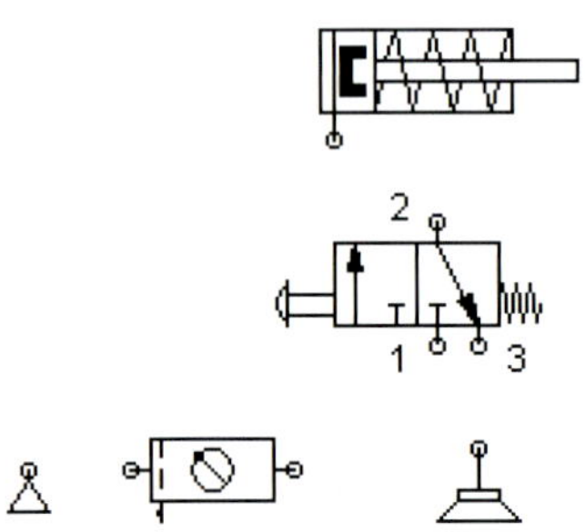

Fig. 3

1. En primer lugar, abre una hoja nueva.
2. Ve a **Neumática / Actuadores**, selecciona **Cilindro de simple efecto** y arrastra el cilindro a la ventana de trabajo.
3. Ve a **Válvulas / Válvulas de vías configurables**, selecciona **Válvula de 3/n vías** y arrastra la válvula.
4. Haz doble clic sobre la válvula para que se muestre la ventana de configuración (figura 2). En el apartado **Accionamiento izquierdo**, ve a la celda **Esfuerzo muscular** y selecciona **Pulsador**. En **Accionamiento derecho** (arriba a la derecha) selecciona **Retorno de muelle**. En la vista previa deberías tener una válvula como la de la figura. El resto de las válvulas se configuran de la misma forma, haciendo doble clic sobre ellas.
5. En **Elementos de alimentación** selecciona y arrastra **Unidad de mantenimiento** y **Fuente de aire comprimido**.
6. Ordena los componentes hasta obtener un montaje como el de la figura 3.
7. Para realizar las uniones, sitúate sobre un terminal y, cuando el puntero se convierta en un punto de mira con un círculo verde (figura 4), haz clic y arrastra el ratón hasta el destino. Haz todas las uniones.
8. Para poner en funcionamiento la simulación, pulsa el botón **Iniciar** (en la parte superior) o bien **F9**.
9. Si dispones de la versión completa de FluidSIM, guarda la práctica como **UD04_P3_nombreapellido.ct**. Si estás trabajando sobre la versión demo, pulsa la tecla **Imprimir pantalla**, abre un procesador de texto, pega la captura de pantalla y guarda el documento como **UD04_P3_nombreapellido**. También puedes recortar la imagen con Paint o GIMP antes de pegarla en el procesador de texto.

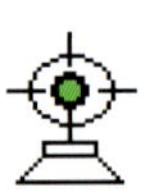
Fig. 4

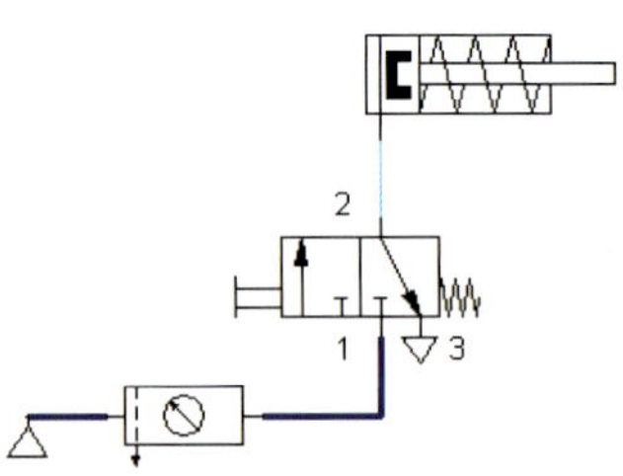

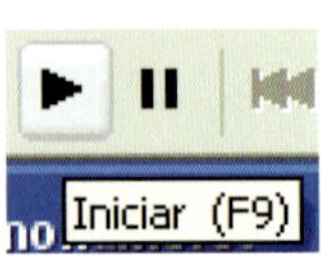

Práctica 4. Simulación neumática: mando de un cilindro de doble efecto mediante válvulas de selección y simultaneidad

En el siguiente circuito empleamos una válvula de selección (función O). El circuito se activará por medio de la válvula de pulsador 1.2 o 1.3.

Para hacer retroceder el pistón, usamos una válvula de simultaneidad (función Y). El circuito se activará cuando estén activados el pulsador 1.3 y el final de carrera 1.5.

1. Abre una hoja nueva e inserta los componentes que te indicamos.
2. En **Actuadores** escoge **Cilindro de doble efecto**.
3. En **Válvulas / Válvulas de cierre y control de caudal** selecciona **Válvula antirretorno estranguladora**. Pulsa el botón derecho sobre ella y selecciona **Girar 270º**.
4. En **Válvulas de vías configurables** elige **Válvula de 5/n vías**. Haz doble clic sobre la válvula y luego, en la ventana de configuración, ve a la celda de accionamiento y selecciona en el apartado **Neumático / Eléctrico** de ambos lados la flecha de entrada de aire (figura 5).
5. En **Válvulas de cierre y control de caudal** escoge **Válvula selectora** y **Válvula de simultaneidad**.
6. En **Válvulas de vías configurables** selecciona **Válvula de 3/n vías**. Como accionamiento izquierdo selecciona **Mecánico / Rodillo** y como accionamiento derecho haz clic en la casilla **Retorno de muelle**.
7. Por último, en **Válvulas de vías configurables** escoge **tres válvulas de 3/n vías**. Como accionador izquierdo escoge un **pulsador**, y en el derecho, un **retorno por muelle**.
8. Añade las fuentes de aire comprimido y los tubos de aspiración como en el ejercicio anterior, y une después las tomas de aire como en la figura.
9. Para ajustar el final de carrera de forma que cuando llegue a 1.5 se active la válvula de rodillo, haz doble clic sobre el rodillo y en la celda **Marca** escribe "**1.5**".
10. De igual forma, haz doble clic en el cilindro de doble efecto, ve a la pestaña **Etiquetas de accionamiento** y escribe las cantidades de la figura.
11. Comprueba el correcto funcionamiento del circuito y, si dispones de la versión completa de FluidSIM, guárdalo como **UD04_P4_nombreapellido.ct**. Si estás trabajando sobre la versión demo, pulsa la tecla **Imprimir pantalla**, abre un procesador de texto, pega la captura de pantalla y guarda el documento como **UD04_P4_nombreapellido**.

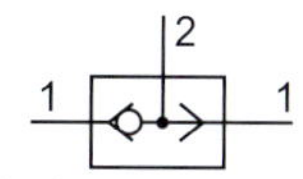
Válvula de selección O

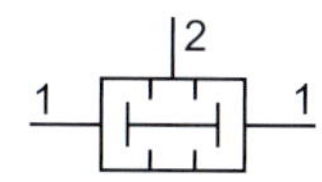
Válvula de simultaneidad Y

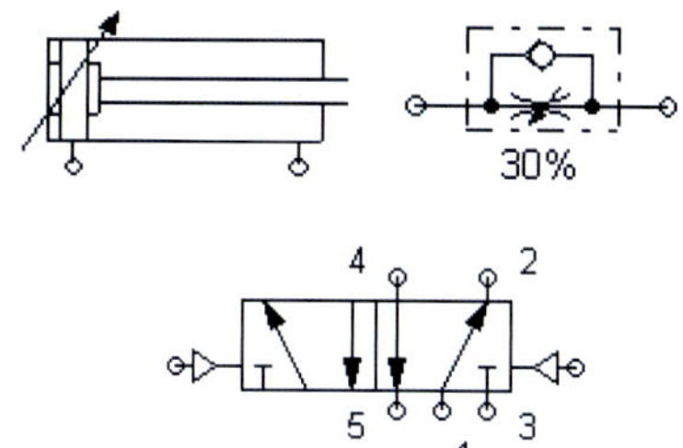

Fig. 5

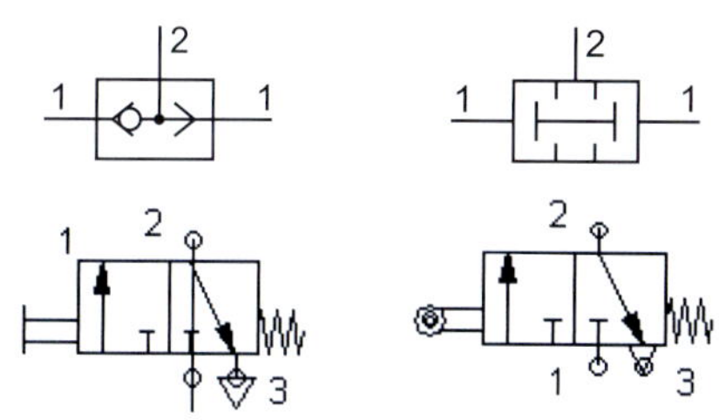

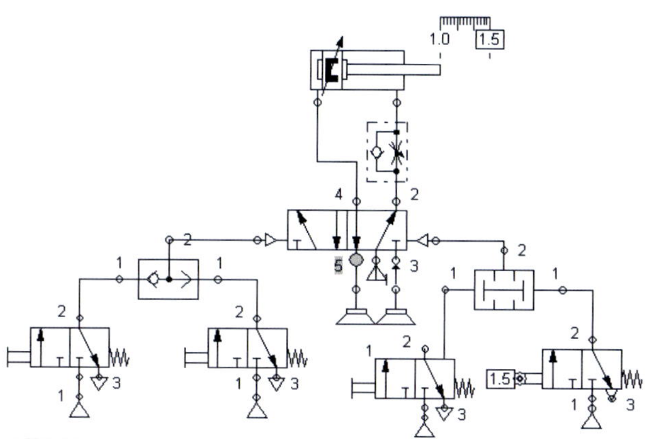

7. ✦ Realiza las siguientes conversiones de unidades de presión:

a) 3,5 atm = ... Pa

b) 100.000 N/m^2 = ... atm

c) 4 bar = ... Pa

d) 150 Pa = ... N/m^2

Solución

a) $3{,}5 \cdot 10^5$ Pa, ya que 1 atm $\approx 10^5$ Pa

b) 1 atm, ya que 1 N/m^2 = 1 Pa

c) $4 \cdot 10^5$ Pa, ya que 1 atm $\approx$ 1 bar

d) 150 N/m^2, ya que 1 N/m^2 = 1 Pa

8. ✦ Calcula la presión que ejerce una fuerza equivalente al peso de un coche de 1.000 kg, si la superficie sobre la que se realiza es de 3 m^2. Da el resultado en pascales y en atmósferas.

Datos

$m = 1.000$ kg $\quad S = 3$ m^2

Incógnita

$P = ?$

Solución

$$P = \frac{F}{S} = \frac{m \cdot g}{S} = \frac{1.000 \text{ kg} \cdot 9{,}8 \text{ m/s}^2}{3 \text{ m}^2} = 3.266{,}66 \text{ N/m}^2 = 3.266{,}66 \text{ Pa} = 0{,}032 \text{ atm}$$

9. ✦✦ Calcula el caudal de aire que supone la circulación de 24 litros de aire por una tubería de sección circular de 20 cm de radio en 8 segundos. ¿A qué velocidad circulará?

Datos

$V = 24$ l $\quad t = 8$ s

$r = 20$ cm $= 2$ dm

Incógnitas

$Q = ?$ $\quad v = ?$

Solución

Calculamos el caudal de aire con la expresión correspondiente:

$$Q = \frac{V}{t} = \frac{24 \text{ l}}{8 \text{ s}} = 3 \text{ l/s}$$

La velocidad del aire la obtenemos dividiendo el caudal por la sección:

$$v = \frac{Q}{S} = \frac{3 \text{ dm}^3\text{/s}}{\pi \cdot (2 \text{ dm})^2} = 0{,}238 \text{ dm/s}$$

10. ✦ Tenemos dos pistones de secciones 10 dm^2 y 50 dm^2 unidos por una tubería. Queremos levantar un objeto que pesa 70 N y está situado sobre el pistón de mayor superficie. ¿Qué fuerza deberemos aplicar sobre el primer pistón?

Datos

$S_1 = 10$ dm^2 $\quad S_2 = 50$ dm^2

$F_2 = 70$ N

Incógnita

$F_1 = ?$

Solución

Aplicamos el principio de Pascal:

$$\frac{F_1}{S_1} = \frac{F_2}{S_2} \Rightarrow F_1 = \frac{F_2 \cdot S_1}{S_2} = \frac{70 \cdot 10}{50} = 14 \text{ N}$$

Observamos que la fuerza es menor que el peso, en la misma proporción que las superficies.

11. ✦✦ Una perforadora utiliza un cilindro de simple efecto para desplazar la broca. El recorrido del vástago es de 30 mm, el diámetro del émbolo es de 1 dm y el diámetro del vástago es de 2 cm. La presión del aire suministrada es de 5 bar. Calcula la fuerza que ejerce el vástago. Calcula también el consumo de aire en cada carrera.

Datos

$c = 30$ mm $= 0{,}03$ m

$d = 1$ dm $= 0{,}1$ m

$P = 5$ bar $= 5 \cdot 10^5$ Pa

Incógnitas

$F = ?$ $\quad V = ?$

Solución

La fuerza que realiza el vástago se calcula como $F = P \cdot S$, donde P es la presión de aire suministrada y S es la superficie del émbolo. En este caso no influye el diámetro del vástago. Por tanto:

$$F = P \cdot S = P \cdot \pi \cdot r^2 = 5 \cdot 10^5 \cdot \pi \cdot (0{,}1 / 2)^2 = 3.927 \text{ N}$$

El volumen de aire consumido por el cilindro se calcula como $V = S \cdot c$, donde S es la superficie del émbolo y c es la carrera o recorrido del vástago:

$$V = S \cdot c = \pi \cdot (0{,}1 / 2)^2 \cdot 0{,}03 = 2{,}35 \cdot 10^{-4} \text{ m}^3 = 235 \text{ cm}^3$$

12. ✦✦✦ Un cilindro de doble efecto tiene un émbolo de radio 5 cm, un vástago de radio 2 cm y una carrera de 10 cm. La presión del aire que envía el compresor es de 2 bares. Calcula la fuerza que ejerce el vástago y el volumen de aire que consume el cilindro en el avance y en el retroceso.

Datos

$c = 10\text{ cm} = 0{,}1\text{ m}$

$r_{\text{émbolo}} = 5\text{ cm} = 0{,}05\text{ m}$

$r_{\text{vástago}} = 2\text{ cm} = 0{,}02\text{ m}$

$P = 2\text{ bar} = 2 \cdot 10^5\text{ Pa}$

Incógnitas

$F = ?$

$V = ?$

$F_{\text{retroceso}} = ?$

$V_{\text{retroceso}} = ?$

Solución

a) En el avance, el cálculo de la carrera es similar al del ejercicio anterior, en que se trataba de un cilindro de simple efecto.

Fuerza que realiza el vástago:

$$F = P \cdot S = P \cdot \pi \cdot r^2 = 2 \cdot 10^5 \cdot \pi \cdot 0{,}05^2 = 1.570{,}80\text{ N}$$

Volumen de aire consumido por el cilindro:

$$V = S \cdot c = \pi \cdot 0{,}05^2 \cdot 0{,}1 = 7{,}85 \cdot 10^{-4}\text{ m}^3 = 785\text{ cm}^3$$

b) En el retroceso:

Fuerza que realiza el vástago:

$$F_{\text{retroceso}} = P \cdot (S - S_{\text{vástago}}) = 2 \cdot 10^5 \cdot \pi \cdot (0{,}05^2 - 0{,}02^2) = 1.319{,}46\text{ N}$$

Volumen de aire consumido por el cilindro:

$$V_{\text{retroceso}} = (S - S_{\text{vástago}}) \cdot c = \pi \cdot (0{,}05^2 - 0{,}02^2) \cdot 0{,}1\text{ m} = 6{,}59 \cdot 10^{-4}\text{ m}^3 = 659\text{ cm}^3$$

13. ✦✦ Dibuja las siguientes válvulas y explica su funcionamiento:

a) Válvula 4/2 de accionamiento por pedal y retorno por resorte

b) Válvula 3/2 de accionamiento por rodillo y retorno por resorte

Solución

a) En la posición de reposo (derecha), el aire comprimido puede circular de 1 a 4 y escapa de 2 a 3. Cuando se acciona el pedal (posición izquierda), la válvula cambia en su interior y permite la entrada de aire de 1 a 2 y la salida de 4 a 3, según indican las flechas.

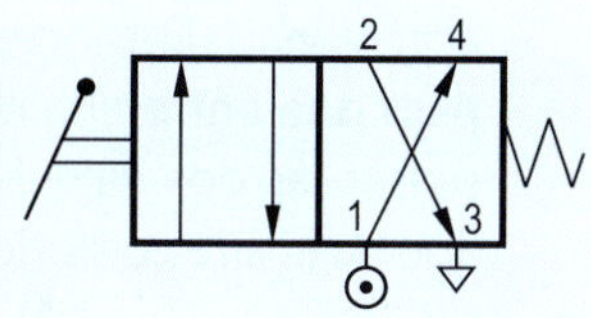

b) En la posición de reposo (derecha), el aire comprimido puede escapar de la vía 2 a la 3, estando la vía 1 cerrada. Cuando se acciona el rodillo (posición izquierda), la válvula cambia en su interior y permite la entrada de aire por la vía 1 y la salida por la 2, estando la vía 3 cerrada.

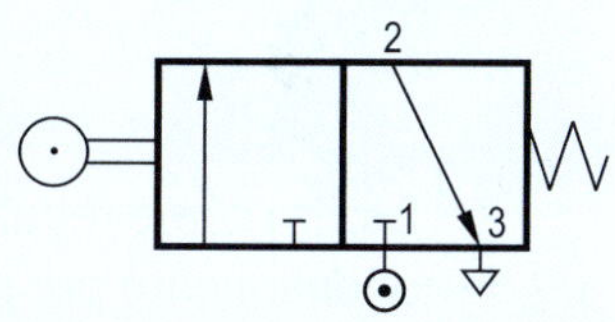

14. ✦✦ Nombra las siguientes válvulas:

a)

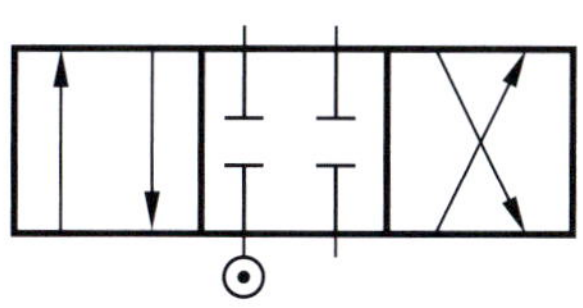

b)

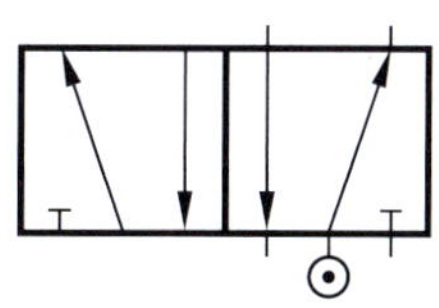

c)

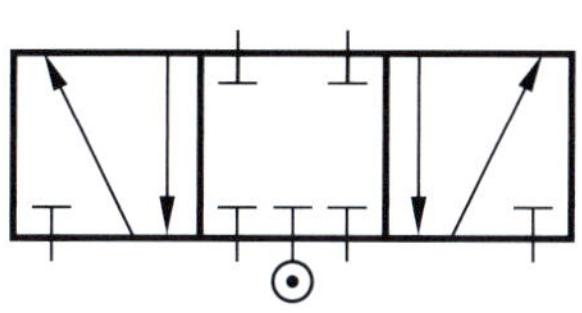

Solución

a) Válvula 4/3

b) Válvula 5/2

c) Válvula 5/3

15. ✦✦✦ Explica los componentes que identifiques en los siguientes circuitos y su funcionamiento:

Solución

a) Cilindro de simple efecto, válvula selectora, dos válvulas 3/2 de accionamiento por pulsador y retorno por resorte. Es un circuito que sirve para controlar el cilindro desde dos puntos distintos. El cilindro se accionará cuando se accione una de las dos válvulas.

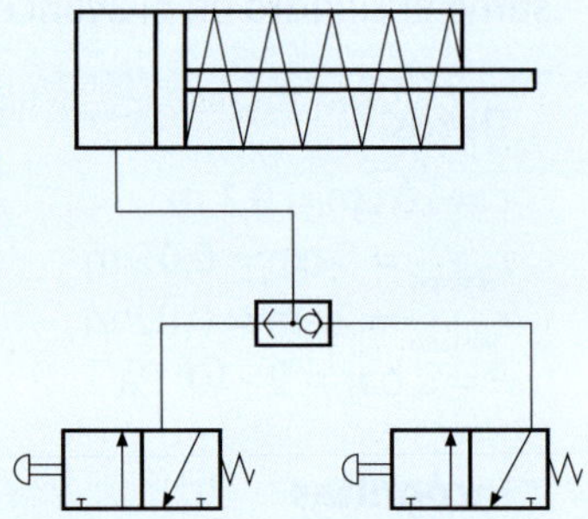

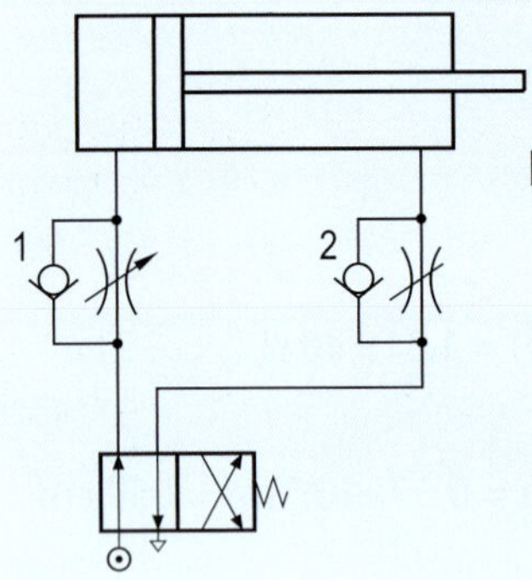

b) Circuito para controlar la velocidad independiente para cada dirección de la carrera, en un cilindro de doble efecto con dos válvulas reguladoras unidireccionales, una para cada dirección. En la carrera de avance, el aire entra libremente en el lado izquierdo del cilindro, a través de la válvula reguladora 1. La velocidad se controla a través de la válvula 2. En la carrera de retroceso, el aire entra libremente en el lado del vástago, a través de la válvula 2, mientras que el aire liberado se regula a través de la válvula 1.

c) La válvula 3/2 que gobierna el cilindro es pilotada neumáticamente y con retorno por resorte. Cuando se acciona el pulsador de la válvula de la izquierda, se manda una señal neumática a la válvula citada, y abre la vía 1. Entonces, es necesario accionar la válvula de la derecha, para que entre el aire. Es decir, para mover el cilindro es necesario pulsar las dos válvulas: una acciona la válvula neumática y la otra aporta el aire comprimido.

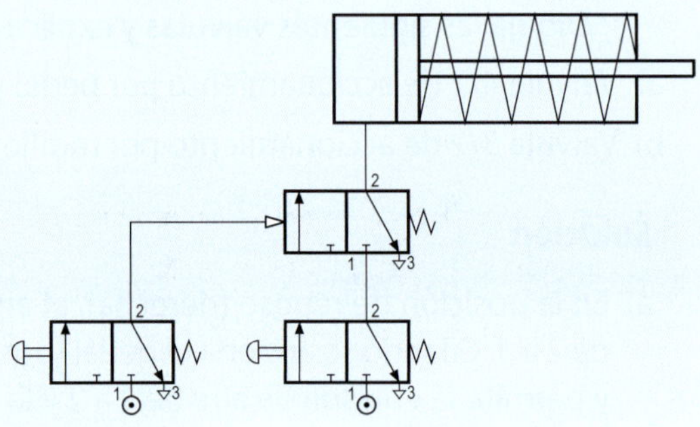

16. ✦✦✦ Explica cómo regularías el avance, el retroceso o ambos de un cilindro de doble efecto gobernado por una válvula 3/2 de accionamiento por pulsador y retorno por resorte.

Solución

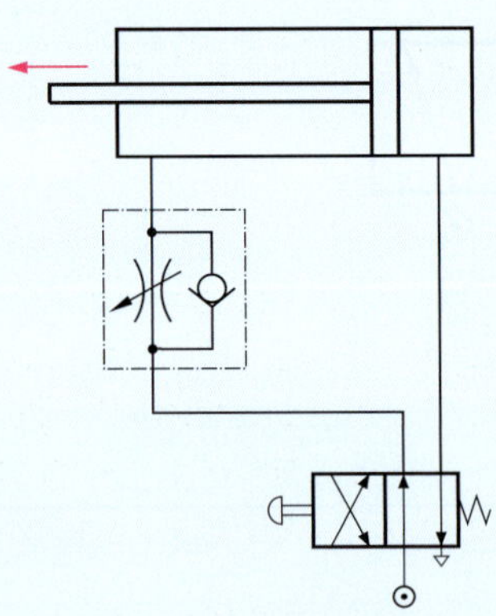

Regulación en el retroceso.

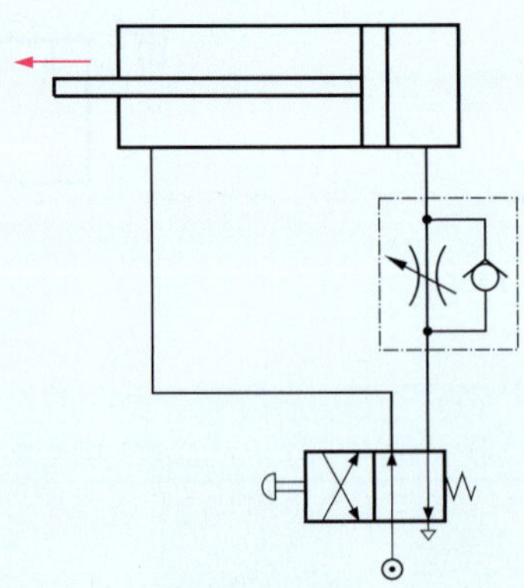

Regulación en el avance.

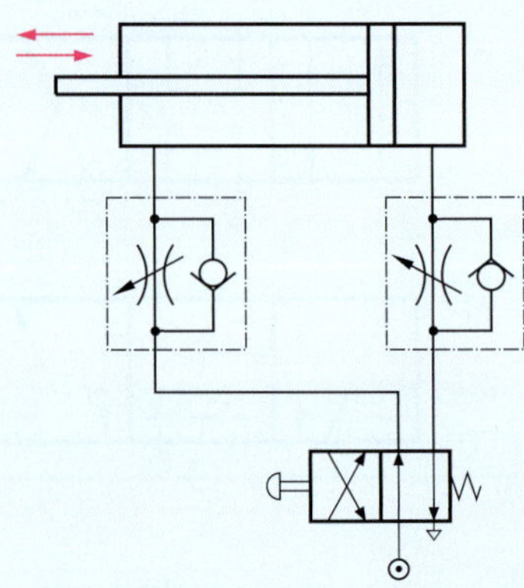

Regulación del avance y el retroceso.

Como se puede observar, la posición del antirretorno varía según se desee regular el avance o el retroceso.

- La **neumática** es el estudio y tratamiento del aire comprimido, realizado con circuitos e instalaciones neumáticas. La **hidráulica** es la rama de la física que estudia el comportamiento de los fluidos, en función de sus propiedades y de las fuerzas a las que están sometidos.

- Los **circuitos neumáticos** se emplean para transmitir fuerzas y realizar trabajo por medio de aire comprimido.

- Los **circuitos hidráulicos** utilizan aceite y fluidos sintéticos para este mismo fin, por lo que también son denominados *circuitos oleohidráulicos*.

- Los **fluidos** son sustancias cuyas moléculas se mueven y cambian sus posiciones relativas con gran facilidad, deformándose continuamente bajo la acción de esfuerzos constantes. Por eso tienden a adoptar la forma del recipiente que los contiene.

- Si la densidad de un cuerpo se mantiene constante en el tiempo, aunque varíen las condiciones externas, se dice que ese cuerpo es **incompresible**. Los gases no cumplen esta propiedad, es decir, son **compresibles**. Los líquidos, sin embargo, se consideran incompresibles para el rango de condiciones que se usan en hidráulica.

- La **viscosidad** (μ) es la propiedad de los fluidos que representa la resistencia que ofrece una capa de fluido al circular sobre otra. Es una característica importante de los aceites, que sirve para clasificarlos, y varía con la temperatura. La unidad de medida de la viscosidad en el Sistema Internacional es el **pascal segundo** (Pa·s); y en el sistema cegesimal, el **poise** (P). La equivalencia es la siguiente: **1 P = 0,1 Pa·s.**

- La **presión** (*P*) es la relación que existe entre una **fuerza** (*F*) y la **superficie** en la que se aplica (*S*).

$$P=\frac{F}{S}$$

La unidad de medida de la presión en el Sistema Internacional es el **pascal** (Pa). Además:

$$\mathbf{1\ atm = 760\ mm\ de\ Hg = 1{,}01325 \cdot 10^5\ Pa = 1{,}01325\ bar \approx 1\ bar \approx 10.000\ Pa = 10.000\ N/m^2}$$

- El **caudal** (*Q*) de un fluido es el **volumen** (*V*) de dicho fluido que atraviesa la sección del conducto por el que circula, por unidad de **tiempo** (*t*). Se relaciona con la **velocidad** de desplazamiento del fluido (*v*), siendo *L* y *S* la **longitud** recorrida en el conducto y su **sección**, respectivamente, según la expresión siguiente:

$$Q=\frac{V}{t}=\frac{S\cdot L}{t}=S\cdot v$$

El caudal se mide en **m³/s** en el Sistema Internacional.

- La **ley de continuidad** establece que las velocidades son inversamente proporcionales a las secciones en un fluido incompresible:

$$Q_1 = Q_2 \Rightarrow S_1 \cdot v_1 = S_2 \cdot v_2$$

- El **principio de Pascal** establece que, cuando se aplica presión a un fluido contenido en un recipiente, la presión se transmite instantáneamente y por igual en todas las direcciones del fluido:

$$P_1 = P_2 \Rightarrow \frac{F_1}{S_1} = \frac{F_2}{S_2}$$

- En los sistemas neumáticos, el **aire atmosférico** es sometido a un aumento de presión en un **compresor**, normalmente accionado por un motor eléctrico. Una vez comprimido, se almacena en un **depósito**. El aire almacenado sufre un **tratamiento** o **acondicionamiento** para que llegue al circuito limpio, seco, lubricado y con la presión adecuada. Desde ahí, es conducido a través de **tuberías** hacia los **cilindros** o **motores**, que son los componentes capaces de realizar un trabajo. Las **válvulas** se encargan de controlar el flujo de aire comprimido que entra y sale de los cilindros.

- Los **actuadores neumáticos** son los componentes de un circuito encargados de transformar la energía del aire comprimido en movimiento, que se aprovecha para realizar un trabajo.

- Las **válvulas distribuidoras** tienen una **simbología** propia que indica: el número de orificios o **vías** que tienen, que determinarán los distintos recorridos que son posibles en su interior; el número de **posiciones** que pueden tomar; y el tipo de **accionamiento y retorno** que necesitan para pasar de una posición a otra.

ACTIVIDADES DE REFUERZO

Circuitos eléctricos y electrónicos

1. ✦ Define los siguientes conceptos: intensidad, resistencia, voltaje, energía, potencia.
2. ✦ ¿En qué consiste el efecto Joule? ¿Cómo se mide?
3. ✦ Enuncia las dos leyes de Kirchhoff.
4. ✦✦ Dibuja en una gráfica una onda senoidal en la que aparezcan todos los parámetros de alterna.
5. ✦ ¿Qué representa el valor eficaz de una señal?
6. ✦ Dibuja una señal senoidal de corriente donde la intensidad esté retrasada respecto a la corriente 90 grados y otra donde esté adelantada 90 grados.
7. ✦ Explica en qué consiste el factor de potencia, qué efectos tiene en las instalaciones y cuál debería ser el valor ideal.
8. ✦✦ Describe cómo se comportan una bobina y un condensador con respecto al paso de la corriente alterna a través de ellos.
9. ✦ ¿Cómo funcionan un interruptor diferencial general y un interruptor general automático? ¿Qué protegen?

Circuitos neumáticos e hidráulicos

10. ✦ Explica el principio de Pascal y la ley de continuidad.
11. ✦ ¿Qué son los actuadores neumáticos? ¿Qué tipos conoces?
12. ✦✦ Elabora un diagrama de flujo que represente el funcionamiento de un circuito hidráulico y otro de un circuito neumático.
13. ✦ Explica las diferencias y similitudes que existen entre un circuito neumático y uno hidráulico.
14. ✦✦ ¿En qué consiste el proceso de producción y tratamiento del aire comprimido? Explícalo incluyendo todos los elementos componentes necesarios.

ACTIVIDADES PRÁCTICAS

SketchUp

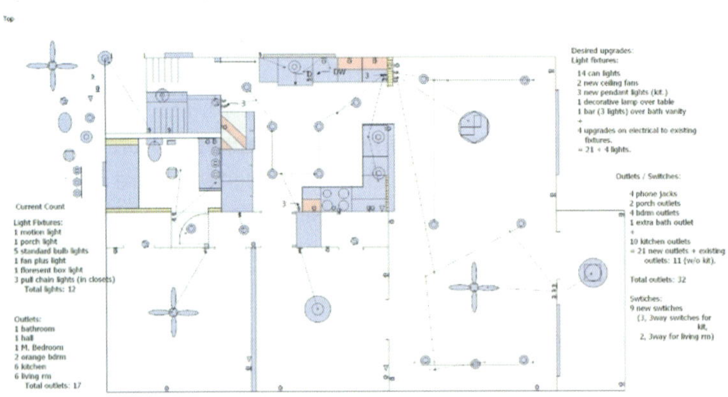

Como ya vimos en la unidad 1, **SketchUp** es un programa de dibujo que permite realizar diseños en 3D de forma sencilla e incluye la opción **3D Warehouse**, que conecta con un repositorio en el que los usuarios guardan sus diseños.

1. Abre SketchUp y guarda un proyecto con el nombre **UD04_nombreapellido.skp**.
2. Accede a la opción **3D Warehouse**. Utiliza el buscador de la herramienta para encontrar una instalación eléctrica en la vivienda.
3. Descarga la que te parezca más completa con la opción **Download model** que aparece junto a cada una de ellas.
4. Utiliza la opción **Orbitar** para mover el modelo tridimensional y observar sus partes.
5. Puedes descargar otros planos de instalaciones en las viviendas.

PROBLEMAS

Circuitos eléctricos y electrónicos

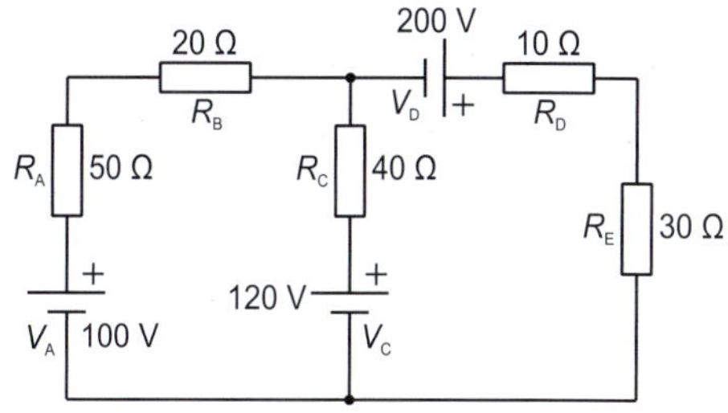

1. ✦✦ Dado el siguiente circuito, calcula por Kirchhoff el valor de la corriente que circula por cada resistencia.

   (Solución: $I_1 = I_A = I_B = 1{,}56$ A; $I_3 = I_C = 3{,}22$ A; $I_2 = I_D = I_E = 4{,}78$ A)

2. ✦ Dado el siguiente triángulo de potencias, ¿cuál será el valor de *P* en vatios, de *Q* en voltio-amperios reactivos y de *S* en voltio-amperios? Calcula el valor de cos φ.

   (Solución: P = 100 W; Q = 70 VAr; S = 122,065 VA; cos φ = 0,819)

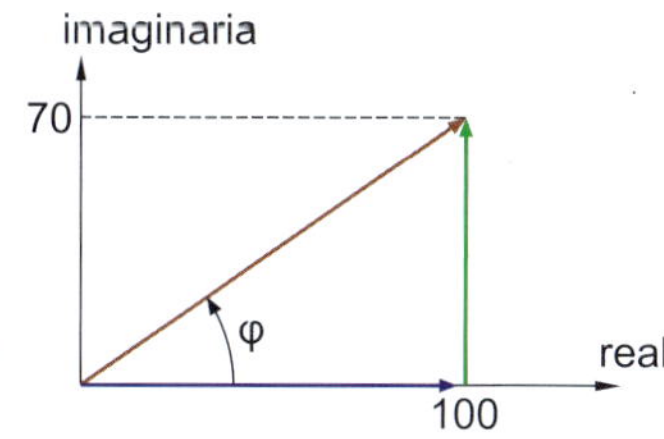

3. ✦✦ Dado el gráfico de la figura, donde se muestran *v*(*t*) e *i*(*t*)...
   a) Indica si el circuito es inductivo o capacitivo. *(Solución: Es inductivo.)*
   b) Indica si la intensidad está adelantada o retrasada respecto a la tensión. *(Solución: La onda de tensión está adelantada 90 grados respecto de la onda de intensidad.)*
   c) Si $V_{ef} = 220$ V e $I_{ef} = 2$ A, escribe la expresión temporal de *v*(*t*) e *i*(*t*).

   (Solución: $v(t) = V_{máx}\,sen\,(\omega t) = 311\,sen\,(2\pi f - \frac{\pi}{2})$; $i(t) = I_{máx}\,sen\,(\omega t) = 2{,}82\,sen\,(\omega t)$)

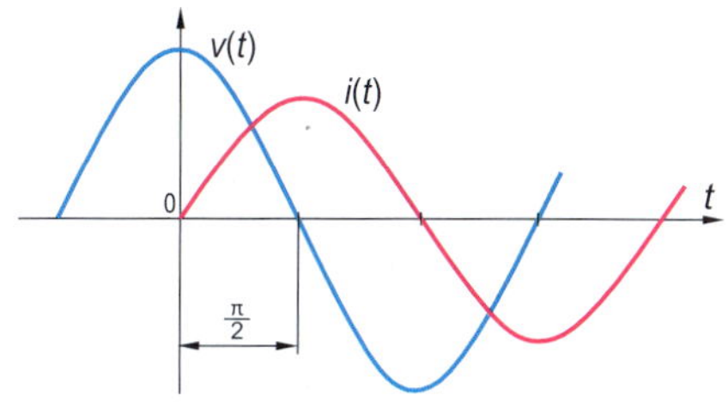

4. ✦✦ En un circuito de corriente alterna, alimentado a 220 V eficaces y 50 Hz, tenemos conectados en serie una resistencia de 200 Ω, una bobina de 0,1 H y un condensador de 2.200 µF. Calcula el balance de potencias (activa, reactiva y aparente).

   (Solución: P = 236,27 W; Q = 3,69 VAr; S = 239,33 VA; cos φ = 0,988)

Circuitos neumáticos e hidráulicos

5. ✦ Transforma 1,5 atmósferas a todas las unidades de presión vistas en la unidad.

   (Solución: 1,5 atm = 1.140 mm de Hg ≈ 1,5 bar ≈ $1{,}5 \cdot 10^5$ Pa = $1{,}5 \cdot 10^5$ N/m^2)

6. ✦ Para levantar un camión de 2 toneladas se dispone de un actuador que sólo es capaz de realizar una fuerza de 500 N. Si el camión ocupa una superficie de 25 m^2 y se sube a un pistón equivalente, ¿qué valor debería tener la superficie del otro pistón?

   (Solución: 0,637 m^2)

7. ✦✦ ¿Qué caudal se necesitará para que un cilindro de simple efecto de 30 mm de diámetro recorra una distancia de 250 mm en 0,8 segundos?

   (Solución: $2{,}21 \cdot 10^{-4}$ m^3/s)

8. ✦✦ ¿Cuál es la fuerza teórica que desarrolla un cilindro de 50 mm de diámetro a una presión de 6 bar?

   (Solución: 1.178 N)

9. ✦✦✦ Un cilindro de doble efecto tiene un émbolo de 35 mm de radio y un vástago de 12,5 mm de radio. Si la carrera es de 40 cm y la presión de trabajo a la que está sometido es de 6 atm, determina:
   a) La fuerza teórica y el consumo de aire en el avance. *(Solución: 2.309 N y $1{,}539 \cdot 10^{-3}$ m^3)*
   b) La fuerza teórica y el consumo de aire en el retroceso. *(Solución: 2.014 N y $1{,}343 \cdot 10^{-3}$ m^3)*

ACTIVIDADES DE AMPLIACIÓN

1. ✦✦ Busca información acerca de la recogida neumática de residuos sólidos urbanos y haz una presentación o un informe sobre este tema.

2. ✦✦ En una hoja de cálculo, elabora el presupuesto de uno de los circuitos realizados en esta unidad. Puedes entrar en webs de venta de material eléctrico y neumático para orientarte sobre los precios (por ejemplo, en *adajusa.es*).

5 Procedimientos de fabricación

En la fabricación de una pieza u objeto, desde que partimos de la materia prima hasta que obtenemos el producto final, pasamos normalmente por diversas fases o procesos. Para elegir qué procedimientos seguir y las máquinas herramientas más adecuadas debemos conocer algunos detalles, como por ejemplo el material, las propiedades y el acabado del producto final.

1. Conformación de material por fundición y moldeo

Este procedimiento consiste en calentar un material hasta su punto de fusión y, una vez fundido, verterlo (colarlo) en un molde de arena, metal u otro material que se ha preparado previamente con la forma de la pieza que se desea obtener. Una vez enfriado hasta su completa solidificación, se retira el molde y se saca la pieza.

Existen diferentes técnicas de **moldeo**, como veremos a continuación.

Moldeo en arena

Primero se elabora un modelo de la pieza a fabricar, con madera, metal, plástico u otro material. Se coloca en una caja de moldeo con una arena especial (de sílice, arcilla, agua y material orgánico). Se realiza el moldeo en dos mitades y, una vez se han secado y se ha extraído el modelo, se unen los dos moldes. Se dejan dos conductos: el bebedero, para introducir el material fundido (colada), y la mazarota, para asegurar el completo llenado y dejar salir el aire. Una vez llenado con la colada y enfriado, abrimos el molde y extraemos la pieza.

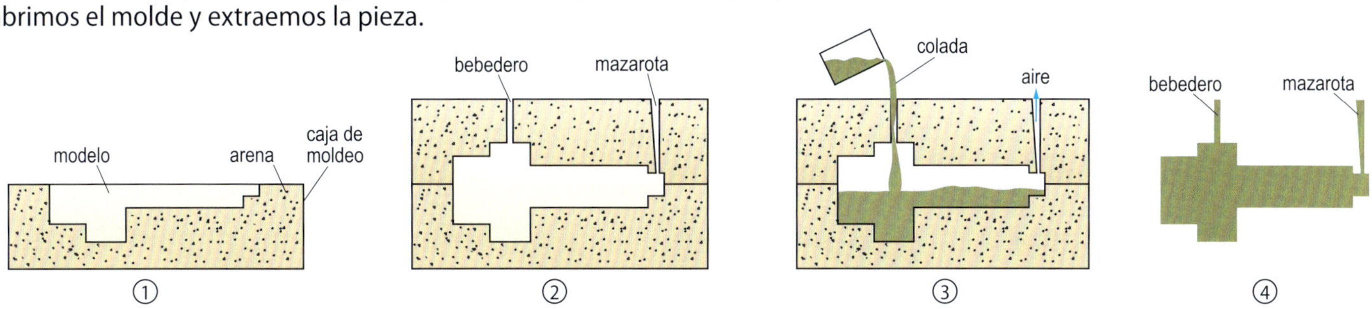

Esta técnica es de un solo uso, ya que el molde sirve para una única colada.

Moldeo permanente en coquilla

Las coquillas son unos moldes metálicos que resultan mucho más caros de fabricar que los del moldeo en arena o a cera perdida, pero que se pueden reutilizar muchas veces, por lo que resultan muy útiles cuando se quieren hacer grandes tiradas. Permiten obtener una mayor precisión y mejores acabados.

Coquilla.

Moldeo por inyección

El material fundido se inyecta en el molde a gran presión, lo que permite obtener piezas complejas con gran precisión y buen acabado. Tiene el inconveniente de ser caro.

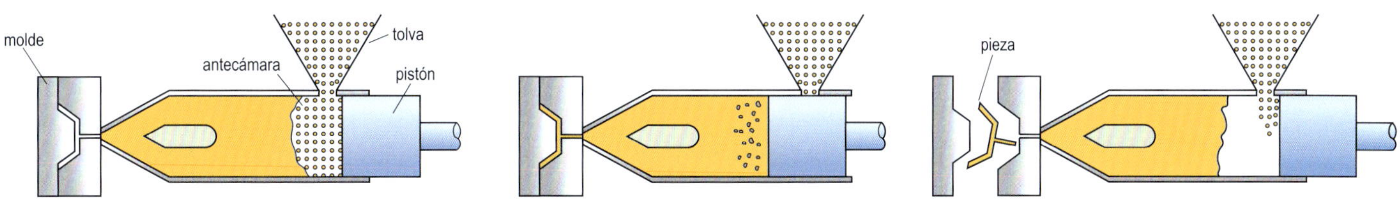

Moldeo a cera perdida

Es una de las técnicas de moldeo más antiguas. Se suele utilizar para fabricar joyas y objetos decorativos o artísticos que requieren una gran complejidad.

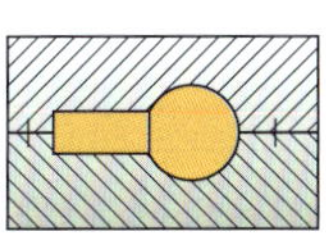

Coquilla metálica para fabricar el modelo.

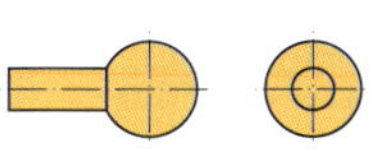

Modelo en cera.

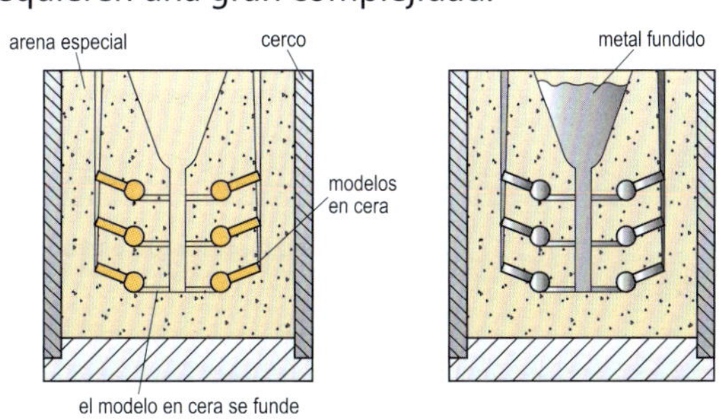

Escanea el código para visualizar un vídeo explicativo sobre el **moldeo en arena**.

2. Forja

Forjado a mano.

La **forja** o **forjado** es un procedimiento de conformación por deformación plástica. Consiste en trabajar el material hasta obtener la forma deseada por medio de golpes o presión. Normalmente suele hacerse en caliente, para conseguir una mayor plasticidad del material, de modo que se deforme sin riesgo de rotura (acritud).

Antiguamente, este procedimiento se realizaba a mano (es uno de los más antiguos que existen). Desde la Revolución Industrial, los procesos de fabricación industrial lo han sustituido por el forjado mecánico.

En este proceso se pueden utilizan martillos mecánicos o prensas de accionamiento hidráulico o neumático, que nos permiten obtener una mayor fuerza de golpeo o presión, así como una mayor rapidez.

Las piezas obtenidas mediante forja tienen mejores propiedades mecánicas que en otros procedimientos de fabricación, ya que la fibra no está cortada sino orientada en la dirección de la forja. Además, el material es más homogéneo, puesto que desaparecen los defectos internos generados por los poros del material.

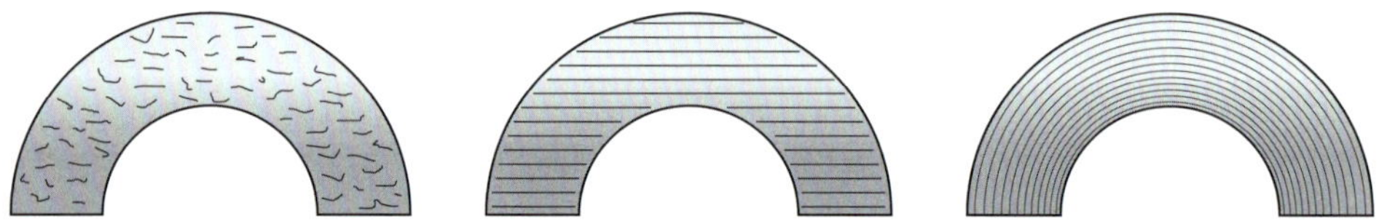

Fundición. Fibra cortada. Forja (sin discontinuidad).

3. Estampación

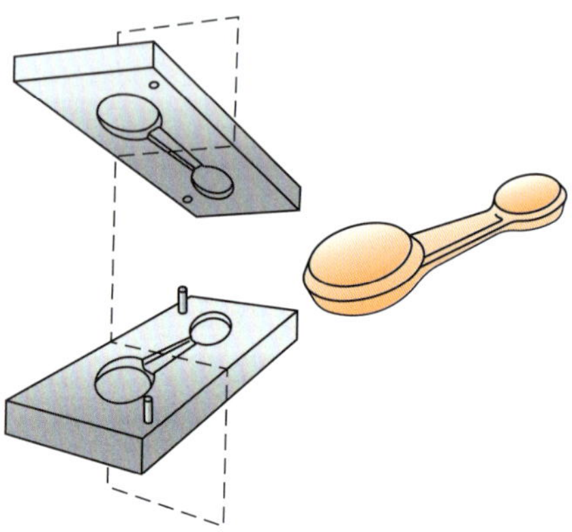

Estampa.

La **estampación** es un proceso de forja mecánica en que se comprime el material entre dos moldes. La diferencia principal con el forjado tradicional es que en la estampación se utiliza una herramienta llamada *estampa* (que en la forja no se usa).

La estampa es un molde en el que se introduce la materia prima, que, al ser sometida a un choque o presión, adquiere la forma del molde.

Se puede realizar en caliente o en frío. Resulta un procedimiento económico para grandes cantidades y permite obtener piezas de muy buena calidad mecánica.

La estampación se emplea para fabricar monedas, carrocerías de coche, matrículas, etc.

Este procedimiento también es muy utilizado en los plásticos, concretamente en los plásticos termoestables. El plástico se sitúa entre un molde y un contramolde. Por presión y calor, el plástico se funde y adquiere la forma deseada. Este método se usa para conformar piezas pequeñas, como clavijas o enchufes.

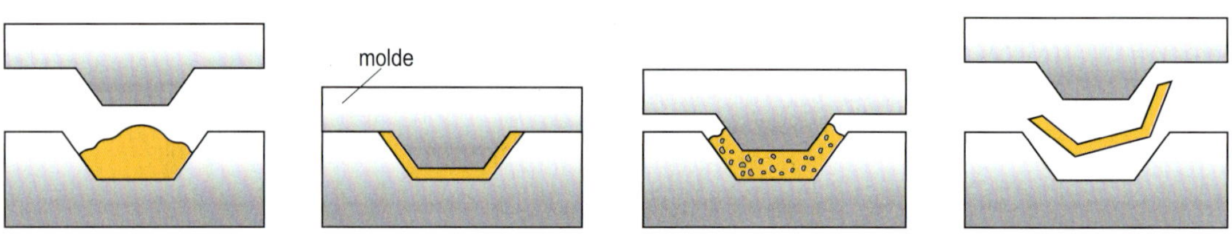

Estampación de plásticos.

4. Extrusión

Este procedimiento se emplea con materiales termoplásticos y metales para obtener productos largos (tubos, perfiles, etc.).

El material plástico se vierte por la tolva y cae sobre un tornillo sin fin giratorio. El tornillo, al girar, empuja el plástico por un tubo caliente, donde se funde, y sale al exterior con la forma de la boquilla de la extrusora. A continuación, el producto obtenido se refrigera.

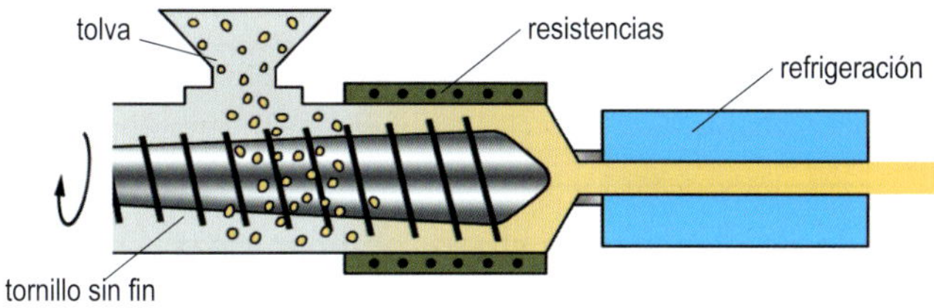

En el caso de los metales, se calienta un tocho a una temperatura próxima a la de fusión y se lo hace pasar por presión a través de una boquilla con el perfil que se desea obtener.

5. Inyección, soplado y conformado al vacío en plásticos

Moldeo por inyección

El plástico fundido se inyecta en un molde frío, donde solidifica. Una vez enfriado, se abre el molde y se extrae el objeto. Se utiliza para hacer carcasas de electrodomésticos, juguetes, cubos, cuencos de cocina, etc.

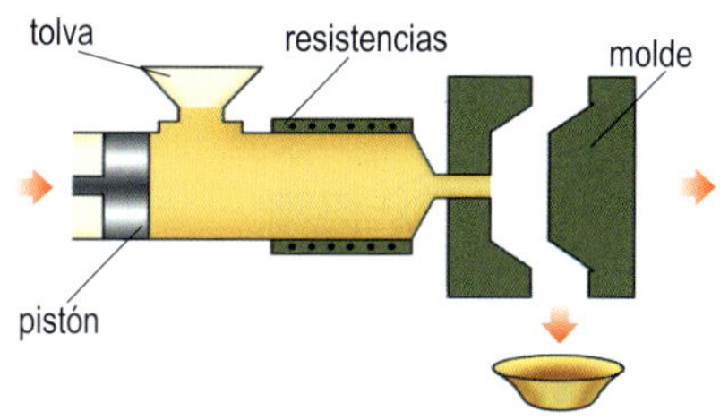

Soplado

En este procedimiento se parte de un tubo conformado por extrusión y se insufla aire en su interior, hasta que se dilata y toma la forma de un molde. Mediante soplado se conforman botellas, juguetes y objetos huecos.

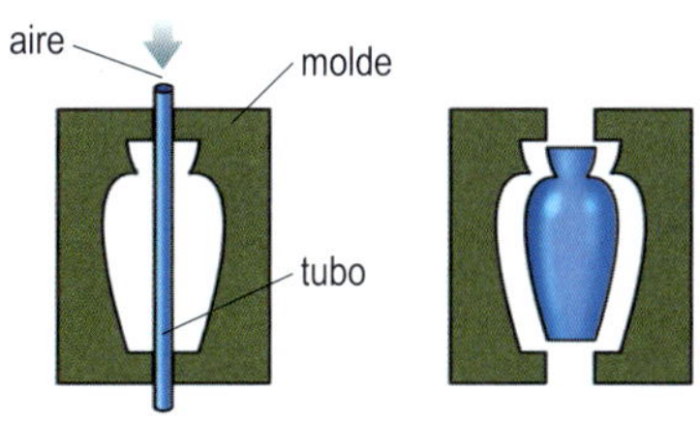

Las **impresoras 3D** se basan en la técnica del moldeo por inyección. Escanea el código para ver cómo funcionan estas impresoras.

Conformado al vacío

Este procedimiento se usa con láminas termoplásticas que se calientan y se depositan sobre un molde. A continuación se hace el vacío y se obliga a la lámina a adoptar la forma del molde. Se emplea para hacer envases de yogur, hueveras, bandejas para bombones, etc.

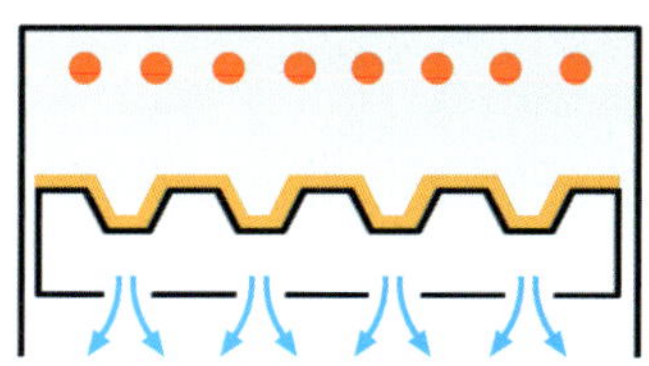

6. Laminación

En la **laminación**, se pasa un lingote caliente de metal entre dos o más rodillos para reducir su espesor o para darle la forma deseada.

Suelen usarse trenes de laminación, en los que el material va pasando sucesivamente por varios rodillos que reducen su espesor y va tomando forma poco a poco.

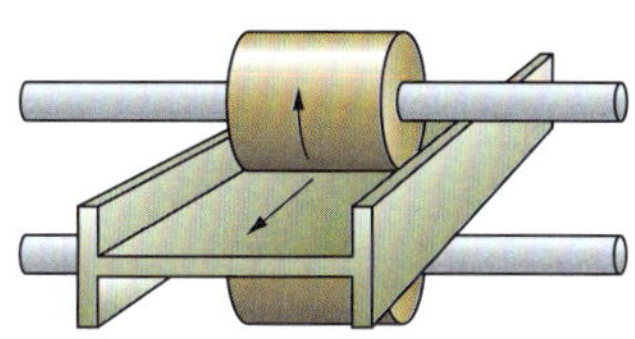

7. Técnicas de conformación de chapas

Existen numerosas técnicas para trabajar la chapa. Las más utilizadas son:

Doblado y curvado

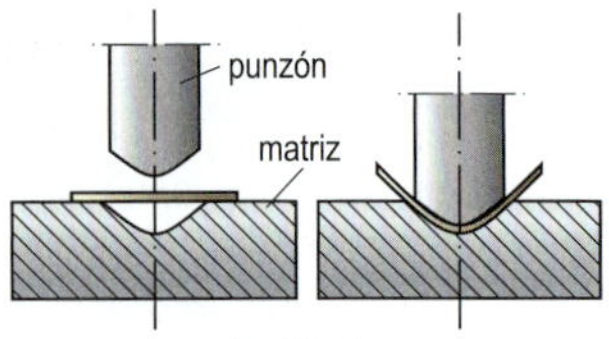

Doblado.

El material se coloca sobre una matriz y se prensa con un punzón, de forma que adquiere el doblez de la matriz. Se utiliza para trabajar planchas, tubos, alambres, etc.

Si el radio de curvatura de la deformación es pequeño, se llama *doblado*; si es grande, *curvado*.

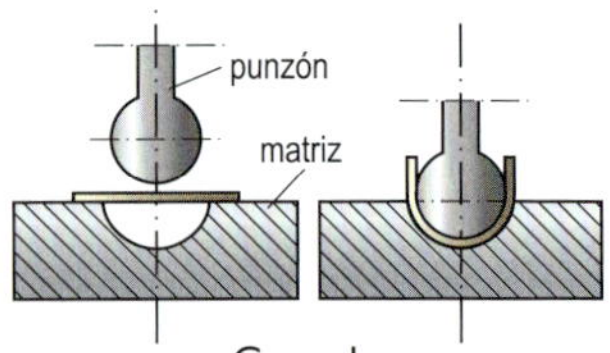

Curvado.

Embutición

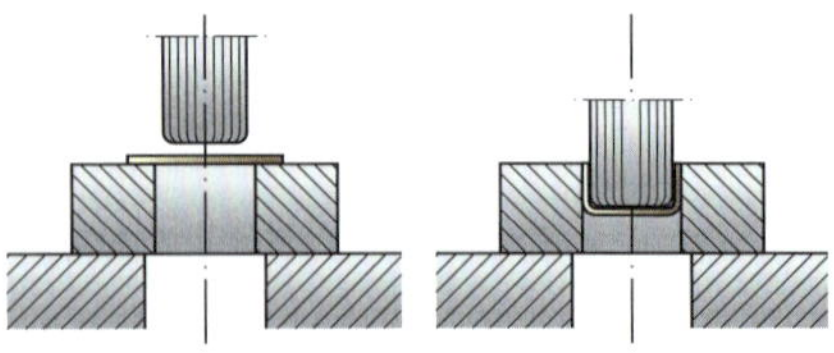
Embutición.

Se trata de, partiendo de planchas de chapa, obtener piezas con la forma de una matriz definida. Se coloca la plancha sobre una matriz y, mediante sucesivos golpes o presión, va moldeándose con la forma de la matriz. Se utiliza en la fabricación de tapas, sartenes, envases, fregaderos, etc.

Estirado y trefilado

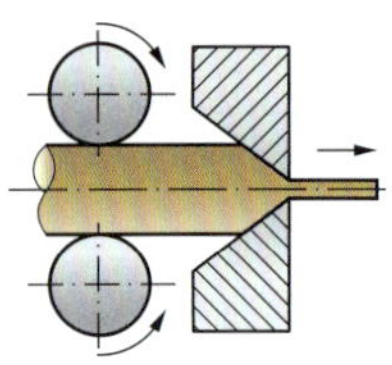
Estirado.

En el **estirado**, se hace pasar el material a través de unos orificios calibrados, llamados *hileras*, para reducir la sección de dicho material (por ejemplo, varillas gruesas, para hacer varillas más finas).

El **trefilado** se utiliza para reducir la sección de alambres o varillas, para que queden más finas. Es similar al estirado, ya que se hace pasar el material por diferentes hileras, en que se va reduciendo la sección progresivamente.

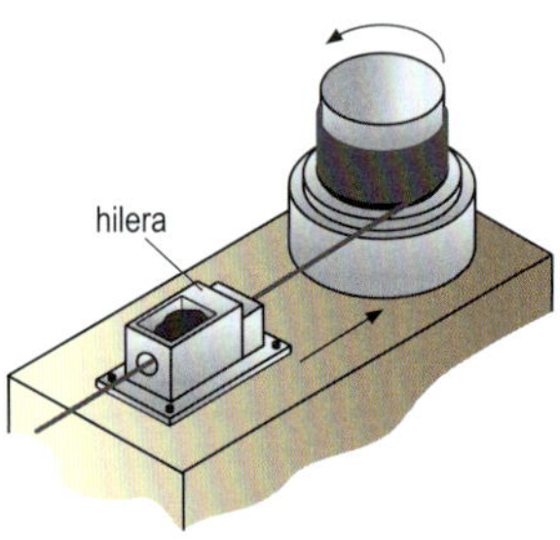

Trefilado.

Corte y punzonado

El **corte** consiste en dividir la pieza en trozos de tamaño prefijado, mientras que el **punzonado** consiste en practicar agujeros en la pieza.

Para el corte se suele utilizar una cizalladora o una prensa. En el punzonado, se coloca la chapa sobre una matriz y, mediante la presión de un punzón, la chapa pasa por las fases de deformación, penetración y fractura.

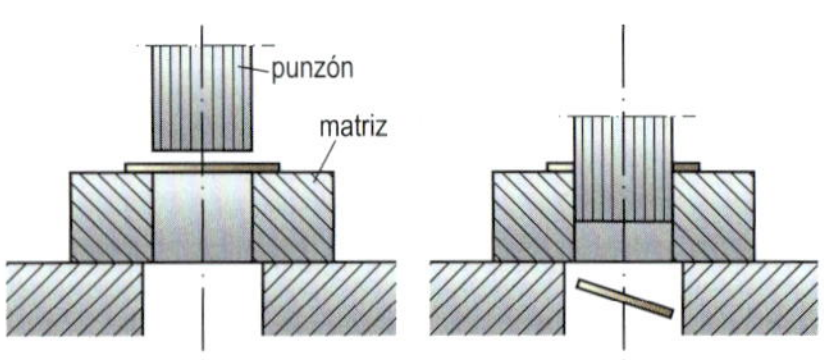

Punzonado.

8. Conformación por arranque de material

En el **mecanizado por arranque de viruta** se obtienen piezas separando partes del material por medios mecánicos o con herramientas de filo.

Podemos clasificar los mecanizados según sean manuales o mediante máquinas herramientas:

- Manuales: segueta, sierra de costilla, serrucho, arco de sierra, lima, escofina, macho de roscar, terraja...
- Máquinas herramientas: taladradora, torno, fresadora, cepilladora, lijadora, limadora, rectificadora...

Los procedimientos más básicos son el serrado, el limado, el taladrado y el roscado.

Serrado

Para serrar se utilizan herramientas como las siguientes:

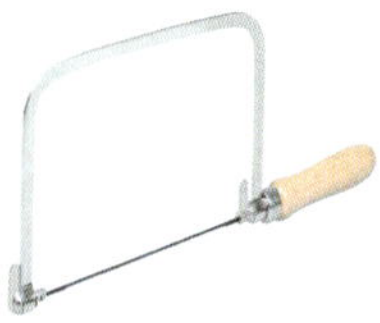
Segueta.

Sierra de costilla.

Serrucho.

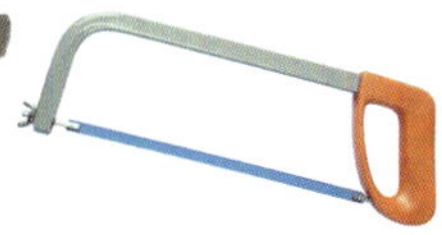
Arco de sierra.

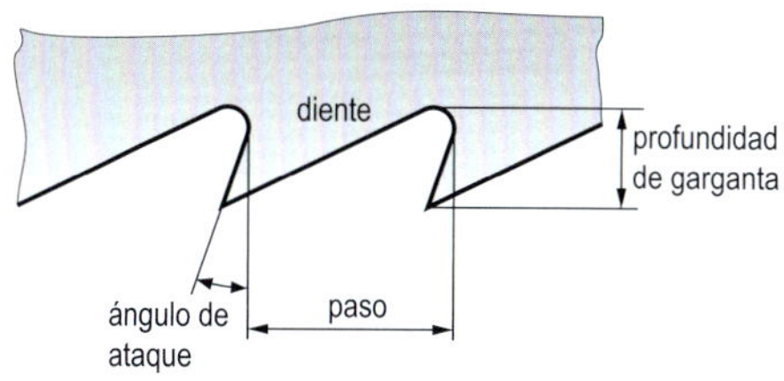

Partes de la hoja de una sierra.

También se puede llevar a cabo dicho proceso mediante una máquina herramienta automática.

Limado

Mientras que las limas se utilizan para arrancar pequeñas virutas de metales, la escofina se utiliza para la madera.

El picado de los dientes puede ser cruzado, recto o fresado.

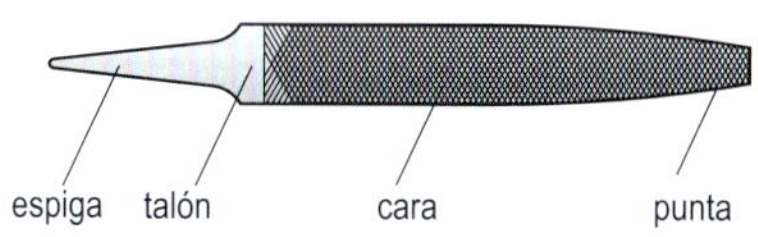

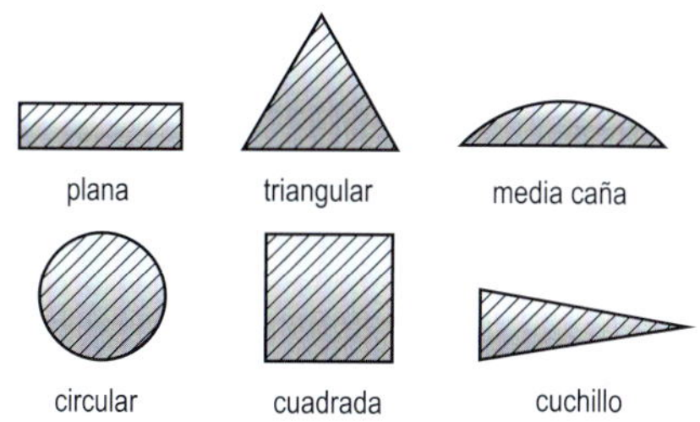

Las limas se pueden clasificar por su forma.

Taladrado

En la mayoría de los casos se utiliza un taladro, que es una máquina herramienta para realizar agujeros con un movimiento de rotación y otro de avance.

Se elige un tipo de broca u otro en función del material que se va a perforar:

- De acero al carbono: para materiales blandos, como la madera o el plástico.
- De acero rápido (HSS): para aceros de poca dureza.
- De metal duro (widia): para aceros muy duros y fundición.

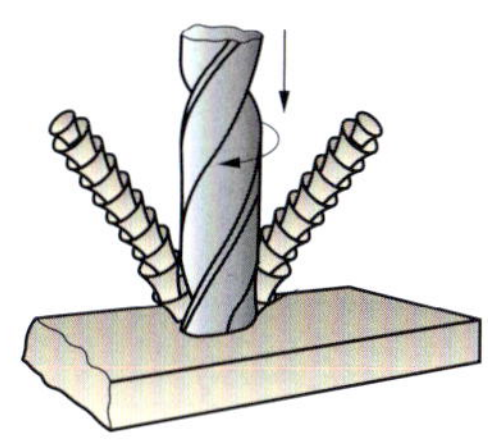

Roscado

Para fabricar las roscas de las tuercas se usan los machos de roscar, que, al girar sobre una tuerca, por arranque de material, van creando las hélices. Para fabricar los tornillos se emplean las terrajas.

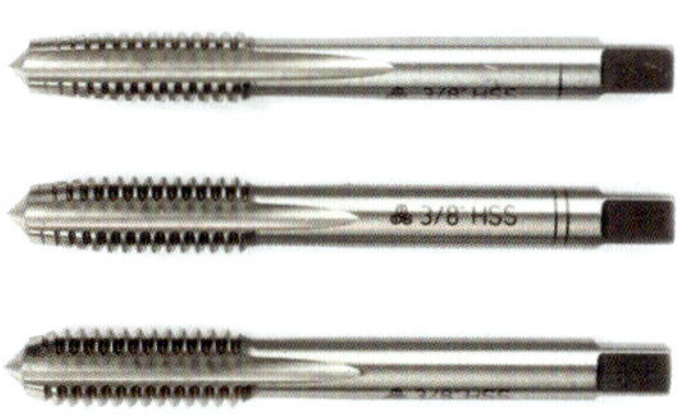
Machos de roscar.

Terraja.

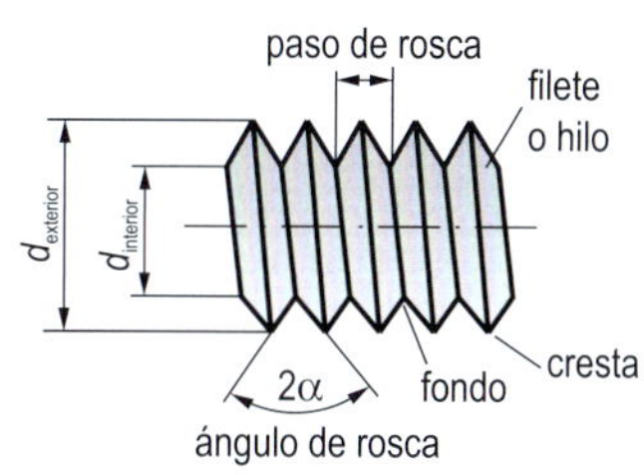

Partes de una rosca.

9. Torno

Escanea el código para ver cómo funciona un **torno**.

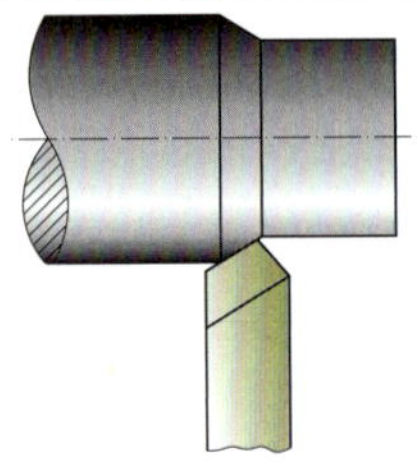

El **torneado** es un proceso orientado a la obtención de superficies de revolución. Es el mecanizado más empleado en la industria, por ser el más productivo y de gran calidad.

La pieza a mecanizar se fija mediante unas garras y se hace girar. La herramienta de corte, que va fijada a una torre, realiza dos movimientos (uno de avance y otro de penetración en la pieza), de modo que se produce un corte continuo.

Puede realizarse el torneado del exterior de la pieza o bien del interior.

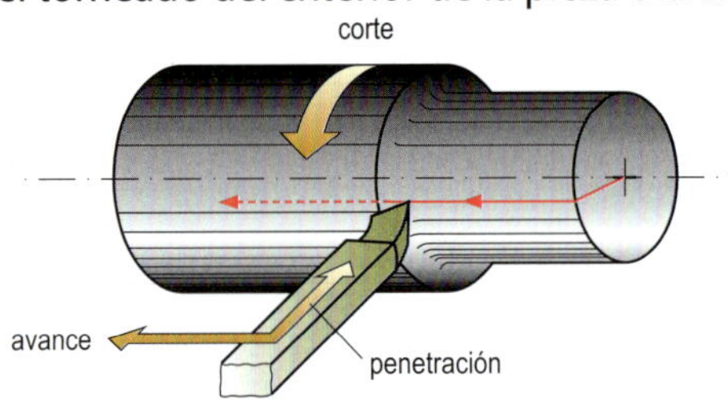

10. Fresadora

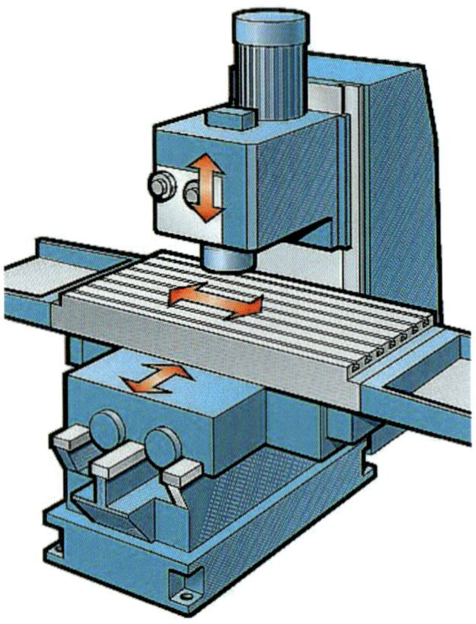

Escanea el código para ver cómo funciona una **fresadora**.

El **fresado** es un procedimiento de mecanizado en el que se arranca la viruta utilizando una herramienta con múltiples filos llamada *fresa*.

A diferencia del torneado, en este caso el movimiento de corte lo realiza la fresa al girar sobre su eje. Al tener múltiples filos, éstos solamente cortan durante una parte del giro, lo que permite su refrigeración.

Una fresadora es una máquina provista de fresas. Al tener un movimiento más que el torno, las piezas que se pueden fabricar en ella son más variadas y pueden ser de mayor complejidad.

Los principales tipos de fresado que se pueden llevar a cabo son:

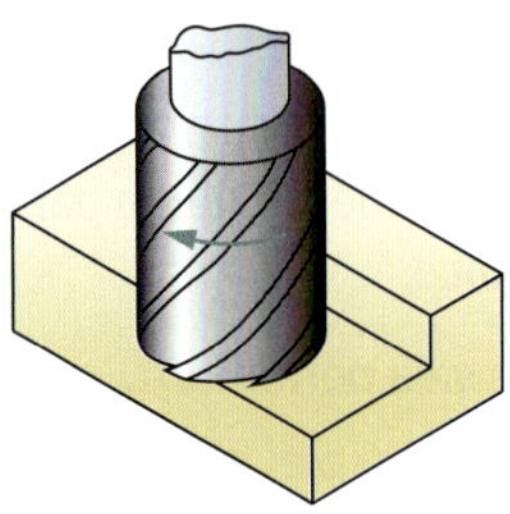
Fresado frontal.

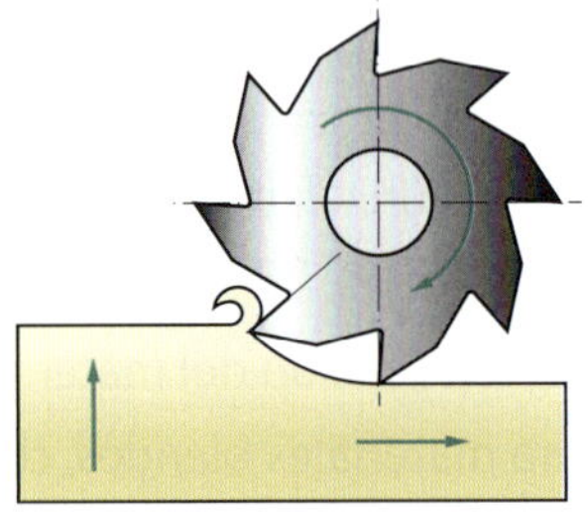
Fresado cilíndrico.

Perfilado o contorneado.

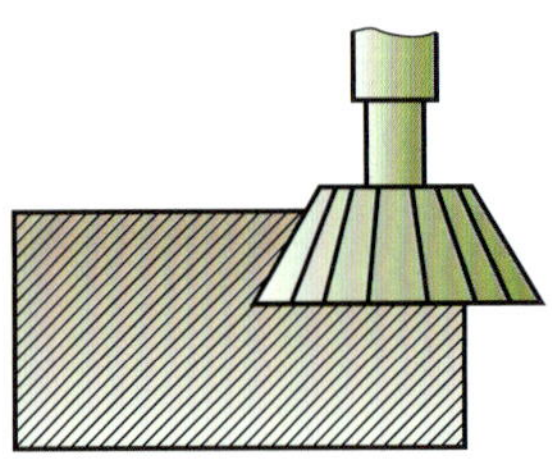
Cola de milano.

Cajeado.

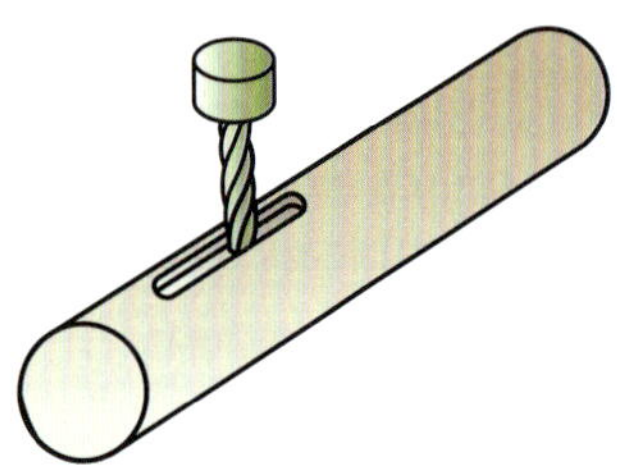
Ranurado.

11. Mecanizados especiales

Constantemente surgen nuevas técnicas de conformación de materiales. Entre las más asentadas en la industria moderna se encuentran las siguientes:

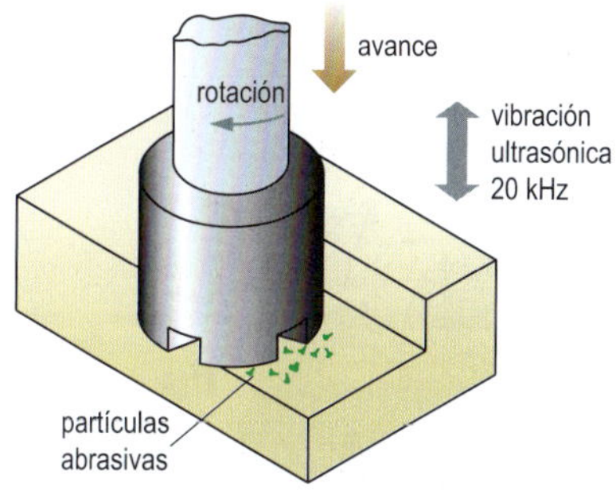

Ultrasonido

Se usa para mejorar el trabajo del taladrado o fresado. Se denomina así porque la herramienta de ultrasonido utilizada vibra a 20 kHz y gira a unas 6.000 r.p.m. Puede ser de diamante (en tal caso, entra en contacto directo con la pieza) o bien de otro material que no tenga contacto con la pieza pero que esté rodeado de un líquido abrasivo que será el que realmente arranque el material (suele ser una pasta de diamante, carburo de silicio u otro material). La combinación del movimiento de rotación, la vibración y el avance contra la pieza produce el mecanizado de ésta.

Láser

Mediante un láser se concentra la luz en un punto de la superficie que se desea cortar, lo cual permite obtener una alta precisión y una gran rapidez. Es muy utilizado en el corte de materiales metálicos. También permite el grabado y el marcado de otros materiales.

Plasma

El corte por plasma es un proceso que utiliza un chorro de gas ionizado que se envía desde un orificio de constricción. La alta velocidad del gas ionizado, que es el plasma, conduce la electricidad desde la antorcha de plasma hasta la pieza de trabajo. El plasma calienta la pieza por encima de los 30.000 °C y funde el material. El flujo de alta velocidad del gas ionizado sopla mecánicamente el metal fundido y va rompiendo el material.

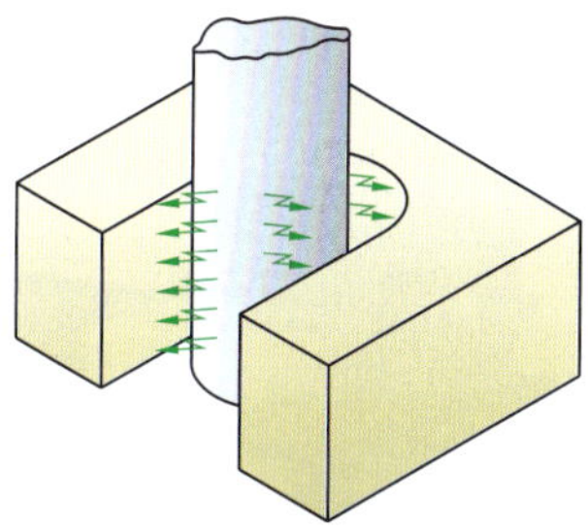

Electroerosión

Consiste en la generación de un arco eléctrico entre una pieza metálica y un electrodo de grafito separados por un aislante. La intensidad es mayor que la resistencia del aislante y la chispa provocará un arco que calentará la superficie hasta una temperatura que volatilizará el metal y arrancará partes de la pieza. Se utiliza para piezas 3D en las que se requiere una gran precisión que el láser u otras técnicas no pueden dar.

Chorro de agua

Se puede cortar prácticamente cualquier material haciendo impactar sobre él un chorro de agua a alta presión (suelen usarse presiones de hasta 4.000 bares). Puede resultar muy útil por el hecho de realizarse el corte en frío, ya que de ese modo no se endurece ni se deforma el material.

12. Métodos de unión

Existe una gran cantidad de métodos de unión que, además, se combinan con máquinas y mecanismos.

En las dos prácticas de informática veremos a fondo los tipos de uniones. Podemos clasificarlas en desmontables y fijas.

- **Uniones desmontables.** Ejemplos de este tipo de uniones son el tornillo-tuerca, los pasadores, las chavetas, las lengüetas, los ejes nervados, las guías, etc.
- **Uniones fijas.** Las principales son los remaches, las soldaduras y las uniones forzadas.

13. Automatización

El mercado actual exige en los procesos de fabricación una gran productividad, niveles de calidad elevados, formas mecánicas complejas, reducción de costes y plazos de entrega cortos.

Frente a la necesaria automatización de los procesos, existen dos modelos de trabajo: uno rígido y otro flexible.

Máquina tránsfer circular.

Máquina tránsfer lineal.

Automatización rígida: máquinas tránsfer

Optimizadas para el mecanizado de un producto o una familia limitada de piezas, las **máquinas tránsfer** resultan adecuadas para grandes volúmenes de producción.

Permiten realizar trabajos simultáneos en varios puestos. Constan de varias estaciones de mecanizado sucesivas, en las que las piezas van siendo mecanizadas simultáneamente.

En las máquinas tránsfer circulares, las piezas realizan un recorrido circular. Entran por la zona de carga, pasan por las distintas estaciones y acaban en una estación de descarga. En cada estación puede haber uno o más cabezales de mecanizado, como fresado, taladrado, roscado, etc.

En las máquinas tránsfer lineales, las piezas se desplazan de forma rectilínea por una serie de estaciones, en cada una de las cuales se realiza un proceso de mecanizado. No presentan las limitaciones de número de estaciones o espacio que tienen las circulares.

Torreta portaherramientas.

Torno CNC.

Automatización flexible: CNC

La fabricación incluye, además de las transformaciones de mecanizado, otras actividades: transporte, almacenaje, verificación, embalaje, etc. El primer paso es utilizar máquinas herramientas de **control numérico por computadora (CNC)**, pero se debe automatizar todo el proceso.

El CNC es un sistema de automatización reprogramable que permite, a partir de una programación, mecanizar un producto. Las máquinas CNC pueden realizar distintas operaciones (fresar, taladrar, roscar, etc.) e incluso cambiar automáticamente de herramientas o cabezales.

Ventajas:

- Mejora de la precisión y aumento de la calidad de los productos
- Posibilidad de mecanizar productos de geometría complicada
- Gran versatilidad, posibilidad de realizar gran variedad de operaciones
- Disminución de los tiempos no productivos (en los que la máquina está parada: cambios de herramientas, movimientos en vacío, etc.)

Inconvenientes:

- Altos costes de adquisición y de los accesorios, que exigen una alta ocupación y trabajo en varios turnos
- Necesidad de cálculos, programación y preparación, así como de personal cualificado para la programación y el mantenimiento
- Coste de mantenimiento elevado

14. Impacto ambiental

Por **impacto ambiental** podemos entender la alteración que producen los procesos de fabricación de productos (de forma positiva o negativa) sobre la salud humana o sobre el medio ambiente.

Los distintos procesos de fabricación generan una serie de residuos y emisiones que afectan significativamente al ser humano y al medio ambiente.

La fase de diseño de un producto es fundamental en este sentido, ya que el 80% del impacto medioambiental que se genera en su fabricación se puede determinar y reducir durante esta fase.

Los **impactos ambientales más habituales** son:

Impacto	Causa	Efecto
Contaminación del agua	Vertidos tóxicos, vertidos residuales, vertidos a altas temperaturas	Eutrofización Disminución de la biodiversidad
Contaminación del suelo	Fugas y accidentes Expulsión incontrolada de residuos	Contaminación de las aguas Disminución de la biodiversidad
Agotamiento de los recursos	Consumo desmedido de recursos naturales (materias primas, energía, agua)	Agotamiento de los recursos Contaminación Deforestación
Contaminación atmosférica	Industria, transporte	Efecto invernadero Lluvia ácida Reducción de la capa de ozono
Efectos locales	Olores, ruidos, vibraciones	Daños en la salud

Las normas ISO 14000 regulan los sistemas de gestión medioambiental y la minimización de los riesgos y los residuos.

15. Salud y seguridad en el trabajo

En los procesos de fabricación, el primer paso es definir los procedimientos, técnicas y herramientas de trabajo e identificar y definir los riesgos inherentes a cada proceso. Después hay que proceder a establecer las medidas de seguridad necesarias para eliminar o minimizar todos los riesgos, mediante la aplicación de medidas de protección colectiva y el empleo de equipos de protección individual (EPI).

Para cada máquina herramienta debemos observar unas medidas de protección personal específicas, que nos indicará el fabricante. Entre las más habituales se encuentran las prendas de protección general: botas de seguridad con punta reforzada, aislantes, guantes, mandiles, protectores auditivos, cascos o gorros, protectores de los ojos (gafas para evitar el desprendimiento de restos, filtros ópticos para las radiaciones de la soldadura...), etc.

Como medidas de protección general, en los procesos de fabricación debemos realizar estudios previos en los que valoraremos tomar medidas correctoras como las siguientes:

- Usar chimeneas extractoras con filtros físicos y químicos.
- En los espacios cerrados, disponer de un sistema de filtrado de partículas para su posterior reciclado.
- Llevar a cabo la recogida de residuos para su posterior tratamiento o reutilización.
- Establecer las medidas adecuadas de protección de incendios, almacenaje y transporte de material potencialmente peligroso.

Los sistemas de protección están pensados para proteger a las personas y las máquinas frente a los riesgos eléctricos, los riesgos químicos y los incendios, entre otros.

Señal de prohibición.

Señal de obligación.

Señal de advertencia.

Señal de evacuación.

Práctica 1. Uniones desmontables. Infografía con Piktochart

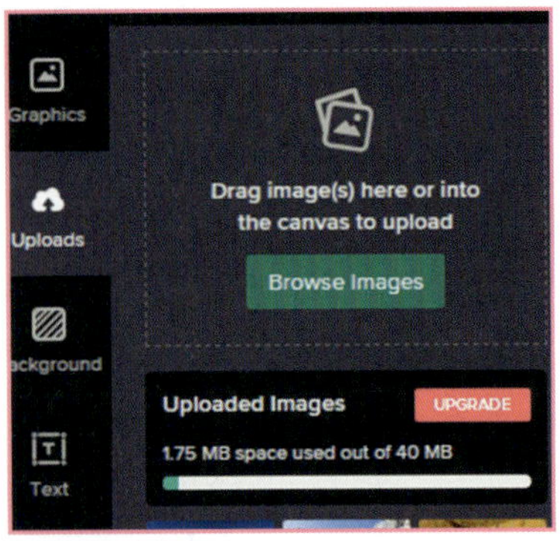

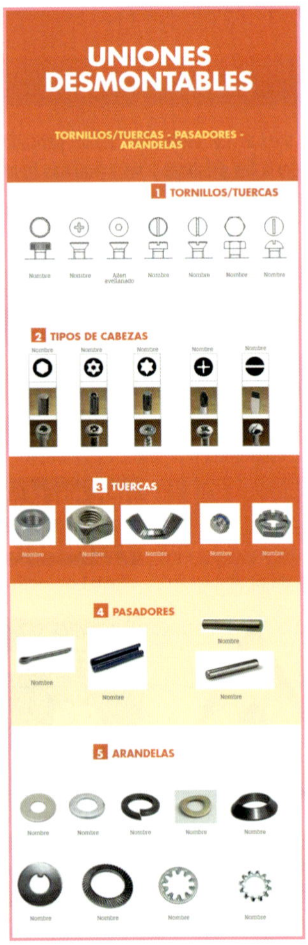

Para hacer esta práctica deberás tener el consentimiento de tus padres o tutores legales.

Vamos a hacer una infografía sobre los distintos tipos de uniones desmontables. Para ello, en el CD virtual encontrarás el archivo de Excel **UD05_P1_uniones.xlsx**, con los nombres de los distintos tipos de uniones, y el archivo comprimido **UD05_P1_uniones_imagenes.rar**, con todas las imágenes de los distintos tipos de uniones. Tendrás que investigar en Internet para determinar qué imagen corresponde a cada elemento, y puedes añadir información adicional que resulte relevante.

Acceso a Piktochart

Como ya vimos en la unidad 1, para acceder a **Piktochart** necesitas registrarte o también puedes acceder con tu cuenta de correo de Gmail o de Facebook. Además, Piktochart dispone de una versión que se puede utilizar gratuitamente.

Creación de la infografía

1. Una vez que has accedido a Piktochart, tienes que elegir el formato que desees para tu infografía. Selecciona **Infographic**.
2. Se muestran a continuación las plantillas disponibles para la versión gratuita. Elige la plantilla **Education Basic** y haz clic en la opción **Use template**.
3. Accede ahora al menú de la izquierda y selecciona **Uploads**. Haz clic en el cuadro que aparece y sube las 30 imágenes.
4. La plantilla **Education Basic** tiene ocho bloques diferentes. Vamos a ir colocando cada grupo de componentes en un bloque. Para eliminar los que nos sobren, sitúa el cursor en el borde izquierdo de cada bloque y haz clic en el icono **Delete block**.
5. En el primer bloque naranja, selecciona el texto "How to Create your Infographic" y cámbialo por "UNIONES DESMONTABLES". Selecciona después el texto que aparece debajo, "Back to Basics: Subtitle Should be Short and Concise" y sustitúyelo por "TORNILLOS/TUERCAS - PASADORES - ARANDELAS".
6. En el siguiente bloque, encontrarás una imagen a la izquierda, un título y un texto debajo. Cambia el título por "TORNILLOS/TUERCAS" y elimina la imagen y el texto de debajo. Inserta las imágenes de los tornillos (de la 1 a la 7), alineándolas y cambiando el tamaño para que se adapten al espacio.
7. En el menú de la izquierda, selecciona **Text** y arrastra el tipo de texto **Subtitle 3**. Escribe el nombre de los tipos de tornillos que aparecen en el archivo de Excel.
8. Repite el procedimiento insertando las demás imágenes y colocando su nombre correspondiente para los subapartados "2. Tipos de cabezas", "3. Tuercas", "4. Pasadores" y "5. Arandelas", como se muestra al margen.
9. Puedes descargar las infografías a tu ordenador en formato PNG para después imprimirlas, compartirlas por correo electrónico y también publicarlas. Haz clic en el icono **Download** de la barra superior de herramientas y guarda la infografía como **UD05_P1_nombreapellido.png**.

Práctica 2. Uniones fijas: soldaduras. Mural de Padlet

En esta práctica vamos a usar **Padlet** para hacer un mural con los distintos tipos de soldaduras que existen. En la parte de teoría ya hemos visto que las soldaduras son un método de unión fija (otros son los remaches, las uniones mediante colas y pegamentos, etc.).

Necesitarás buscar una imagen de cada uno de los cinco tipos de soldaduras que te enumeramos a continuación, y redactar una breve descripción en la que expliques en qué consisten:

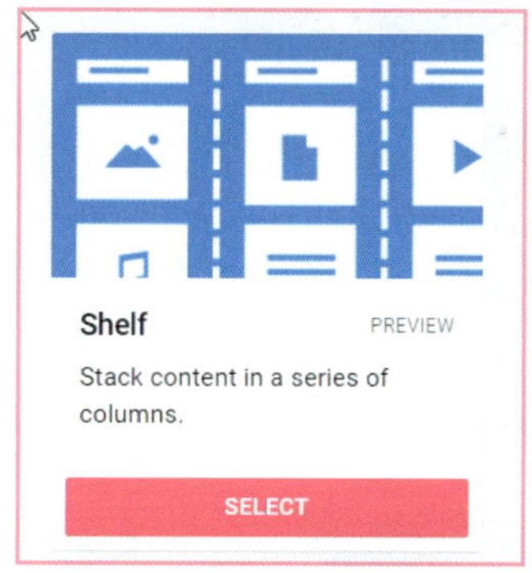

- Soldaduras heterogéneas
  - Soldadura blanda con estaño
  - Soldadura fuerte (o dura o amarilla)
- Soldaduras homogéneas
  - Soldadura oxiacetilénica
  - Soldadura por arco eléctrico
  - Otras: soldadura TIG, MIG, por resistencia...

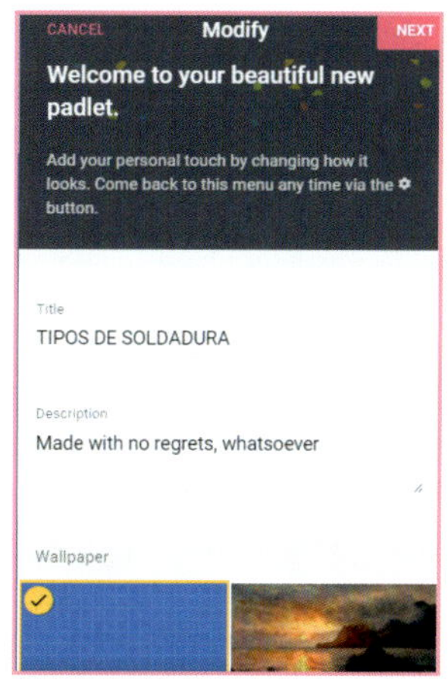

Busca información en Internet, libros, etc., y cuando conozcas el funcionamiento de estos tipos de soldaduras, accede a Padlet en la dirección *es.padlet.com*. Haz clic en **Registrarse** y regístrate con tu cuenta de Gmail. Si no tienes cuenta de Gmail, puedes crearte una cuenta de Padlet.

1. Una vez registrado, indica **Omitir** en la introducción a la aplicación y haz clic en **+New** o en **Crear un Padlet**.
2. Haz clic en **Seleccionar** en algún tipo de plantilla, por ejemplo **Shelf**, para crear los contenidos en columnas. En **Título** escribe "TIPOS DE SOLDADURA". Selecciona en **Papel tapiz** un fondo. Haz clic en **Siguiente**.
3. En **Personas y privacidad** elige **Público** y en **Aquellos con acceso** selecciona **Se puede leer**. Haz clic en **Guardar**.
4. Ahora haz doble clic en el papel tapiz de la pantalla, para empezar a publicar entradas. Como título de la primera entrada escribe "Soldadura blanda con estaño". Redacta una pequeña descripción de este tipo de soldadura. Haz clic en el icono de la **cámara de fotos** y sube una imagen de Internet que haga referencia a este tipo de soldadura (para este primer tipo también puedes usar la imagen **UD05_P2_sold_estaño.jpg** y el texto **UD05_P2_sold_estaño.docx** que encontrarás en el CD virtual). También puedes incluir la dirección de vídeos explicativos de YouTube.

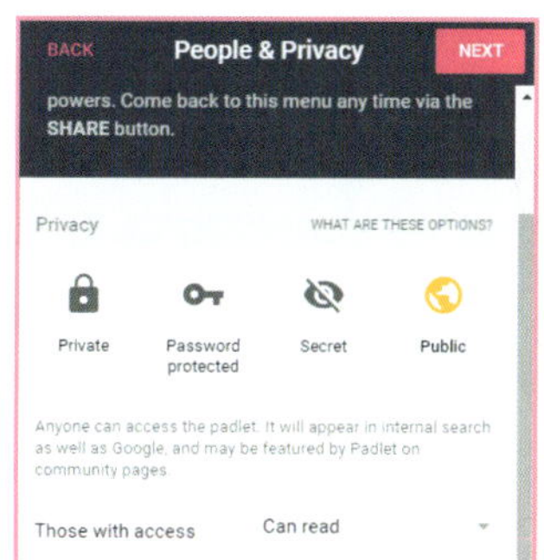

5. Repite el proceso con cada uno de los tipos de soldaduras.
6. Haz clic en el icono de **configuración** y desplázate hacia abajo hasta ver la dirección. Modifica la dirección de tu Padlet y teclea como dirección "tipos_de_soldadura". Haz clic en **Guardar**.
7. En la barra de herramientas, selecciona **Compartir** / **Exportar**. Observa que puedes enviar tu Padlet por correo, insertarlo en un sitio web, exportarlo a un archivo PDF o generar el código QR del archivo, entre otras opciones.
8. Genera el código QR de tu Padlet. Pégalo en un procesador de texto y guarda el documento como **UD05_P2_nombreapellido**.

Práctica 1. Diseño e impresión 3D del chasis de un robot Zowi

En esta práctica vamos a descargar de un repositorio las piezas ya diseñadas del robot Zowi de BQ en formato STL.

Una vez descargadas, las importaremos desde el programa Tinkercad para modificar la cabeza del robot y personalizarla a nuestro gusto.

Una vez que tengamos todas las piezas en formato STL, desde el laminador Repetier-Host generaremos el archivo GCODE para proceder a su impresión.

Proceso de impresión 3D

El proceso de impresión en tres dimensiones consta de tres etapas diferenciadas: diseño, laminado e impresión.

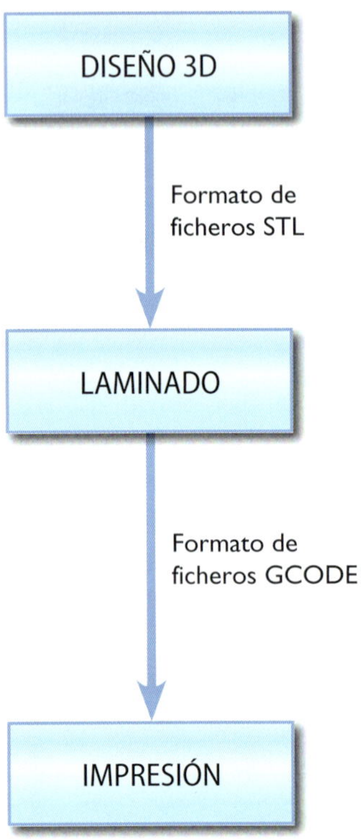

- **Diseño**

  El primer paso es diseñar la pieza que quieres imprimir. Para ello puedes utilizar cualquier programa de diseño gráfico, como SketchUp, Tinkercad, BlocksCAD, OpenSCAD, Blender, FreeCAD, AutoCAD, etc.

  Debes guardar el archivo con formato STL.

  También puedes encontrar piezas ya diseñadas en repositorios como Thingiverse, Fabster, YouMagine o EducaMadrid.

- **Laminado**

  Los programas de laminado traducen el fichero STL a formato GCODE, que es el que entiende la impresora.

  Estos programas se ocupan de determinar las capas de plástico necesarias para conformar la pieza diseñada y el orden en que se van a suceder.

  Cura y **Slic3r** son dos programas de laminación muy utilizados. El que usaremos nosotros es **Repetier-Host**, un software de impresión que nos permite visualizar las piezas en STL, modificarlas y controlar todo el proceso de impresión (además, incluye el laminador Slic3r, que realiza el loncheado del modelo y genera el archivo GCODE).

- **Impresión**

  El archivo GCODE generado en el proceso de laminado se copia a una tarjeta de memoria y se introduce en la impresora 3D, o bien se conecta el ordenador a la impresora por cable y se envía dicho archivo.

Uso de repositorios

Thingiverse

github SOCIAL CODING

Los repositorios de piezas son una alternativa al diseño de piezas propias muy interesante. Están formados por muchas piezas en formato STL que el usuario puede descargar y utilizar con su programa laminador. Las piezas son de descarga libre y en algunos casos podemos retocarlas y adaptarlas a nuestras necesidades en el propio repositorio. Los dos más utilizados son **Thingiverse** y **Github** (éste, además, es una plataforma de desarrollo colaborativo de software).

Si entramos en *www.thingiverse.com* y escribimos "**Zowi**" en el buscador, encontraremos múltiples entradas con planos en STL, vídeos de funcionamiento, etc.

En nuestro caso, BQ nos proporciona la dirección de Github donde comparte las piezas del robot en formato STL y el software necesario para programarlo. Entra en *github.com/bq/zowi*, haz clic en **Clone or download** y elige **Download ZIP** para descargarte el fichero comprimido (tienes una copia en el CD virtual: **zowi-master.zip**). Al descomprimirlo encontrarás dentro de **zowi-master** / **Zowi_3Dprintable** / **parts** / **stl** los archivos de cada parte.

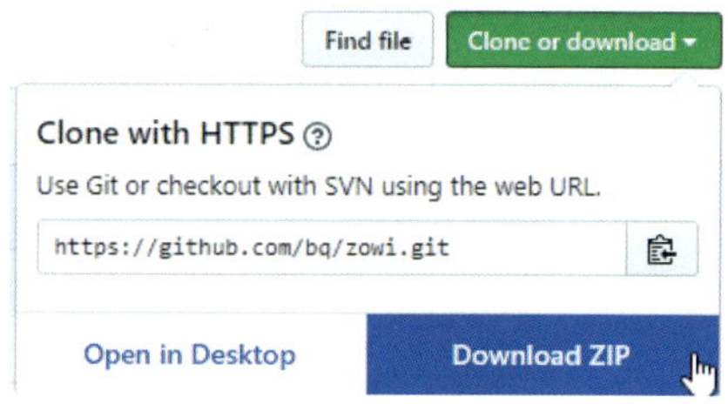

Creación y modificación de piezas con Tinkercad

1. Entra en *www.tinkercad.com* y regístrate.
2. En el menú **Diseño**, selecciona **Crear un nuevo diseño**.
3. Haz clic en el botón **Importar** (arriba a la derecha) y, de los archivos que has descomprimido, selecciona **body.stl**.
4. Una vez incorporada la cabeza de nuestro Zowi, vamos a modificarla. En el menú de la derecha, selecciona **Plano de trabajo** y haz clic sobre la cara superior de nuestra figura. Se cambiará el plano de referencia a la parte superior del cubo. Selecciona **Estrella** en el menú **Formas básicas**, sitúala sobre el cubo y modifica su color.
5. Ten en cuenta que los **cuadros blancos** sirven para variar sus dimensiones; la pequeña **flecha negra** de la zona superior permite elevar la figura sobre el plano de trabajo; y las **flechas curvas** permiten girar la figura respecto a los ejes principales.
6. Selecciona el plano trasero e inserta la forma **Texto**. Escribe tu nombre y, con la flecha negra, reduce el grosor.
7. Haz clic en el botón **Exportar**. En la pregunta **¿Qué deseas incluir?**, escoge **El diseño completo** y el formato **STL**. Se descargará el archivo en tu ordenador.

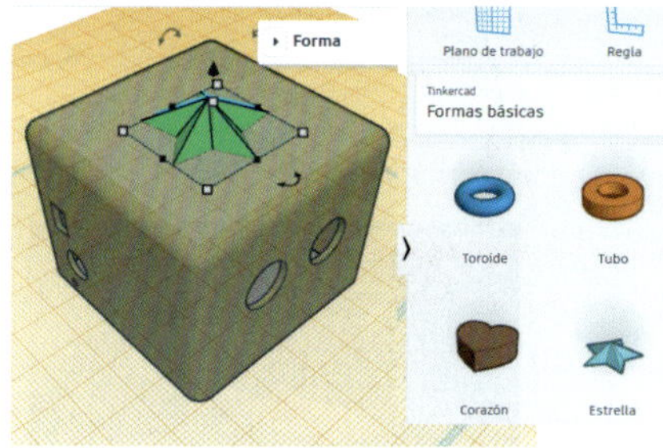

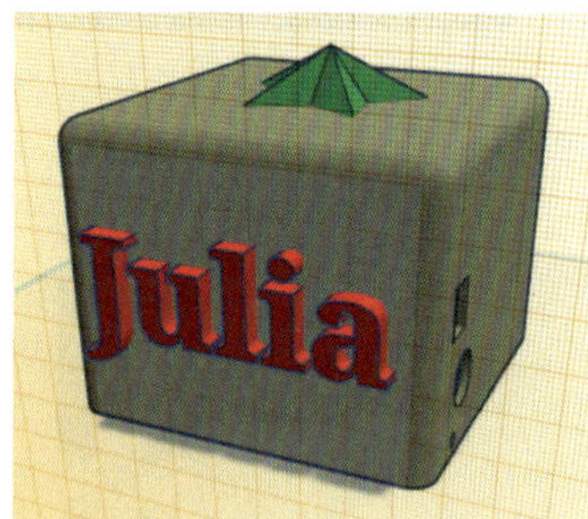

Preparación de la impresora. Laminador

Cuando ya tienes disponibles los archivos STL de las piezas que vas a imprimir, necesitas instalar el **laminador** para generar el archivo GCODE que tu impresora entiende.

1. Descarga el software de laminación y control **Repetier-Host** (en el sitio web *www.repetier.com*, sección **Download**) y sigue los pasos que se indican para instalarlo.
2. Carga a continuación los parámetros de impresión en Repetier-Host. **Importante**: la **primera vez** que abras Repetier-Host será necesario cargar el archivo de configuración del Slic3r (un archivo con extensión **.ini** que nos debe proporcionar el fabricante):
   a) Hacemos clic en la pestaña **Slic3r** en la parte derecha y pulsamos el botón **Configuración**.
   b) Vamos a **File** / **Load Config Bundle** y seleccionamos el archivo **.ini** de configuración.
3. Por último, configura Repetier-Host con los parámetros de la impresora que te haya proporcionado el fabricante (para las impresoras Lion3D de la Comunidad de Madrid, toda la información se puede encontrar en esta página web: *tecnorobot.educa2.madrid.org*).
4. Una vez descargado el software de laminación y configurada la impresora, en Repetier-Host, haz clic en **Archivo** y selecciona el archivo STL que vayas a imprimir.
5. Haz clic en **Slice con Slic3r** para generar el archivo GCODE. Guarda el fichero en la tarjeta MicroSD haciendo clic en **Save to file**. Ya puedes introducir la tarjeta en la impresora 3D para proceder a su impresión.

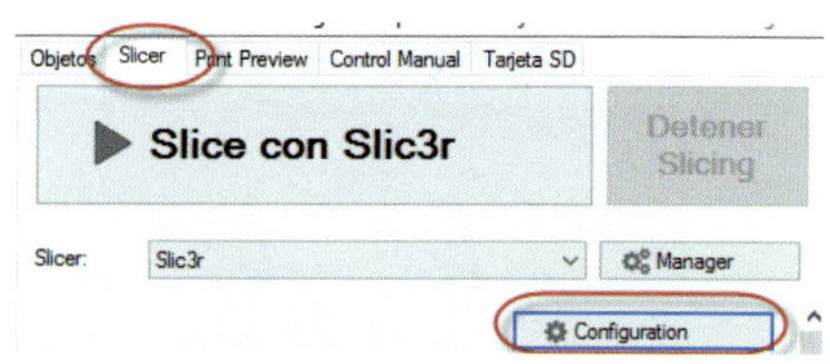

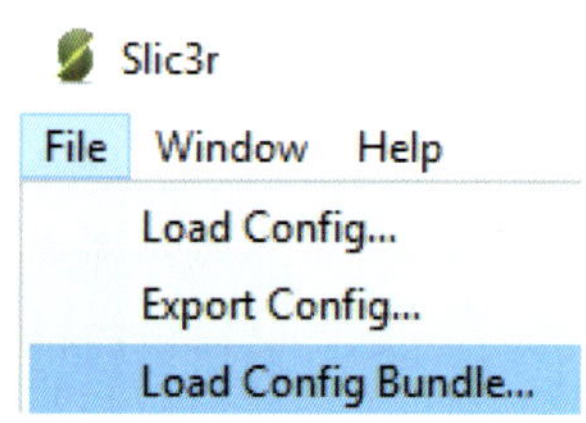

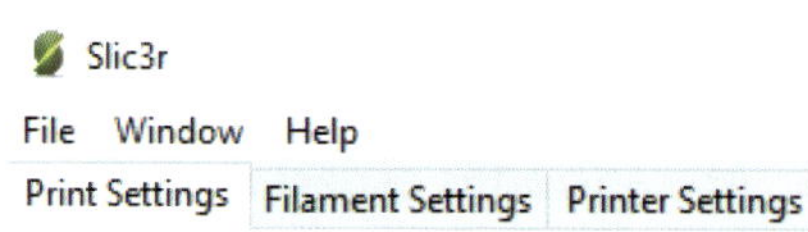

Repasa

- Conformación de material **sin arranque de viruta**:

Fundición y moldeo en arena

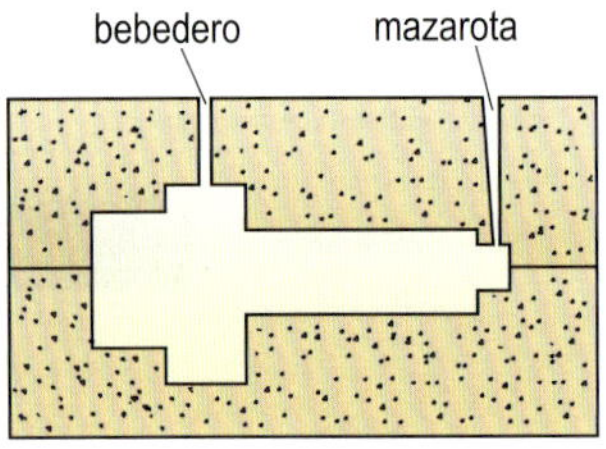

Moldeo por inyección

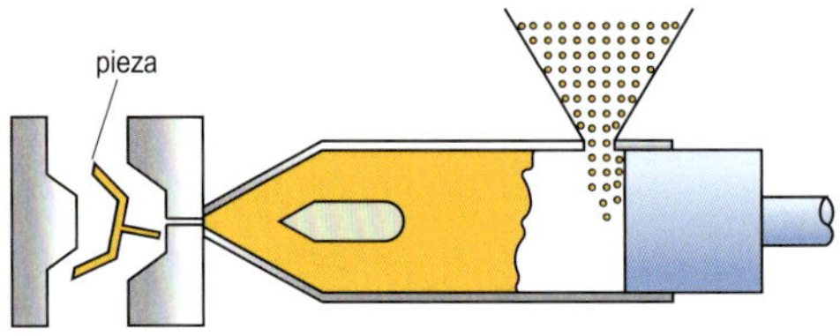

Moldeo a cera perdida

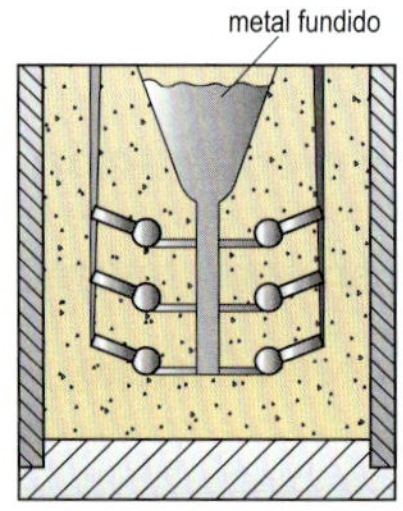

Forja

Estampación

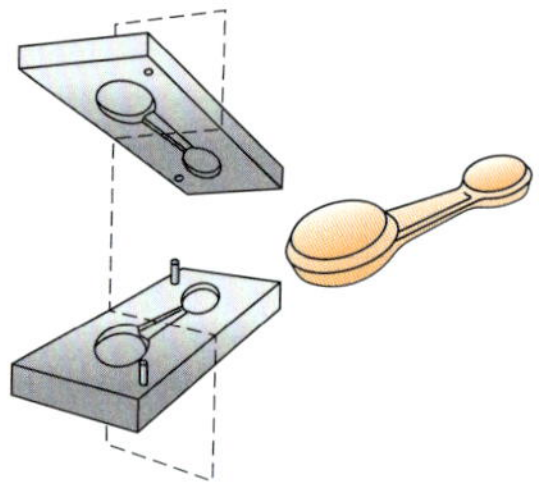

Extrusión

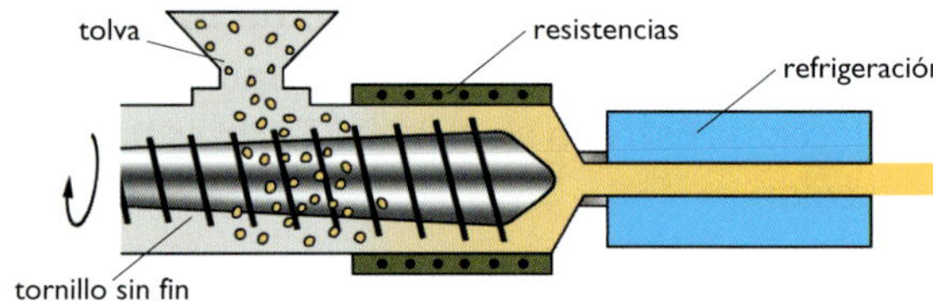

Moldeo por inyección

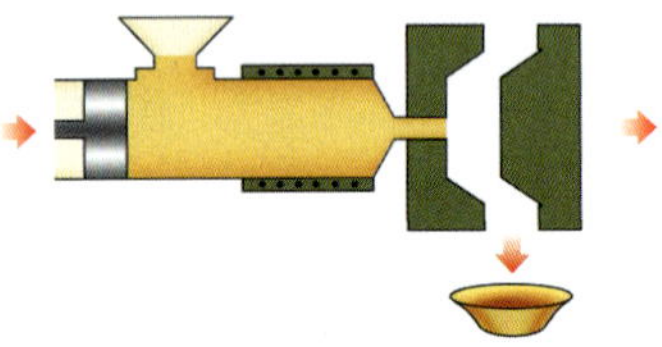

Soplado

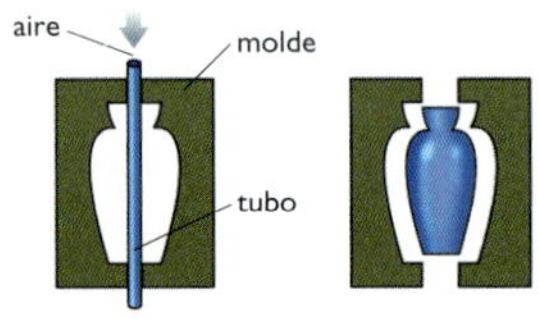

Conformado al vacío

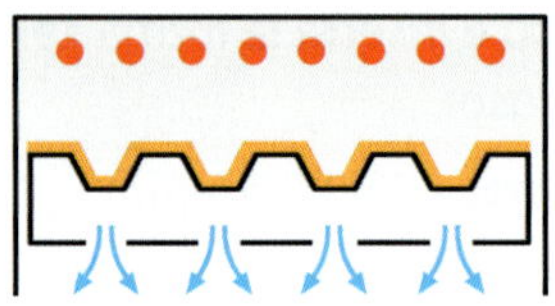

Laminación

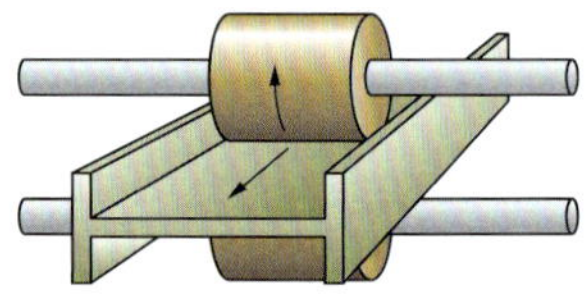

- Conformación de **chapas**: doblado y curvado, embutición, estirado y trefilado, corte y punzonado.
- Conformación por **arranque de material**:

Serrado

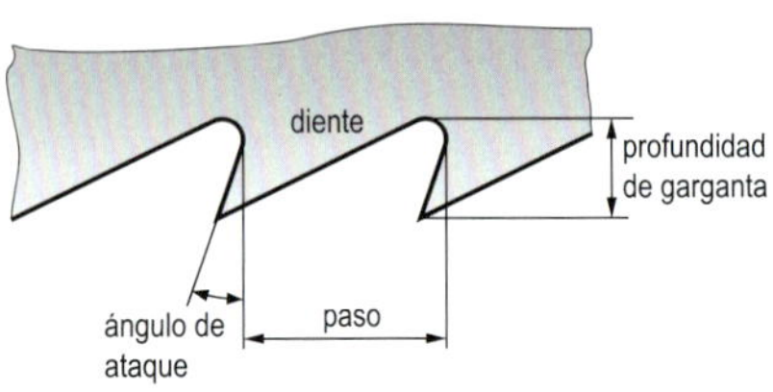

Limado

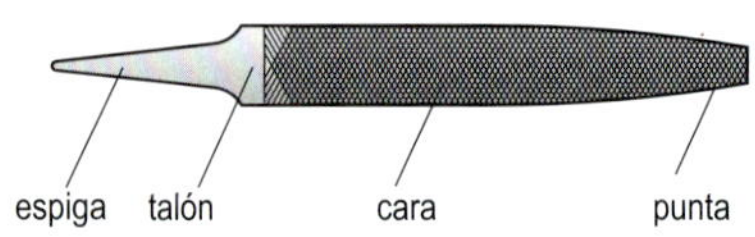

Taladrado

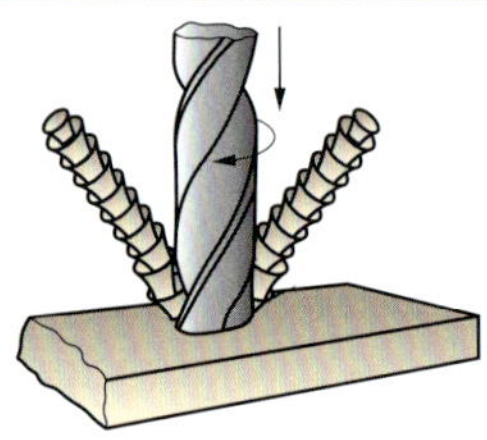

Roscado

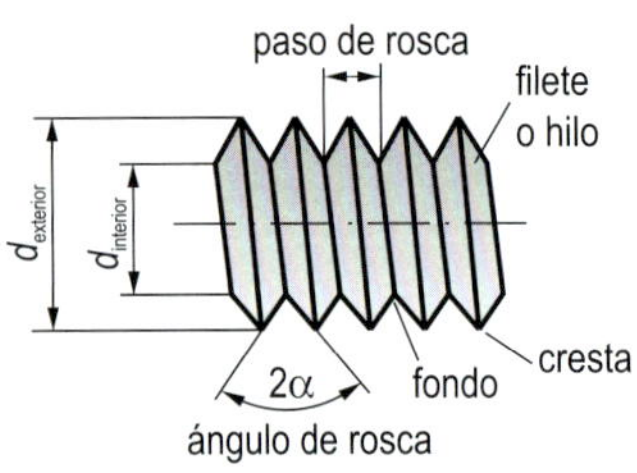

Torneado

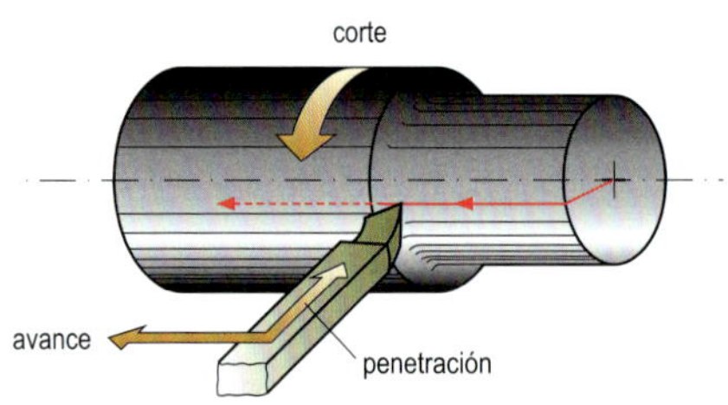

Fresado

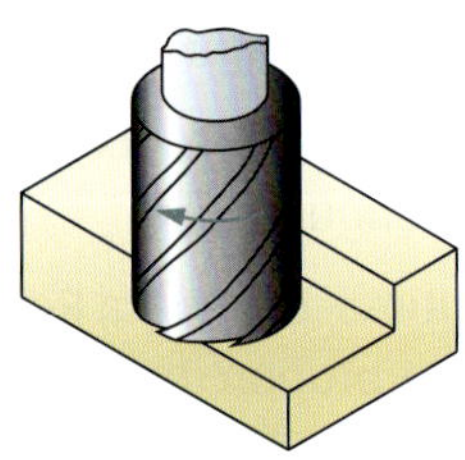

- **Mecanizados especiales**: ultrasonido, láser, plasma, electroerosión, chorro de agua.
- Métodos de **unión**: uniones desmontables y uniones fijas.
- **Automatización**: máquinas transfer y control numérico por computadora (CNC).
- **Impacto ambiental**: contaminación el agua, contaminación del suelo, agotamiento de los recursos, contaminación atmosférica, efectos locales.
- Las **medidas de protección** pueden ser colectivas o individuales (EPI).

ACTIVIDADES DE REFUERZO

1. ✦✦ Explica las diferencias que hay entre el moldeo en arena, en coquilla, por inyección y a cera perdida. ¿Qué ventajas e inconvenientes tiene cada método?
2. ✦✦ Si tuviéramos que fabricar por moldeo una pieza del motor de un coche de la cual quisiéramos hacer una gran tirada y además necesitáramos una alta precisión, ¿cuál sería el procedimiento más adecuado? Justifica tu respuesta.
3. ✦ Explica las ventajas y los inconvenientes que tienen las piezas hechas con forja.
4. ✦✦ Explica cómo funciona el proceso de extrusión en una impresora 3D de plástico. Puedes fijarte en la que tienes en tu centro de estudios y hacer un dibujo.
5. ✦ Describe brevemente los procesos de conformación de chapas más habituales.
6. ✦ ¿Qué piezas son adecuadas para fabricar en un torno? ¿Qué ventajas tiene el torneado frente a otras formas de fabricación?
7. ✦✦ Explica el funcionamiento de una fresadora. Describe sus partes principales e indica qué función cumple cada una de ellas.
8. ✦ Describe el funcionamiento de una máquina CNC.
9. ✦✦ Describe los principales impactos ambientales que produce la fabricación de productos y señala qué posibles correcciones podríamos aplicar para evitar cada uno de dichos impactos.
10. ✦ Elabora un mural o una presentación con las principales medidas de seguridad que debemos tener en cuenta para los distintos procedimientos de fabricación. Incluye los carteles correspondientes a cada uno de ellos.

ACTIVIDADES PRÁCTICAS

Construye una réplica a escala de un torno y una fresadora para entender mejor su funcionamiento.

Como ambas máquinas son bastante complejas, podemos dividir esta práctica en un ejercicio básico y uno más avanzado:

1. Busca en un repositorio (como Thingiverse, Github, 3D Warehouse de SketchUp o cualquier otro) un torno y una fresadora. Adapta el tamaño para que se puedan imprimir desde la impresora de tu centro e imprímelos.
2. Dibuja a mano alzada una de estas dos piezas: una torre de corte de un torno o bien la cabeza de una fresadora.
   Ahora haz ese mismo dibujo mediante un programa de diseño por ordenador. Puedes utilizar uno de los siguientes:
   - Tinkercad, OpenSCAD y BlocksCAD te permiten obtener directamente tu diseño en 3D.
   - En SketchUp, luego tendrás que convertir las piezas a STL y comprobar que no tienen errores.
   - En Inkscape, dibujarás la pieza en 2D y luego deberás importarlo desde cualquiera de los programas anteriores para darle volumen.

   Por último, imprime las piezas.

6 Productos tecnológicos: diseño, producción y comercialización

"El consumo puede convertirse en un arma formidable para hacer cambiar el curso de la historia; los consumidores, si quieren, pueden imponer a las empresas comportamientos más justos."

Francesco Gesualdi, escritor italiano

"Eres esclavo de aquello que bautizas con tu nombre."

Alejandro Jodorowsky, escritor y artista polifacético chileno

Conoce

1. Productos tecnológicos. Etapas necesarias en su creación

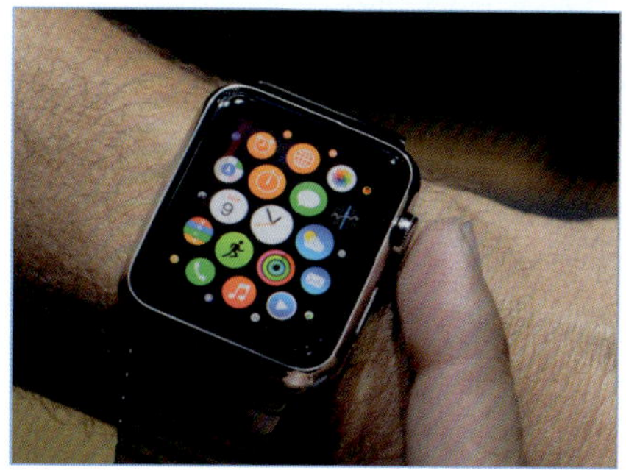

La **tecnología** es un conjunto de conocimientos científicos y técnicos interrelacionados que da respuesta a las necesidades colectivas e individuales de las personas: nos permite resolver problemas.

Los **productos tecnológicos** surgen alrededor de necesidades, lo que lleva implícito el carácter de inmediatez y un fuerte componente de innovación, dos aspectos muy importantes de la tecnología.

El inicio de la **actividad tecnológica** se produjo casi al mismo tiempo que la aparición del ser humano en la Tierra, fundamentalmente para satisfacer sus necesidades de supervivencia: alimentos, cobijo, ropa... Nunca dejará de existir: el diseño y la fabricación de productos siempre serán necesarios para mejorar nuestras condiciones de vida. Pero ¿existe un límite para la actividad tecnológica? El límite de esta actividad está en la **explotación de recursos naturales** y en el **incremento de la desigualdad** entre los habitantes de los países ricos y los de los países pobres. Está en nuestras manos utilizar la tecnología para construir una **sociedad más justa e igualitaria**, formada por ciudadanos con pensamiento crítico propio en relación con lo que acontece a su alrededor.

Clasificación de los productos tecnológicos

Los productos tecnológicos pueden ser **bienes** (objetos tangibles, materiales, como medicamentos, coches, ordenadores...), **servicios** (acciones, prestaciones intangibles, beneficios destinados a satisfacer necesidades de las personas, como la educación, la sanidad, el transporte, el servicio de atención al consumidor...) o **procesos** (técnicas que mejoran la producción, como la ingeniería genética, el tratamiento de la información...).

También pueden clasificarse en función de su uso. Así, los **productos de consumo** son los destinados al consumidor final, mientras que los **productos industriales** son aquellos que han de servir para la fabricación de otros productos.

Por su parte, los productos de consumo podemos clasificarlos en función del punto de vista del **consumidor**:

- **Productos de conveniencia**: el consumidor los necesita, pero no tiene ganas de invertir esfuerzo en su compra (se compran frecuentemente).
- **Productos especiales**: el comprador dedica esfuerzo a comprarlos (compara precios, estudia opciones, etc.).
- **Productos no buscados**: el comprador todavía no sabe que existen o que los va a necesitar.

Etapas de creación. Proyecto tecnológico

Cuando un producto aparece en el mercado, ha sufrido antes un determinado proceso, ha pasado por una serie de etapas para su creación. Las empresas desarrollan productos con la intención de que sean bien acogidos por los consumidores y que estén disponibles en el mercado lo antes posible.

Todo **proyecto tecnológico** parte de la detección y el análisis de un problema tecnológico, y finaliza con la fabricación de un producto que satisfaga las necesidades planteadas. Las etapas necesarias para la creación de un producto tecnológico desde su **origen** hasta su **comercialización** se resumen en el siguiente esquema (y se desarrollarán a lo largo de la unidad):

1. **Diseño de los productos**
   - Análisis de necesidades
   - Concepción de ideas
   - Viabilidad
   - Desarrollo de prototipos

2. **Producción de los productos**
   - Calidad en la producción
   - Modelos de excelencia y gestión de la calidad
   - Normalización
   - Control de calidad

3. **Comercialización de los productos**
   - Leyes básicas del mercado
   - Proyectos de comercialización
   - Distribución de los productos
   - Ciclo de vida de los productos

EJERCICIOS

1. ✦ Define: tecnología, producto tecnológico, actividad tecnológica y proyecto tecnológico.

2. ✦ Explica la clasificación de los productos de consumo y pon tres ejemplos de cada categoría, en función de tus gustos como consumidor.

2. Diseño de productos

El desarrollo de nuevos productos es esencial para las empresas, debido al entorno dinámico y competitivo del mercado. El **diseño** de un producto consta de varias fases, que podemos resumir en cuatro:

Análisis de necesidades

Su objetivo es definir el producto que se va a realizar, las necesidades que va a cubrir, las características de los futuros usuarios y sus ventajas frente a otros productos existentes.

Es la etapa inicial, en la que se buscan ideas relacionadas con un producto nuevo, se detecta el tipo de innovación requerida, se obtiene información sobre las necesidades que tiene la sociedad y se realizan **estudios de mercado** que permiten determinar, por ejemplo, el precio que están dispuestos a pagar los potenciales consumidores.

Muchos proyectos fracasan por saltarse este paso y empezar en el siguiente, sin tener en cuenta las necesidades de los posibles clientes.

Concepción de ideas

Su objetivo es determinar el concepto del nuevo producto, contando con los departamentos de ingeniería, marketing y diseño.

Se valoran los aspectos funcionales, los financieros, la rentabilidad, las alternativas... Se consulta a potenciales clientes, ingenieros, diseñadores, competidores, la prensa, proveedores, universidades, centros de investigación... Se fija el concepto del producto. Se selecciona el mercado al que se va a dirigir.

Escanea el código para ver el vídeo "7 diseños industriales que ahora verás de otra manera", que te ayudará a profundizar en el concepto del diseño de productos.

Viabilidad

Su objetivo es seleccionar la mejor idea, con la garantía de que va a poderse llevar a cabo.

Las ideas generadas en el paso anterior se filtran a través de un proceso de selección mediante estudios de viabilidad. La viabilidad puede ser **comercial** (se debe determinar si existe mercado para ese producto), **económica** (hacer un análisis del coste-beneficio para saber si proporcionará un beneficio adecuado) o **técnica** (examinar si se dispone de la capacidad para la fabricación).

Desarrollo de prototipos

Sus objetivos son obtener el perfil formal del producto y definir las especificaciones técnicas, los aspectos económicos, las pruebas materiales, las normas y riesgos, el rendimiento funcional, la durabilidad, la imagen, el grado de aceptación, la satisfacción...

Se construye un prototipo y después se simula el proceso de fabricación, se detectan las deficiencias, se llevan a cabo pruebas de mercado, se hace una previsión de ventas... Finalmente, se construye una solución técnica ajustada y contrastada, con planos técnicos de fabricación.

Si todo es propicio, acaba aquí la fase de diseño y comienza el proceso de fabricación.

Las maquetas son una forma de prototipo que usan los arquitectos; sirven de estudio previo en construcciones, rehabilitaciones y ampliaciones arquitectónicas. La imagen es de la exposición sobre David Chipperfield del museo ICO de Madrid.

3. Producción

Si los resultados de la fase anterior son satisfactorios, el proceso continúa con la **fabricación** del producto **a gran escala**. Es en este punto cuando debe estar definida la sucesión de actividades necesarias para la fabricación.

La **producción** es el conjunto de acciones encaminadas a fabricar un producto, para lo que emplea **recursos naturales** (materias primas, fuentes de energía), **recursos humanos** (trabajo de las personas, físico o intelectual) y **recursos financieros** (riqueza o capital).

En esta fase cobran importancia: el aprovechamiento de la materia prima, la maquinaria, el montaje de componentes, el embalaje del producto y la calidad.

Calidad en la producción

La **calidad en la producción** consiste en controlar y asegurar la calidad de los productos finales de una organización a través de sus procesos de producción.

La calidad en la producción se ha convertido en una estrategia de mejora de las empresas. Se trata de una filosofía que busca el éxito de la empresa, por medio del consenso de todas las partes interesadas en cuanto a necesidades y expectativas. Una calidad en la producción más alta implica menos despilfarro, menos reclamaciones y menos devoluciones, es decir, unos costes más bajos y una productividad más alta.

El interés por la calidad comenzó a raíz de la crisis económica de la década de 1970 (por el precio del petróleo), frente al éxito creciente de los productos japoneses, cuya producción incorporaba **elementos de calidad** como: la mejora continua, la satisfacción del cliente, la resolución de problemas mediante la participación de los trabajadores o la mejora del diseño.

ISO ha publicado más de 14.000 normas internacionales, referidas a todas las actividades económicas, que se extienden en más de 500.000 páginas.

Según la RAE, una **auditoría** es una"revisión sistemática de una actividad o de una situación para evaluar el cumplimiento de las reglas o criterios objetivos a que aquellas deben someterse".

Modelos de excelencia y gestión de la calidad

En la actualidad, las empresas disponen de un departamento de gestión de la calidad. Su objetivo es controlar el cumplimiento de una serie de estándares que gobiernen el proceso de producción en todas sus facetas: calidad de los productos y los procesos, estandarización, políticas y objetivos, flujo de información, resultados, políticas de futuro, etc.

Para implementar un sistema de gestión de calidad, la empresa define sus **objetivos** y los lleva a cabo a través de una serie de **medidas**. Una vez implementado, la empresa puede hacer una **auditoría interna**, para ver si todo funciona correctamente, o bien optar por **ser certificada** por un organismo externo.

Existen distintas organizaciones dedicadas a auditar y certificar a otras empresas, así como a elaborar **modelos de calidad y excelencia**, con la finalidad de que las empresas adopten esos modelos y sean competitivas. Un ejemplo es la Fundación Europea para la Gestión de la Calidad (European Foundation for Quality Management, EFQM). Más de 30.000 empresas utilizan el **modelo de excelencia EFQM**.

El mayor desarrollador de estándares de calidad del mundo es la Organización Internacional de Normalización, conocida por las siglas **ISO** (International Organization for Standardization). Este organismo, cuyos miembros son, como en el caso de la ONU, delegaciones de los Gobiernos nacionales, se dedica a satisfacer las necesidades de estandarización de la calidad en las tres dimensiones de desempeño (económico, medioambiental y social). Se creó en el año 1947, después de que delegados de veinticinco países decidieran unir fuerzas ante la necesidad de "facilitar la coordinación y unificación internacional de los estándares industriales".

La norma **ISO 9001**, de la familia ISO 9000, es la base de los sistemas de gestión de la calidad y se centra en la satisfacción del cliente.

Normalización

La **normalización** es el conjunto de normas que adoptan uno o varios países para facilitar la producción y el comercio de sus productos.

La normalización es uno de los factores que más han contribuido a mejorar el proceso productivo.

Existen normas de ámbito nacional y normas de ámbito internacional. En el internacional, destacan las normas de la serie **ISO 9000**, que describen qué elementos deberían garantizar que los productos y servicios cumplan los sistemas de gestión de la calidad.

La labor de normalización en España es impulsada fundamentalmente por **AENOR** (Asociación Española de Normalización y Certificación), que se dedica a promover y coordinar la elaboración de las **normas UNE** ("una norma española").

Control de calidad

Una vez que se ha implementado un sistema de gestión de la calidad, es fundamental evaluarlo.

El **control de calidad** verifica que los productos tienen la calidad prevista y que se cumplen todas las especificaciones y normas.

Para controlar la calidad de los productos, es habitual realizar mediciones, por lo que las fábricas cuentan con instrumentos, equipos y procedimientos de medición.

Como es imposible conseguir la precisión absoluta en las medidas de una pieza, lo habitual es que en la metrología industrial se admita un margen para las imperfecciones de los componentes, es decir, se ofrezcan intervalos de tolerancia. Normalmente, se especifica el mayor valor posible de tolerancia mientras el componente mantenga su funcionalidad, ya que, cuanto menor sea el margen de tolerancia, más difícil será producir la pieza y, por lo tanto, más costoso.

La **tolerancia** se aplica a la fabricación de piezas. Dada una magnitud cuantificable (longitud, resistencia, peso, etc.), el **margen de tolerancia** es el intervalo de valores en que debe encontrarse dicha magnitud para que se acepte como válida.

EJERCICIOS

3. ✦ Un tornillo de fijación que sigue la norma ISO 7379 tiene una resistencia a la tensión de 1.200 N/mm^2, con una tolerancia del 5%. Calcula el rango de valores de tensión que soportará el tornillo con seguridad.
(Solución: 1.140 < x < 1.260 N/mm^2)

4. Comercialización

La **comercialización** es la última etapa en la creación de un producto. Su objetivo es poner a la venta el producto logrando que destaque por encima de productos similares de la competencia y controlando la distribución y los puntos de venta, utilizando para ello elementos de comunicación, promociones, lanzamientos y otros recursos.

Escanea este código para ver un vídeo sobre **consumo responsable**.

La **economía de mercado** o **mercado libre** es el sistema económico en el que las decisiones se resuelven a través del mercado, que decide qué, cómo y para quién producir.

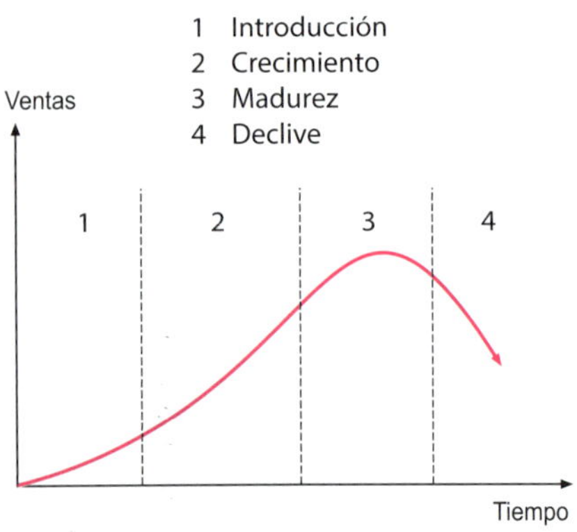

Ciclo de vida de un producto.

Leyes básicas del mercado

La economía de mercado se basa en la **ley de la oferta y la demanda**.

La **ley de la demanda** establece que la cantidad demandada de un bien disminuye cuando el precio de ese bien aumenta. La **ley de la oferta** establece que la cantidad ofrecida de un bien aumenta cuando lo hace su precio.

Se puede representar gráficamente. El punto donde se cruzan se conoce como **punto de equilibrio** del mercado.

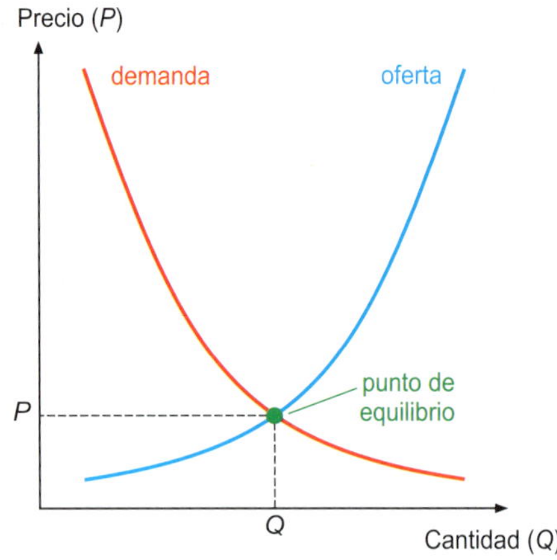

Proyectos de comercialización

Los proyectos de comercialización tienen como objetivo dar salida a los bienes y servicios producidos. Tienen en cuenta las llamadas "**cuatro P de la acción comercial**" (de las palabras inglesas *product*, *place*, *promotion* y *price*), es decir: el **producto** (calidad, envase, marca...), el **lugar** (distribución, puntos de venta, transporte, almacenamiento...), la **publicidad** (propaganda, visitas, lanzamientos...) y el **precio** de venta.

Distribución de productos

Consiste en la entrega correcta del producto, en el lugar adecuado, en el tiempo oportuno y con el menor costo posible. Para ello, se eligen **canales de distribución** (locales, tiendas, supermercados, mayoristas, venta telefónica, visitas a domicilio...) y **puntos de venta**. La distribución une la producción con el consumo y elimina la disparidad entre la oferta y la demanda.

Ciclo de vida de los productos

Es el conjunto de etapas que atraviesa un producto (**introducción**, **crecimiento**, **madurez** y **declive**), cuya identificación se usa para anticipar riesgos y oportunidades en su vida.

EJERCICIOS

4. ✦ Representa la gráfica de la oferta y la demanda del producto representado en la siguiente tabla y determina el precio de equilibrio y la cantidad de equilibrio. *(Solución: precio de equilibrio: 14 €; cantidad de equilibrio: 212 unidades)*

Precio (€)	Cantidad demandada (unidades)	Cantidad ofertada (unidades)
11	230	188
14	212	212
17	194	236

5. ✦ Dibuja de manera aproximada la gráfica del ciclo de vida del teléfono fijo y el del teléfono móvil. Para hacer una estimación de los valores de tiempo y ventas de la gráfica, busca en Internet u otras fuentes, para cada tipo de teléfonos, los valores aproximados de sus fechas de introducción, crecimiento y madurez, así como del número de unidades vendidas mundialmente.

Práctica 1. Diseño de un producto. Análisis de necesidades con Kahoot

Para hacer esta práctica deberás tener el consentimiento de tus padres o tutores legales.

Vamos a realizar un cuestionario participativo de análisis de necesidades con **Kahoot**. Con ello pretendemos saber quiénes son tus consumidores potenciales y si hay demanda real para un producto que vamos a fabricar: un spinner.

1. Entra en *getkahoot.com* y regístrate como estudiante. Puedes acceder con tu cuenta de Google.
2. Una vez dentro de tu cuenta, en la pantalla **Create a new Kahoot**, elige **Survey (Gather opinion and insight)** (figura 1).
3. En la siguiente pantalla, debes proporcionar algunos datos. En **Title**, pon **Encuesta_nombreapellido**. En **Description**, escribe "**Análisis de necesidades de un producto**". Carga una imagen de las disponibles en el sitio y completa los otros campos con los datos de la figura 2. Cuando finalices, pulsa el botón **OK go**.

Fig. 2

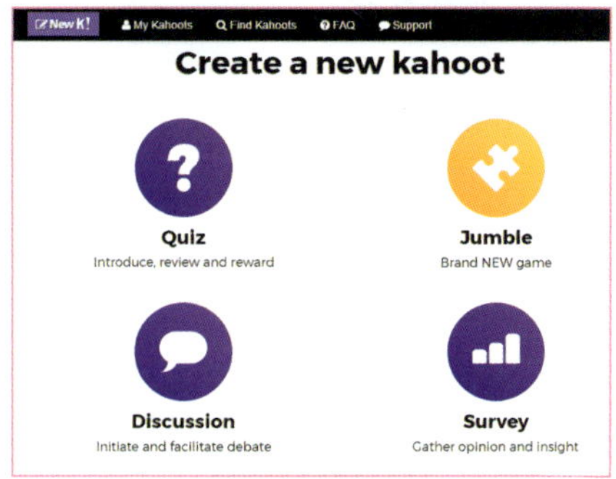

Fig. 1

4. Para empezar a crear la encuesta, pulsa **Add question**. Verás que para cada pregunta puedes poner el límite de tiempo en contestar y cuatro posibles respuestas.
5. Escribe la primera de las preguntas que configurarán tu estudio de mercado: "**¿Pagarías por tener un spinner?**". Como respuestas, escribe las de la figura 3. Deja el tiempo de respuesta en **20 sec**. Puedes cargar una imagen relacionada para que quede mejor.

Fig. 3

6. Pulsa **Next** y completa la encuesta con nueve preguntas más de tu invención (y sus respuestas), de forma que te ayuden a conocer cómo serán los posibles consumidores del producto mencionado. Te puede ayudar el saber que tu estudio debe dar respuesta a incógnitas como las siguientes: ¿hay competencia?, ¿qué valoran los consumidores en productos similares de la competencia?, ¿qué precio están dispuestos a pagar?, ¿dónde es mejor vender el producto?
7. Cuando acabes, pulsa **Save** y luego **Share it**. Aparecerá un enlace a tu encuesta; cópialo y pégalo en un documento de texto.
8. Pulsa **Play it** y luego elige la opción **Classic**.
9. En la ventana emergente aparecerá un PIN en la parte superior, después de **Join this survey at kahoot.it with Game PIN**. Tus compañeros ya pueden responder tu encuesta entrando en *kahoot.it* e introduciendo ese PIN y su nombre de usuario. Pueden hacerlo desde un ordenador o desde un móvil, si el profesor está de acuerdo. Sus nombres irán apareciendo en la pantalla de tu encuesta. Cuando estén todos conectados, pulsa **Start**.

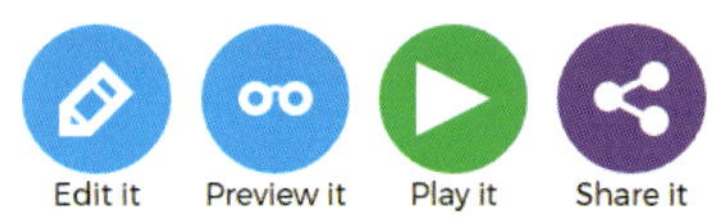

10. Una vez finalizado el tiempo de respuesta, haz una captura de pantalla de los resultados y pega la imagen en el mismo documento de texto en que has puesto el enlace, que llevará por nombre **UD06_P1_nombreapellido**.
11. En este mismo documento, por último, redacta brevemente las conclusiones que se pueden extraer de tu estudio de mercado.

Desafíos

Desafío 1. Utiliza la opción **Quiz** (figura 1) de Kahoot para elaborar un cuestionario con preguntas sobre los contenidos tratados en esta unidad. Después, compite con tus compañeros de clase para ver quién es el más experto. Guarda el enlace en un archivo que llames **UD06_P1_nombreapellido_desafio1**.

Práctica 2. Diseño de un producto. Construcción de un prototipo en 3D

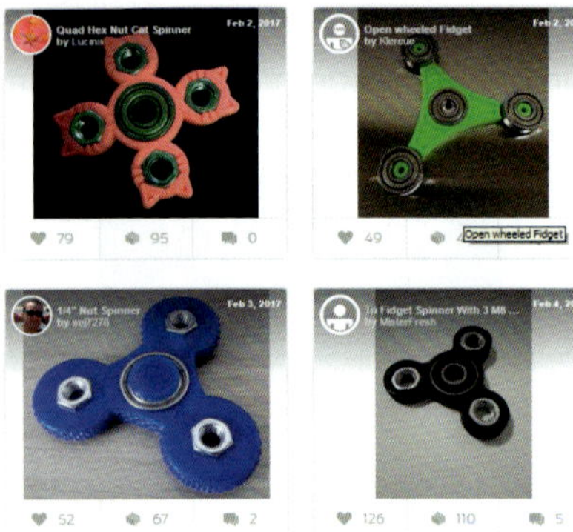

Fig. 4

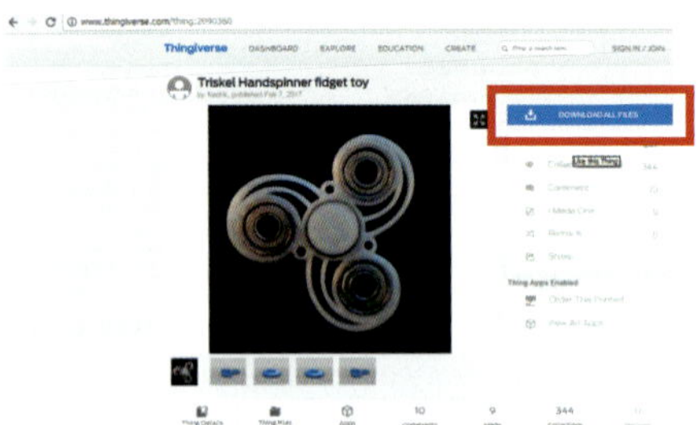

Fig. 5

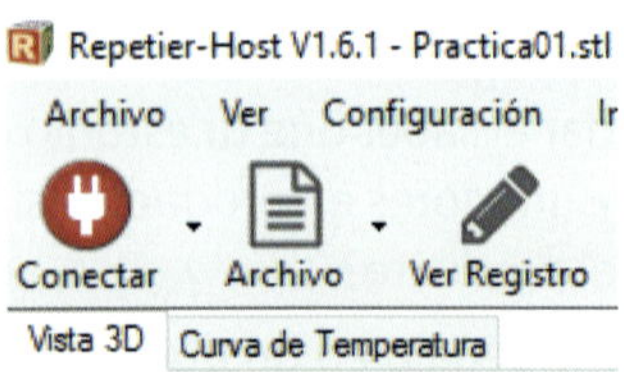

Fig. 6

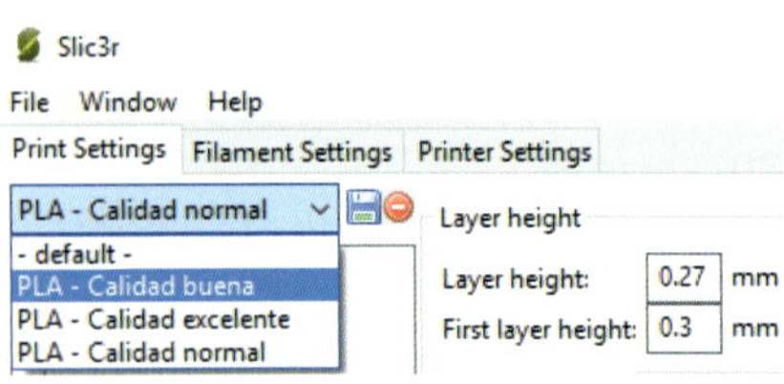

Fig. 7

Vamos a simular la fase de construcción de un prototipo construyendo un spinner con una impresora 3D. Si tienes experiencia en el uso de programas de diseño 3D, como OpenSCAD o BlocksCAD, puedes optar por diseñar tu propio modelo en lugar de seguir los pasos 1 a 3.

1. Entra en Thingiverse (*www.thingiverse.com*), repositorio de archivos para impresión 3D, y busca modelos de spinner. Verás que hay muchos distintos, como los de la figura 4.
2. Descarga el archivo STL del modelo que elijas pulsando la opción **Download all files** (figura 5).
3. Descomprime la carpeta que se descarga y comprueba que hay uno o varios archivos STL.
4. Abre Repetier-Host, que es el programa con el que controlaremos nuestra impresora 3D. Nos permitirá visionar el archivo STL que vayamos a cargar, o bien hacer algunos pequeños cambios en las piezas, como escalarlas, rotarlas o seccionarlas para imprimirlas en varias partes.

   Importante: la **primera vez** que abras Repetier-Host será necesario cargar el archivo de configuración del Slic3r (un archivo con extensión **.ini** que nos debe proporcionar el fabricante). Para las impresoras Lion3D de la Comunidad de Madrid, toda esta información la podemos encontrar en *tecnorobot.educa2.madrid.org*.
5. Haz clic en **Archivo** y selecciona el archivo STL que has descargado.
6. Haz clic en la pestaña **Slic3r** y después en **Configuración**.
7. En la primera pestaña, **Print Settings**, se selecciona el perfil de impresión adecuado, eligiendo el tipo de material y la calidad (por ejemplo, **PLA - Calidad buena**), que afecta a la altura de la capa e influye en el tiempo de impresión.
8. En la segunda pestaña, **Filament Settings**, podemos seleccionar el color del filamento, que afecta a la temperatura del fusor (temperatura a la que se funde el plástico).
9. Por último, en la pestaña **Printer Settings** elegimos el perfil de nuestra impresora.
10. Una vez configurados los parámetros de impresión, haz clic en **Slice con Slic3r** para generar el archivo GCODE.
11. Luego haz clic en **Save to file** y guarda el fichero en la tarjeta MicroSD. Ya podemos introducir la tarjeta en la impresora 3D para proceder a su impresión.
12. Guarda las piezas que vayas configurando como **UD06_P2_nombreapellido_1.gcode**, **UD06_P2_nombreapellido_2.gcode**, etc.
13. Cuando tengas todas las piezas, monta el spinner. Necesitarás comprar las piezas metálicas (tuercas, rodamientos, etc.) e incorporarlas en tu prototipo para completarlo.

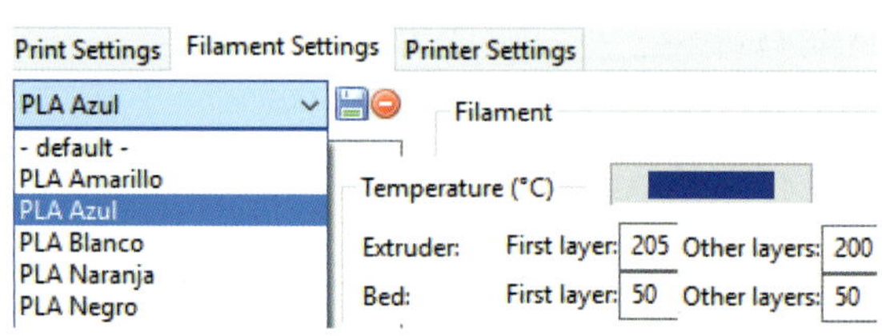

Fig. 8

Práctica 3. Producción. Planificación con Gantter

Para hacer esta práctica deberás tener el consentimiento de tus padres o tutores legales.

En esta práctica vas a utilizar los diagramas de Gantt para planificar la producción de los spinners que has diseñado. Los diagramas de Gantt son cronogramas que nos permiten ver de forma gráfica las tareas que tenemos que realizar y los encargados de hacerlas.

Fig. 9

1. Abre un navegador y entra en *gantter.com*. Haz clic en **Start now**. El programa te pide que te registres o que accedas con tu cuenta de Gmail.
2. Una vez identificado, aparece una pantalla nueva. En el margen izquierdo hay cuatro solapas: **Tareas**, **Recursos**, **Calendarios** y **Risks** (figura 9).
3. Haz clic con el ratón en el apartado **Sin título** y se abrirá una ventana nueva. Escribe como nombre del proyecto **UD06_P3_nombreapellido** y establece la fecha de inicio en el **1/5/2018**. Haz clic en **Guardar**.
4. Introduce ahora el nombre de cada una de las tareas, como en la figura 10.

Imprimir piezas	10d?	01/05/2018	14/05/2018
Montar piezas	3d?	02/05/2018	04/05/2018
Añadir rodamientos	1d?	07/05/2018	07/05/2018
Añadir tuercas	2d?	07/05/2018	08/05/2018
Empaquetar	2d?	08/05/2018	09/05/2018
Distribuir	6d?	09/05/2018	16/05/2018

Fig. 10

5. Desplaza la parte de calendario de la derecha, de manera que veas los apartados **Duración**, **Inicio** y **Fin**.
6. En el campo **Duración**, escribe los días que dedicarás a hacer cada tarea de acuerdo con la figura 10. Observa cómo se actualizan las fechas de inicio y de fin.
7. En la pestaña **Recursos**, escribe los nombres de los componentes del grupo encargado de las tareas, como indica la figura 11.

1	Operario 1 (Diego)
2	Operario 2 (Begoña)
3	Operario 3 (Javier)
4	Operario 4 (Saúl)

Fig. 11

8. En la pestaña **Tareas**, sitúa el cursor sobre la primera tarea y haz clic en el icono de configuración de la barra de herramientas (**Propiedades tarea**, figura 12). Aparecerá una pestaña para cada tarea. En la solapa **Recursos**, selecciona qué componentes del grupo realizarán esa tarea. En la pestaña **Colores**, asigna un color para esa tarea en el diagrama. Luego haz clic en **Guardar**. Sigue estos mismos pasos para todas las tareas necesarias.

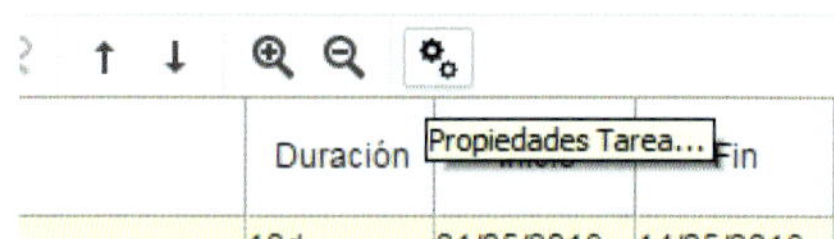

Fig. 12

9. Ahora vamos a relacionar una tarea con otra. Para ello, sitúa el cursor en la segunda tarea y haz clic en el icono **Propiedades tarea**. En la ventana que aparece, selecciona el campo **Predecesoras**. Marca la tarea 1 y en **Dependencia** elige **Fin-a-Inicio**. Con esto, estamos indicando que la tarea 2 comenzará cuando acabe la tarea 1. Sigue estos mismos pasos para el resto de las tareas, enlazando la tarea 3 con la 2, la tarea 4 con la 3, y así sucesivamente.
10. Haz clic en **Guardar**. El organigrama final debe quedar parecido al de la figura 13. En el menú, ve a **Proyecto** y elige **Imprimir (PNG)**. Se generará una imagen que podrás guardar en tu carpeta. Guarda el proyecto como **UD06_P3_nombreapellido.png**.

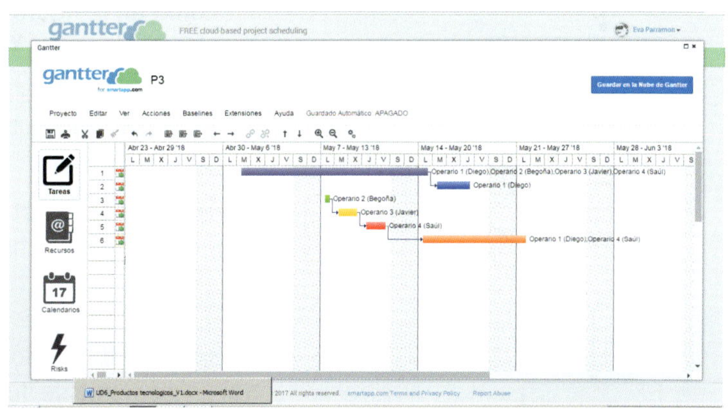

Fig. 13

Práctica 4. Producción. Control de calidad con Dia Diagram Editor

Vamos a elaborar con **Dia Diagram Editor** un diagrama de flujo que represente el esquema de un sistema de gestión de la calidad.

1. Entra en *sourceforge.net* y descarga la última versión de **Dia**, el editor de diagramas libre que nos permitirá dibujar el proceso.
2. Instala el programa y ábrelo. Aparecerá una pantalla como la de la figura 14.
3. Comenzamos el diagrama con el símbolo de **Proceso/Operación auxiliar** (figura 15). Selecciona dicho símbolo y dibújalo sobre el lienzo. Escribe sobre él "**Fabricación de piezas**".

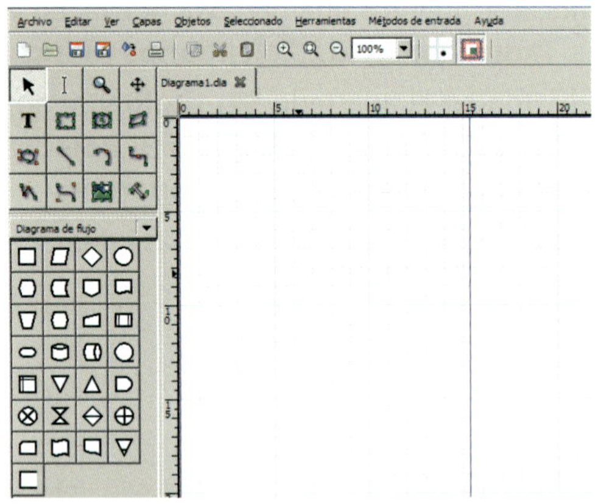

Fig. 14

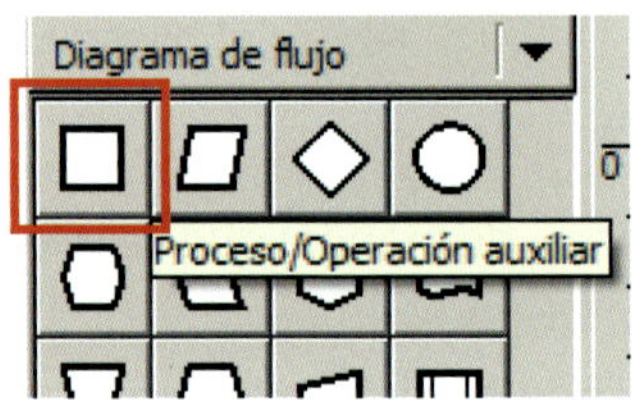

Fig. 15

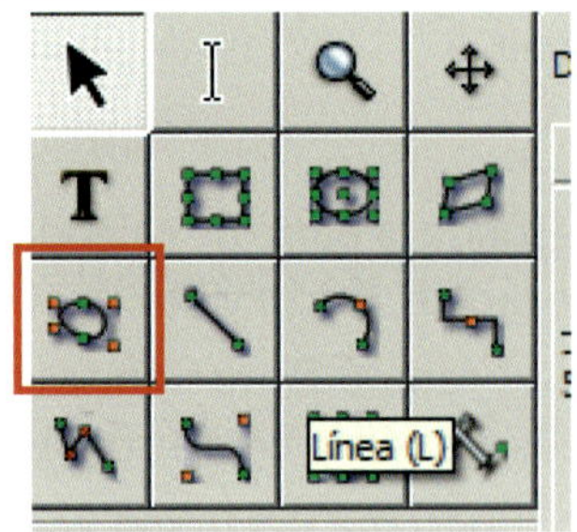

Fig. 16

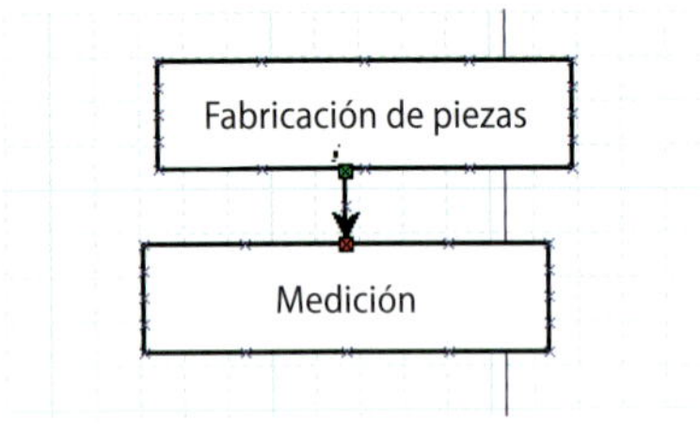

Fig. 17

4. Dibuja un nuevo proceso, y escribe sobre él "**Medición**". Únelos con el conector **Línea** (figura 16). Al dibujar la línea que une ambos procesos, verás que se convierte en una flecha (figura 17).
5. Continúa dibujando el diagrama con el símbolo de decisión para la pregunta "**¿Tienen la medida adecuada?**".
6. Crea todos los elementos del diagrama hasta completarlo, de modo que quede como en la figura 18. Las palabras "Sí" y "No" las puedes escribir con la herramienta de texto **T**.
7. Cuando acabes el diagrama, guarda el archivo como **UD06_P4_nombreapellido.dia** (**.dia** es la extensión propia de esta aplicación, que nos permite editar los diagramas).
8. Por último, exporta el diagrama a PNG con la opción **Exportar** y seleccionando dicho tipo de archivo. Guarda la imagen con el mismo nombre.

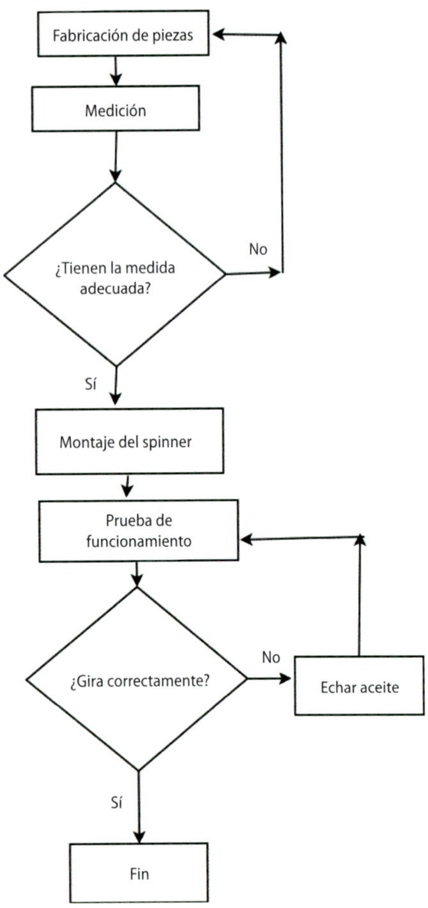

Fig. 18

Desafíos

Desafío 1. Utilizando los contenidos de esta unidad, dibuja con Dia Diagram Editor un diagrama de flujo que represente el proceso de diseño, fabricación y comercialización de un producto tecnológico. Guarda el archivo como **UD06_P4_nombreapellido_desafio1.dia**.

Práctica 5. Comercialización. Cartel publicitario con Canva

Para hacer esta práctica deberás tener el consentimiento de tus padres o tutores legales.

Vamos a comercializar el spinner que has fabricado. Para ello, haremos carteles publicitarios.

1. Entra en *www.canva.com*. La primera vez que accedes a esta página, la aplicación te pide que te registres. Puedes hacerlo con Facebook, Google u otra cuenta de correo.
2. Una vez que has accedido, pulsa **Crear un diseño** y observa que aparecen distintos diseños con los que crear tarjetas, pósteres, presentaciones, etc. Selecciona **Póster** (figura 19), para elaborar un cartel que se pueda imprimir en este tamaño (42 × 59,4 cm).
3. En el apartado **Maquetas** de la barra lateral, escoge una maqueta que te guste. Nosotros hemos elegido el que ves en la figura 20, por la relación del lema con el spinner: "Don't stress. Do your best".
4. Empezaremos poniendo título el cartel. Selecciona **Texto** en la barra de herramientas lateral, haz clic en **Añadir título** y elige un tipo de letra que te guste para el título de tu cartel. En nuestro ejemplo, el tipo seleccionado es **League Spartan**, en color rosa.
5. Selecciona la imagen de fondo y elimínala, pulsando el icono **Eliminar** (papelera) que tienes en la esquina superior derecha (figura 21).
6. Haz clic en el icono **Subir** de la barra de herramientas lateral de la izquierda y sube la imagen del spinner que has construido, o bien, si no dispones de ella, la que encontrarás en el CD virtual (figura 22).
7. Arrastra la imagen sobre el cartel y luego recoloca el texto "Spinner" para que quede en el sitio adecuado.
8. Selecciona el texto inferior y reescríbelo indicando los puntos de venta del producto y el nombre del autor del diseño.

De venta en los mejores comercios.
Diseño by Gabriel Martinez

9. Tu cartel publicitario debe quedar parecido al de la figura 23.
10. Haz clic en **Compartir**, en la barra de herramientas superior, y escoge la opción **Enlace**. Copia el enlace al cartel creado, pega dicho enlace en un documento de texto y guarda el archivo como **UD06_P5_nombreapellido**.
11. Puedes descargar el cartel haciendo clic en **Descargar** y eligiendo, por ejemplo, **PDF para impresión**. Observa que, una vez descargado tu diseño, el programa te permite publicarlo en Facebook o en Twitter o enviarlo por correo.

Fig. 19

Fig. 20

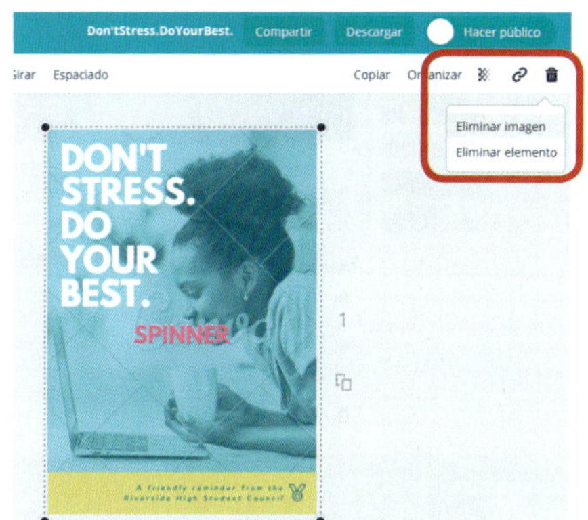

Fig. 21

Fig. 22

Fig. 23

Desafíos

Desafío 1. Elabora con Canva un cartel que explique alguno de los contenidos que hemos visto a lo largo de esta unidad. Pega el enlace del cartel en un documento de texto y guarda el archivo como **UD06_P5_nombreapellido_desafio1**.

Práctica 6. Comercialización. Spot publicitario con Kizoa

Para hacer esta práctica deberás tener el consentimiento de tus padres o tutores legales.

Vamos a realizar un spot publicitario del spinner con la versión gratuita de la aplicación en línea **Kizoa**. Para que funcione, debe estar habilitada en tu ordenador la aplicación Adobe Flash Player.

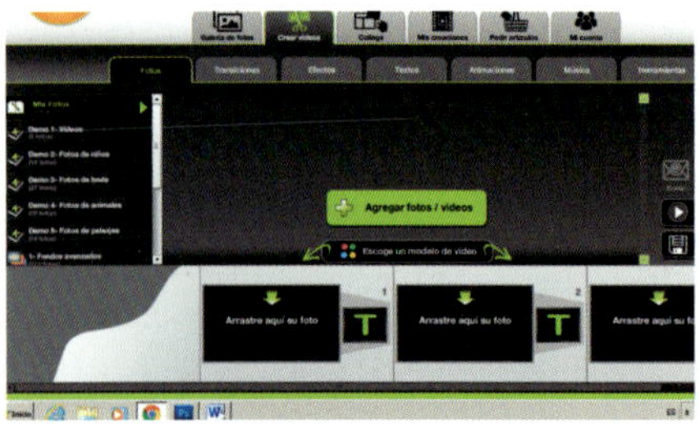

Fig. 24

1. Entra en *www.kizoa.es* y regístrate. También es posible usar el modo visitante (es decir, sin registrarse), pero entonces no podrás guardar tus creaciones.
2. En la ventana principal, haz clic en la opción **Escoge un modelo de vídeo** (figura 24) y luego, entre todos los modelos existentes, elige el que se titula **Zoom** (figura 25). Pulsa **Continuar**.
3. En la pantalla emergente, **Seleccionar fotos desde**, elige **Mi ordenador** y selecciona la imagen del spinner que has construido, o bien, si no dispones de ella, la que encontrarás en el CD virtual.
4. En **Mis fotos**, haz clic en tu imagen del spinner para seleccionarla, y pulsa **Continuar**.
5. En la pantalla siguiente estará seleccionado **Ningún cambio**. Déjalo así y pulsa **Confirmar**.
6. Vuelve a la pantalla de la figura 24. Haz clic en la solapa **Efectos** y añade un efecto a la imagen. Prueba varios de ellos y, cuando encuentres uno que te guste, arrástralo sobre la imagen del spinner y pulsa **Validar**.
7. En la solapa **Textos**, arrastra la T sobre la imagen y, en la ventana emergente (figura 26), escribe un texto de presentación para el spinner, contando dos o tres de sus características. Después pulsa **Validar**.
8. En la solapa **Música**, elige una música. El programa te indica cuáles están libres de derechos de autor.
9. En el hueco donde iría la segunda imagen vamos a colocar sólo texto. En la solapa **Textos**, elige el modelo **Star Wars** y arrástralo hasta el hueco de la segunda imagen. A continuación, en la ventana emergente, que es de nuevo como la de la figura 26, escribe una despedida para el anuncio (por ejemplo, "De venta en los mejores establecimientos. ¡Cómpralo!". Pulsa **Validar**.
10. Visualiza el vídeo y, cuando lo consideres acabado, pulsa **Guardar** (recuerda que esta opción solamente es válida si estás registrado) y ponle el título que prefieras. Después, entre las opciones que ofrece el programa, elige **Descargar vídeo** (con la versión gratuita). Elige como formato **MP4** (es el formato recomendado por el programa) y pulsa **Confirmar**. Te llegará a tu correo electrónico un mensaje con un enlace para descargarte el vídeo en el ordenador. Una vez recibido, cámbiale el nombre por **UD06_P6_nombreapellido.mp4**.

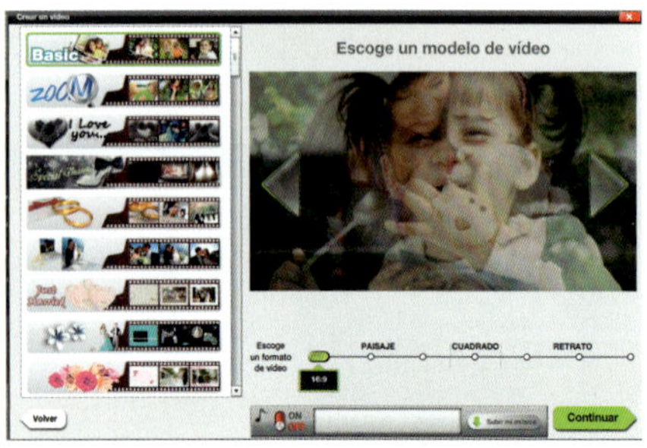

Fig. 25

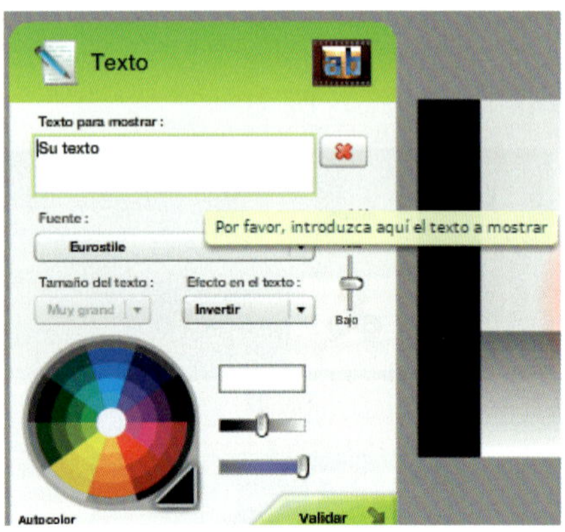

Fig. 26

Desafíos

Desafío 1. Utiliza Kizoa para hacer una imitación, pero con tus medios, de un anuncio de la televisión que te haya parecido sexista. En tu versión, cambia los papeles, exagera o haz lo que consideres para que el anuncio deje de ser sexista. Guarda el vídeo como **UD06_P6_nombreapellido_desafio1.mp4**.

Práctica 7. Juego de consumo responsable con Scratch

Antes de empezar esta práctica, vale la pena leer algunas consideraciones sobre el **consumo responsable**.

El **Informe sobre Desarrollo Humano** del **Programa de las Naciones Unidas para el Desarrollo (PNUD)** de **1998** señalaba que:

"Si se mantienen las tendencias inalteradas, sin redistribuir de los consumidores de elevado ingreso a los de bajo ingreso, sin cambiar de bienes y tecnologías de producción contaminantes a otros más limpios, sin fomentar bienes que potencien a los productores pobres, sin cambiar las prioridades del consumo para cambiar de la exhibición conspicua a la satisfacción de necesidades básicas, los actuales problemas de consumo y desarrollo humano se agravarán."

Según se recoge en los acuerdos de la **Cumbre de la Tierra** celebrada en **Johannesburgo** en el año **2002**:

"El modelo actual de desarrollo, que ha dado privilegios y prosperidad a aproximadamente el 20% de la humanidad, también ha cobrado un precio alto en deterioro del planeta y agotamiento de sus recursos".

Más información en *www.economiasolidaria.org* y *www.consumoresponsable.org*.

¿Eres un consumidor responsable? Vamos a crear un pequeño juego que te ayudará a valorar si lo eres o no. El cuestionario constará de una serie de preguntas, para las cuales siempre tendremos tres posibles opciones (*a*, *b* y *c*), cada una con distintas puntuaciones, en función de la respuesta, que se irán recogiendo y darán una puntuación total. Al finalizar, se mostrará un mensaje que indicará el tipo de consumidor que eres en función de los puntos obtenidos.

Para realizar esta práctica vamos a utilizar la versión web del programa **Scratch**.

1. Entra en *scratch.mit.edu* y regístrate. También puedes trabajar directamente sin registrarte.
2. En la barra de menús, haz clic en **Crear**.
3. Debajo de la barra de menús aparece una ventana donde puedes poner título al proyecto. Llámalo **UD06_P7_nombreapellido**.
4. Elige un personaje a tu gusto haciendo clic en **Nuevo objeto** o deja el gato que viene por defecto.
5. En **Datos**, pulsa **Crear una variable** y ve creando las tres variables de la figura 27. Deja sólo visible la variable **puntos**, marcándola como se indica en dicha figura.

   La explicación de las variables es la siguiente: durante la ejecución del programa iremos almacenando los puntos conseguidos en la variable **puntos**; la variable **max_pregunta** contiene el número máximo de preguntas; y la variable **num_pregunta** es un contador que se usa para ir recorriendo las listas, va incrementando el número de pregunta que hay que gestionar.

   Si tienes conocimientos suficientes de programación, puede ayudarte a la comprensión del programa la tabla 1. Si no, igualmente puedes seguir la práctica.

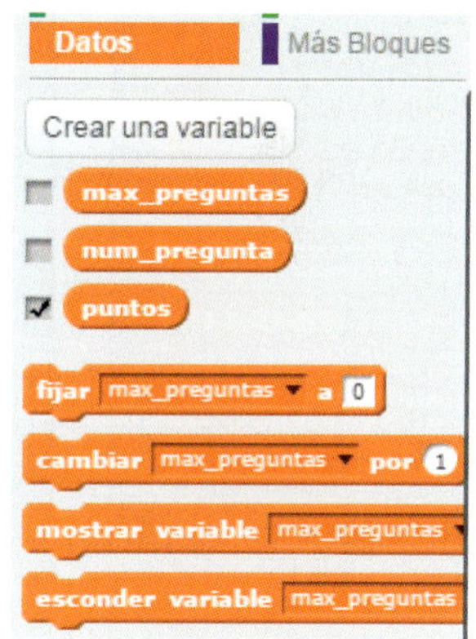

Fig. 27

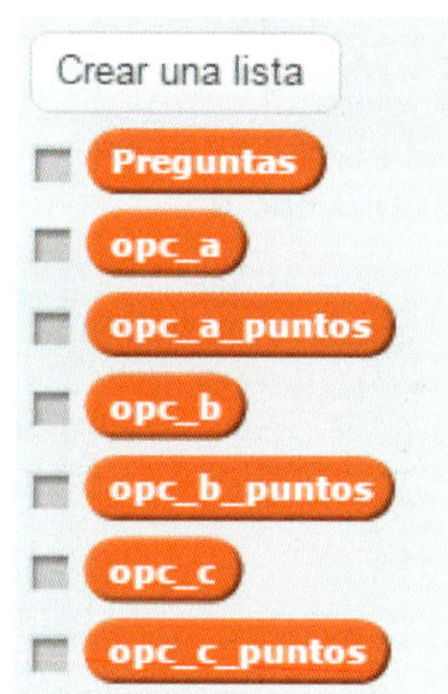

Fig. 28

Indice	Pregunta	Opción_a	Opción_b	Opción_c	Opción_a_puntos	Opción_b_puntos	Opción_c_puntos
1	Cuando ves...	a) Me gusta...	b) No me dejo...	c) ¡Me encanta!...	1	3	0
2	Contrataste...	a) No haces	b) Conservas	c) En el aeropuer	1	3	0
3	Para ti, comparar...	a) Ocasional,	b) Eso de estar	c) Una necesidad	1	0	3
n	...	...	...	...	...	...	...

Tabla 1. Ayuda para comprender el programa. La tabla muestra la estructura de las preguntas, sus opciones *a*, *b* y *c* y sus puntuaciones. Las columnas corresponden a listas y las filas corresponden a cada una de las preguntas.

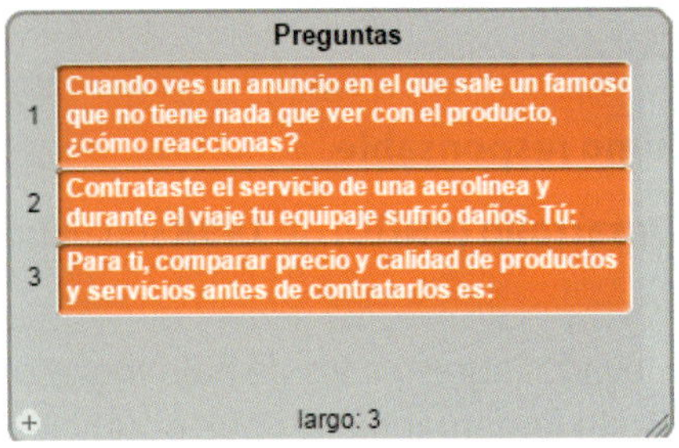

Fig. 29. Lista **Preguntas**.

6. Crea las siete listas de la figura 28. Para ello, accede a **Datos**, selecciona **Crear una lista** y ve creando cada una de ellas. En la ventana emergente que aparece cuando creas la lista, pulsa el signo **+** tantas veces como elementos tenga cada lista e introduce el contenido que tienes en las figuras 29 a 35.
7. No dejes ninguna lista visible (deselecciónalas todas), como en la figura 28.
8. A continuación vamos a hacer el programa. Arrastra los bloques correspondientes a las distintas categorías hasta que hayas confeccionado el programa de la figura 36.
9. Descarga el proyecto **UD06_P7_nombreapellido.sb2** en tu ordenador yendo a **Archivo** / **Descargar a tu computadora** y seleccionando tu carpeta habitual.
10. Una vez finalizado, puedes jugar y comprobar qué tipo de consumidor eres.

Con la estructura diseñada, es posible añadir preguntas al cuestionario. Bastará con añadir un elemento en cada una de las siete listas (nuevo título, nuevos valores para las opciones *a*, *b* y *c*, y asignar las puntuaciones correspondientes que se consideren). Luego, rellenar los datos correspondientes e incrementar el valor inicial de la variable **max_preguntas** (del 3 actual al número de preguntas totales). Y, finalmente, cambiar el mensaje final, modificando los valores de corte en función de los valores asignados a las puntuaciones.

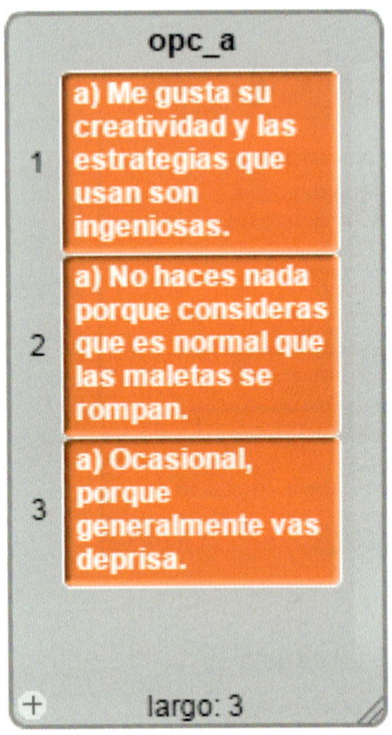

Fig. 30. Lista **opc_a**.

Fig. 31. Lista **opc_a_puntos**.

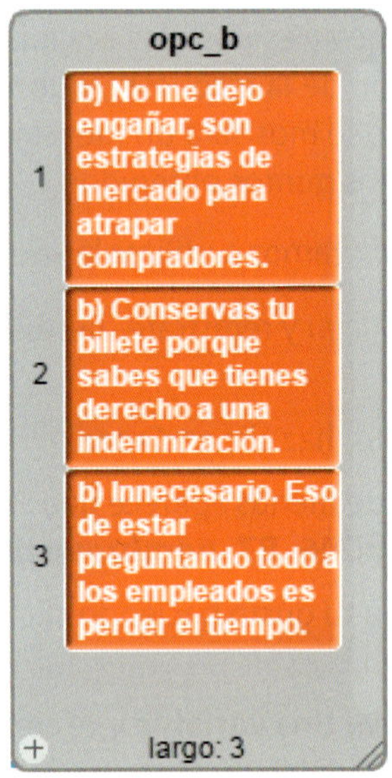

Fig. 32. Lista **opc_b**.

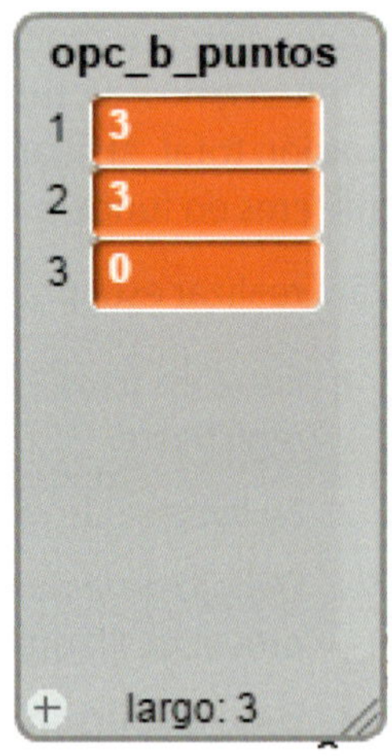

Fig. 33. Lista **opc_b_puntos**.

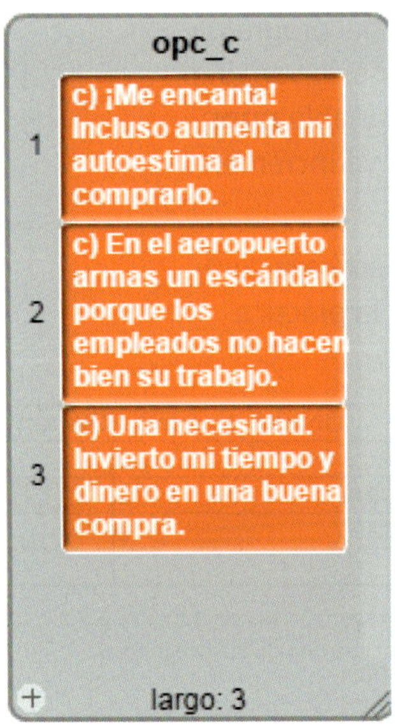

Fig. 34. Lista **opc_c**.

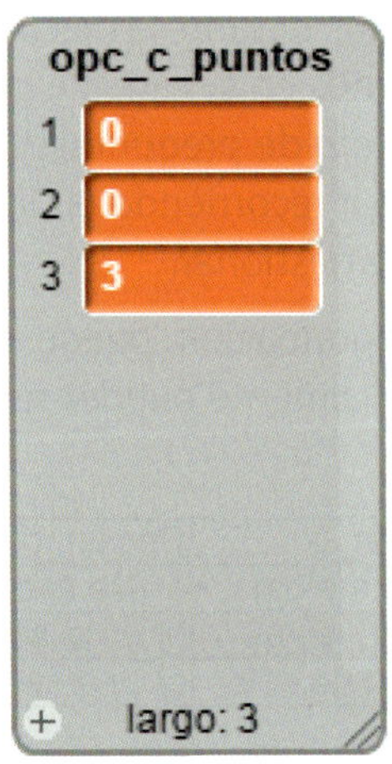

Fig. 35. Lista **opc_c_puntos**.

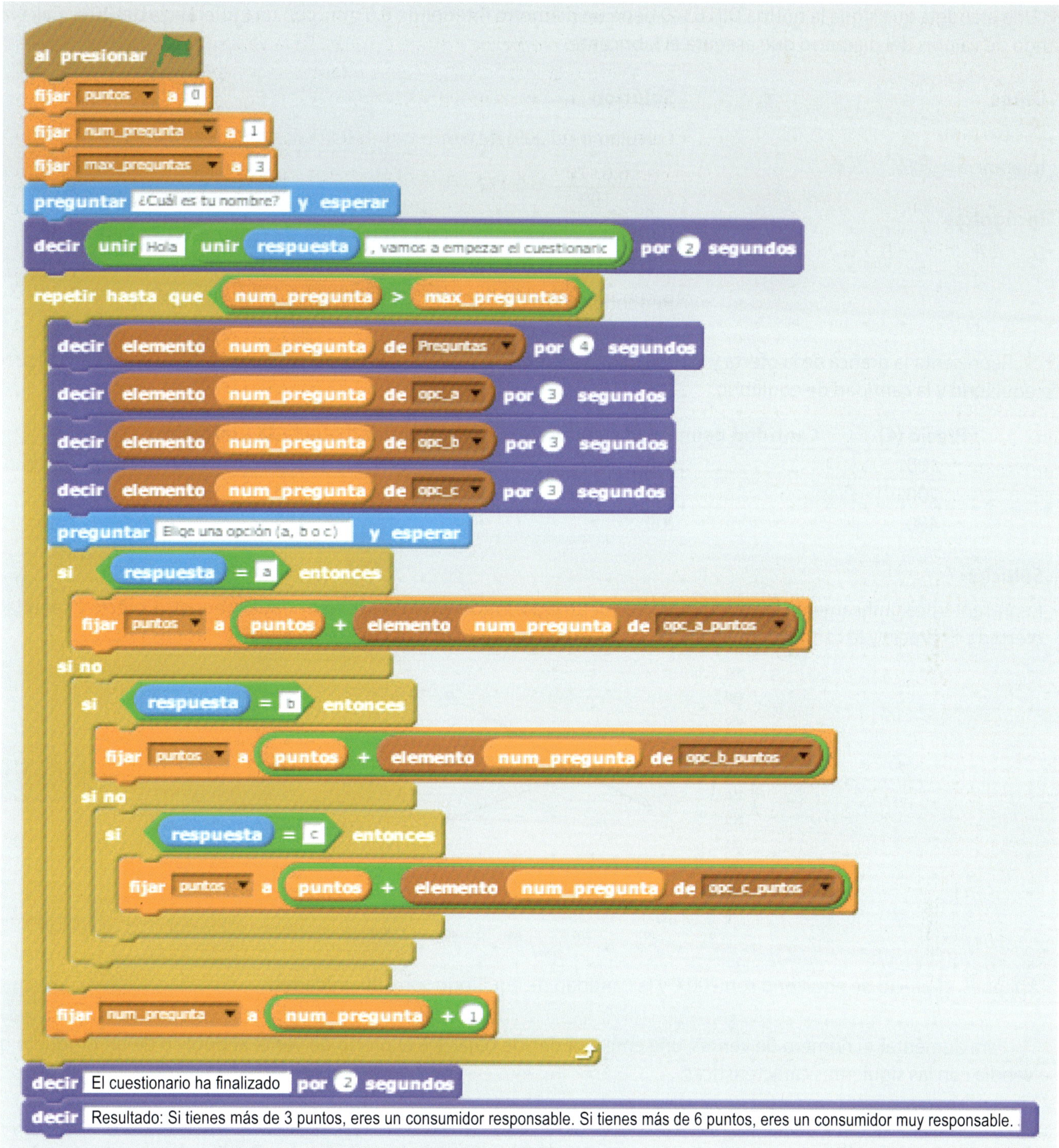

Fig. 36. Programación del objeto.

Desafíos

Desafío 1. Completa el juego con más preguntas, siguiendo las indicaciones dadas en la página anterior. Al finalizar, guarda el proyecto como **UD06_P7_nombreapellido_desafio1.sb2**.

Para elaborar las preguntas, te pueden ayudar las siguientes cuestiones:

¿Sabes cómo ahorrar? ¿Sabes cuándo un producto está caducado? ¿Sabes cómo hacer una reclamación o queja cuando algo no está bien? ¿Te preguntas si realmente necesitas lo que vas a comprar? ¿Te planteas si estás eligiendo libremente lo que vas a comprar o es una compra compulsiva? ¿Piensas en cuánto lo vas a usar o si incluso podrías pasar sin ello? ¿Buscas información sobre el producto para conseguir mejor calidad y/o menor precio? ¿Te importa si está hecho con materiales reciclables? ¿Piensas en si hay algo que ya poseas que pueda reemplazarlo?

1. ✦ Una arandela que sigue la norma DIN 6340 tiene un diámetro interior de 6,6 mm, con una tolerancia del 20%. Calcula el rango de valores del diámetro que asegura el fabricante.

Datos

$D = 6{,}6$ mm

tolerancia = 20%

Incógnitas

$D_{máx} = ?$ $D_{mín} = ?$

Solución

Calculamos el 20% de 6,6:

$$\frac{6{,}6 \cdot 20}{100} = 0{,}132$$

Por tanto, el diámetro estará en el rango de 6,600 ± 0,132 mm, es decir, entre 6,468 y 6,732 mm.

Redondeando a la precisión del fabricante: entre 6,5 y 6,7 mm.

2. ✦✦ Representa la gráfica de la oferta y la demanda del producto representado en la siguiente tabla y determina el precio de equilibrio y la cantidad de equilibrio.

Precio (€)	Cantidad demandada (unidades)	Cantidad ofertada (unidades)
100	350	225
200	300	300
400	200	450

Solución

Representamos gráficamente los puntos dados: por un lado, precio y cantidad demandada; y por otro, precio y cantidad ofertada. El precio y la cantidad de equilibrio se determinan por medio del punto de cruce de las dos líneas.

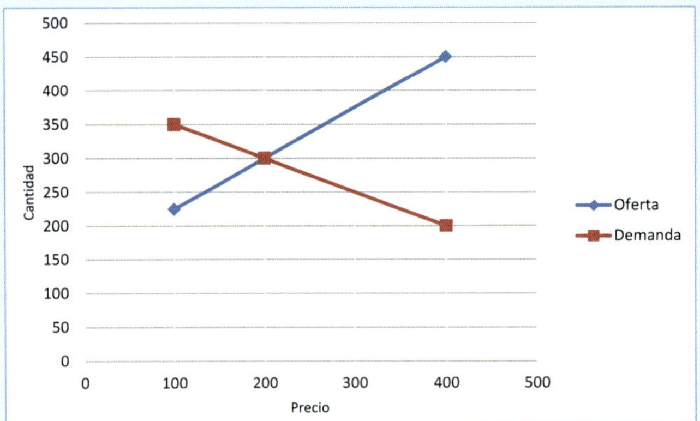

Así, pues, el precio de equilibrio son 200 € y la cantidad de equilibrio son 300 unidades.

3. ✦✦ Para aumentar el número de ventas, una empresa decide bajar 1 € el precio de venta al público de un producto que se vendía con las siguientes características:

Precio de coste (€)	Precio de venta al público(€)	Unidades vendidas
20,5	26,5	6.300

Calcula el número de unidades que tendrá que vender, una vez bajado el precio, para mantener las ganancias.

Datos

$P_{coste} = 20{,}50$ €

$PVP_1 = 26{,}50$ €

$PVP_2 = 25{,}50$ €

$N_1 = 6.300$ unidades

Incógnita

$N_2 = ?$

Solución

La ganancia (G) será:

$G = (PVP - P_{coste}) \cdot N$, donde N es el número de unidades vendidas

Antes de bajar el precio:

$$G_1 = (PVP_1 - P_{coste}) \cdot N_1 = (26{,}50 - 20{,}50) \cdot 6.300 = 37.800 \text{ €}$$

Después de bajar el precio:

$$G_2 = (PVP_2 - P_{coste}) \cdot N_2 \Rightarrow N_2 = \frac{G_2}{PVP_2 - P_{coste}} = \frac{37.800}{25{,}50 - 20{,}50} = 7.560 \text{ unidades}$$

Repasa

- La **tecnología** es un conjunto de conocimientos científicos y técnicos interrelacionados que da respuesta a las necesidades colectivas e individuales de las personas: nos permite resolver problemas.
- Los **productos tecnológicos** surgen alrededor de necesidades, lo que lleva implícito el carácter de inmediatez y un fuerte componente de innovación, dos aspectos muy importantes de la tecnología.
- Está en nuestras manos utilizar la tecnología para construir una **sociedad más justa e igualitaria**, formada por ciudadanos con pensamiento crítico propio en relación con lo que acontece a su alrededor.
- Todo **proyecto tecnológico** parte de la detección y el análisis de un problema tecnológico, y finaliza con la fabricación de un producto que satisfaga las necesidades planteadas. Las etapas necesarias para la creación de un producto tecnológico son: **diseño**, **producción** y **comercialización**.
- El **diseño** de un producto consta de varias fases, que podemos resumir en cuatro: **análisis de necesidades**, **concepción de ideas**, **viabilidad** y **desarrollo de prototipos**.
- La **producción** es el conjunto de acciones encaminadas a fabricar un producto, para lo que emplea **recursos naturales** (materias primas, fuentes de energía), **recursos humanos** (trabajo de las personas, físico o intelectual) y **recursos financieros** (riqueza o capital).
- La **calidad en la producción** consiste en controlar y asegurar la calidad de los productos finales de una organización a través de sus procesos de producción.
- Existen distintas organizaciones dedicadas a auditar y certificar a otras empresas, así como a elaborar **modelos de calidad y excelencia**, con la finalidad de que las empresas adopten esos modelos y sean competitivas. El mayor desarrollador de estándares de calidad del mundo es la Organización Internacional de Normalización (International Organization for Standardization, **ISO**).
- La **normalización** es el conjunto de normas que adoptan uno o varios países para facilitar la producción y el comercio de sus productos.
- El **control de calidad** verifica que los productos tienen la calidad prevista y que se cumplen todas las especificaciones y normas.
- La **tolerancia** se aplica a la fabricación de piezas. Dada una magnitud cuantificable (longitud, resistencia, peso, etc.), el **margen de tolerancia** es el intervalo de valores en que debe encontrarse dicha magnitud para que se acepte como válida.
- La **comercialización** es la última etapa en la creación de un producto. Su objetivo es poner a la venta el producto logrando que destaque por encima de productos similares de la competencia y controlando la distribución y los puntos de venta, utilizando para ello elementos de comunicación, promociones, lanzamientos y otros recursos.
- La economía de mercado se basa en la **ley de la oferta y la demanda**. La **ley de la demanda** establece que la cantidad demandada de un bien disminuye cuando el precio de ese bien aumenta. La **ley de la oferta** establece que la cantidad ofrecida de un bien aumenta cuando lo hace su precio.

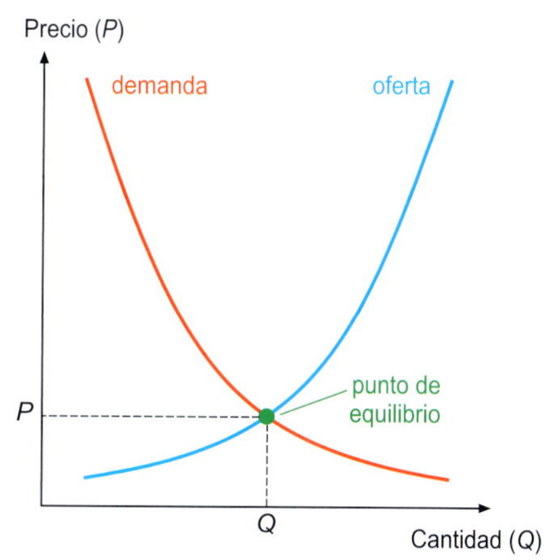

- Los **proyectos de comercialización** tienen como objetivo dar salida a los bienes y servicios producidos. Tienen en cuenta las llamadas "**cuatro P de la acción comercial**" (de las palabras inglesas *product*, *place*, *promotion* y *price*), es decir: el **producto** (calidad, envase, marca...), el **lugar** (distribución, puntos de venta, transporte, almacenamiento...), la **publicidad** (propaganda, visitas, lanzamientos...) y el **precio** de venta.
- La **distribución** consiste en la entrega correcta del producto, en el lugar adecuado, en el tiempo oportuno y con el menor costo posible. Para ello, se eligen **canales de distribución** (locales, tiendas, supermercados, mayoristas, venta telefónica, visitas a domicilio...) y **puntos de venta**.
- El **ciclo de vida** de un producto es el conjunto de etapas que éste atraviesa (**introducción**, **crecimiento**, **madurez** y **declive**), cuya identificación se usa para anticipar riesgos y oportunidades en su vida.

ACTIVIDADES DE REFUERZO

1. ✦ Clasifica los siguientes elementos en bienes, servicios o procesos:
   bomberos - acero - camiseta - reciclado del vidrio - transporte - suministro eléctrico - impresión 3D - Internet
2. ✦ ¿En qué se distinguen los productos de consumo de los productos industriales? Pon ejemplos.
3. ✦✦ Indica cómo se clasifican los productos de consumo desde el punto de vista del consumidor y pon tres ejemplos de cada categoría.
4. ✦✦ ¿Qué es la viabilidad? Explica de qué tres tipos puede ser un estudio de viabilidad.
5. ✦ Confecciona un diagrama de flujo que explique las fases de la etapa de diseño de un producto.
6. ✦ ¿Qué tres tipos de recursos se emplean en la producción de un objeto? ¿En qué consiste cada uno de ellos?
7. ✦✦ Explica qué son una auditoría interna y una auditoría externa, así como su relación con la gestión de la calidad.
8. ✦✦ ¿Qué significan las siglas EFQM, ISO, AENOR y UNE? ¿A qué se refiere cada una de ellas?
9. ✦ Explica la ley de la oferta y la demanda y el precio de equilibrio. Elabora una gráfica explicativa.
10. ✦ Explica con una gráfica en qué consiste el ciclo de vida de un producto.
11. ✦✦ Expón brevemente qué es el consumo responsable y por qué es importante que tomemos conciencia de él como miembros de la sociedad.

ACTIVIDADES PRÁCTICAS

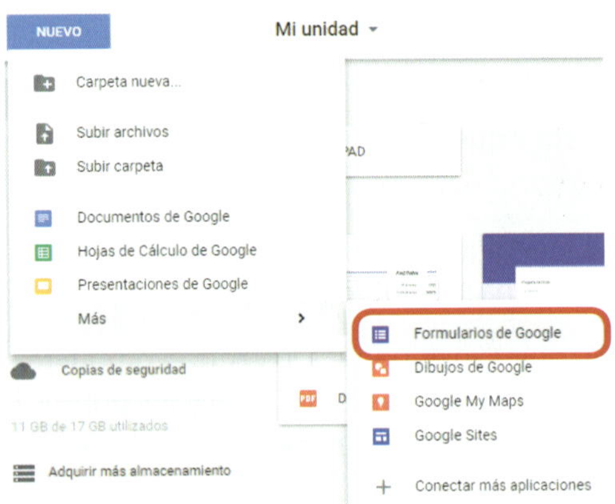

1. ✦✦ Haz un análisis de necesidades con **Formularios de Google Drive**.

   Si tienes una cuenta de Gmail, esta herramienta te permite preguntar a varios usuarios sobre distintos ítems. La información de los usuarios se recoge automáticamente en tu **Drive** en forma de hoja de cálculo, con la cual podrás analizar datos (calcular medias, ver los comentarios, etc.).

   Accede a tu cuenta de Gmail y, en el menú superior derecho, haz clic en **Drive**. Una vez dentro de Google Drive, despliega el menú **Nuevo** y selecciona la opción **Formularios**. Confecciona una encuesta que te permita realizar un análisis de necesidades para lanzar al mercado un producto de tu invención.

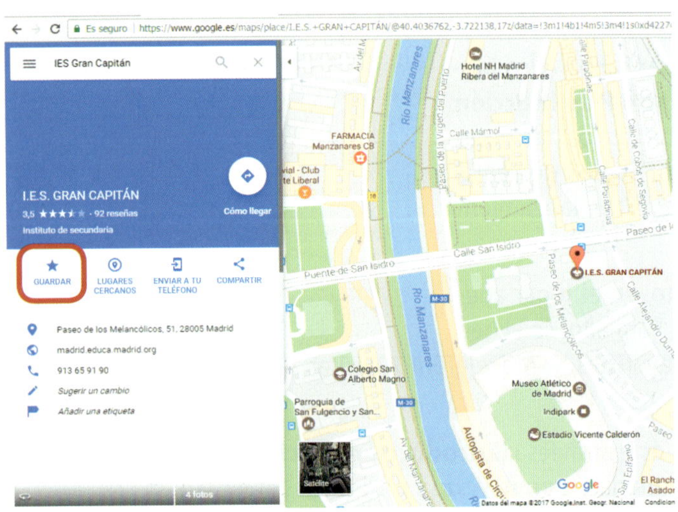

2. ✦✦ Determina puntos de venta sobre un plano con **Mapas de Google**.

   Si tienes una cuenta de Gmail, esta herramienta te permite señalar puntos sobre un mapa haciendo clic en la opción **Guardar** y luego en **Tus sitios**. Los puntos guardados te aparecerán con una estrella.

   Accede al plano de la zona donde se encuentra tu centro de estudios y señala los puntos donde pondrías a la venta el spinner que has construido en la práctica 2.

3. ✦✦ Crea una aplicación que te permita dar respuesta a las reclamaciones de los usuarios sobre un producto de tu invención, utilizando **Scratch**. Recuerda que debes ser extremadamente educado, y que "el cliente siempre tiene la razón".

PROBLEMAS

1. ✦ Una arandela plana que sigue la norma ISO 7094 tiene un diámetro interior de 5,5 mm, con una tolerancia del 10%. Calcula el rango de valores que deberá tener un tornillo para poder entrar en la arandela sin problema.

   (Solución: Tolerancia: ±0,55 mm. Tornillo: diámetro menor que 4,95 mm)

2. ✦✦ Representa la gráfica de la oferta y la demanda del producto representado en la siguiente tabla y determina el precio de equilibrio y la cantidad de equilibrio.

Precio (€)	Cantidad demandada (unidades)	Cantidad ofertada (unidades)
2	1.300	900
3	1.000	1.000
4	800	1.100

   (Solución: Precio de equilibrio: 3 €. Cantidad de equilibrio: 1.000 unidades)

3. ✦ Una empresa, empujada por la competencia, se ve obligada a bajar el precio de un producto de 35 € a 33,50 €. La empresa vendía 8.000 unidades. El precio de coste del producto es de 28,50 €. Calcula:
   a. Las ganancias que obtenía la empresa por la venta del producto antes de bajar el precio. *(Solución: 52.000 €)*
   b. El número de unidades que tendrá que vender, una vez bajado el precio, para mantener las ganancias. *(Solución: 10.400 unidades)*

4. ✦✦ Las funciones de la oferta y la demanda de un producto navideño son las siguientes: $y = 15x - 30$, $y = -30x + 6.270$. Están representadas en la gráfica.
   a. Identifica cuál es la oferta y cuál es la demanda. *(Solución: Hay que fijarse en la pendiente de la recta: positiva la oferta y negativa la demanda)*
   b. Calcula el precio de equilibrio. *(Solución: 140 €)*
   c. Calcula la cantidad de equilibrio. *(Solución: 2.070 unidades; el valor exacto se obtiene solucionando el sistema de ecuaciones)*

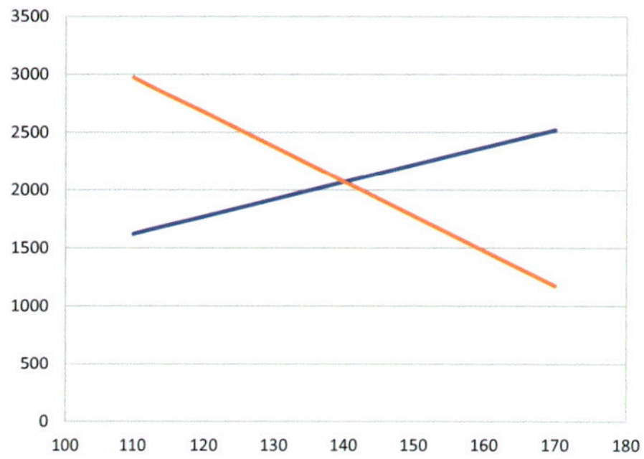

5. ✦✦ Dibuja la gráfica del ciclo de vida aproximado del siguiente producto:

Fase	Tiempo	Media de unidades vendidas en cada período
Introducción	1980-1990	20.000
Crecimiento	1990-2000	40.000
Madurez	2000-2010	70.000
Declive	2010-2020	20.000

ACTIVIDADES DE AMPLIACIÓN

1. ✦✦ Investiga sobre qué es la innovación tecnológica. Puedes basarte en estos productos innovadores u otros: los drones, las gafas de realidad aumentada, el dinero móvil, los monitores curvos.

2. ✦✦✦ Busca información en Internet sobre las implicaciones en cuanto a ventas que tiene cada una de las etapas del ciclo de vida de un producto (introducción, crecimiento, madurez y declive).

3. ✦✦✦ Investiga qué empresas y entidades han recibido en los últimos años premios de calidad o excelencia otorgados por organismos reconocidos.

4. ✦✦✦ Busca información sobre algunas empresas o entidades certificadas por AENOR. Detalla a qué se dedican y qué certificaciones han obtenido.

5. ✦✦ Investiga en qué consisten las normas ISO 7000, 8000, 9000 y 10000. Recoge la información en una tabla. Después, busca de qué tratan las ISO 9001 y 9004.

6. ✦✦ En los últimos años, muchos países se han reunido para encontrar vías hacia un futuro sostenible. Investiga qué acuerdos principales se tomaron en las Cumbres de Río (1992 y 2012) en relación con el consumo responsable.